"十二五"职业教育国家规划教材

经全国职业教育教材审定委员会审定

电气控制与PLC及变频器技术应用

第二版

新世纪高职高专教材编审委员会 组编

主　编　李智明

副主编　王　超　曹永刚

大连理工大学出版社

图书在版编目(CIP)数据

电气控制与 PLC 及变频器技术应用 / 李智明主编. —
2 版. — 大连：大连理工大学出版社，2018.9(2019.12 重印)
新世纪高职高专装备制造大类专业基础课系列规划教
材
ISBN 978-7-5685-1530-6

Ⅰ. ①电… Ⅱ. ①李… Ⅲ. ①电气控制－高等职业教
育－教材②PLC 技术－高等职业教育－教材③变频器－高
等职业教育－教材 Ⅳ. ①TM571.2②TM571.6③TN773

中国版本图书馆 CIP 数据核字(2018)第 130959 号

大连理工大学出版社出版

地址：大连市软件园路 80 号　邮政编码：116023
发行：0411-84708842　邮购：0411-84708943　传真：0411-84701466
E-mail：dutp@dutp.cn　URL：http://dutp.dlut.edu.cn
大连永盛印业有限公司印刷　　　　大连理工大学出版社发行

幅面尺寸：185mm×260mm　　印张：16.75　　字数：429 千字
2013 年 7 月第 1 版　　　　　　　2018 年 9 月第 2 版
2019 年 12 月第 3 次印刷

责任编辑：刘　芸　唐　爽　　　　责任校对：陈星源
封面设计：张　莹

ISBN 978-7-5685-1530-6　　　　　　　定　价：45.00 元

总　序

　　我们已经进入了一个新的充满机遇与挑战的时代，我们已经跨入了21世纪的门槛。

　　20世纪与21世纪之交的中国，高等教育体制正经历着一场缓慢而深刻的革命，我们正在对传统的普通高等教育的培养目标与社会发展的现实需要不相适应的现状做历史性的反思与变革的尝试。

　　20世纪最后的几年里，高等职业教育的迅速崛起，是影响高等教育体制变革的一件大事。在短短的几年时间里，普通中专教育、普通高专教育全面转轨，以高等职业教育为主导的各种形式的培养应用型人才的教育发展到与普通高等教育等量齐观的地步，其来势之迅猛，发人深思。

　　无论是正在缓慢变革着的普通高等教育，还是迅速推进着的培养应用型人才的高职教育，都向我们提出了一个同样的严肃问题：中国的高等教育为谁服务，是为教育发展自身，还是为包括教育在内的大千社会？答案肯定而且唯一，那就是教育也置身其中的现实社会。

　　由此又引发出高等教育的目的问题。既然教育必须服务于社会，它就必须按照不同领域的社会需要来完成自己的教育过程。换言之，教育资源必须按照社会划分的各个专业（行业）领域（岗位群）的需要实施配置，这就是我们长期以来明乎其理而疏于力行的学以致用问题，这就是我们长期以来未能给予足够关注的教育目的问题。

　　众所周知，整个社会由其发展所需要的不同部门构成，包括公共管理部门如国家机构、基础建设部门如教育研究机构和各种实业部门如工业部门、商业部门，等等。每一个部门又可做更为具体的划分，直至同它所需要的各种专门人才相对应。教育如果不能按照实际需要完成各种专门人才培养的目标，就不能很好地完成社会分工所赋予它的使命，而教育作为社会分工的一种独立存在就应受到质疑（在市场经济条件下尤其如此）。可以断言，按照社会的各种不同需要培养各种直接有用人才，是教育体制变革的终极目的。

随着教育体制变革的进一步深入，高等院校的设置是否会同社会对人才类型的不同需要一一对应，我们姑且不论，但高等教育走应用型人才培养的道路和走研究型（也是一种特殊应用）人才培养的道路，学生们根据自己的偏好各取所需，始终是一个理性运行的社会状态下高等教育正常发展的途径。

高等职业教育的崛起，既是高等教育体制变革的结果，也是高等教育体制变革的一个阶段性表征。它的进一步发展，必将极大地推进中国教育体制变革的进程。作为一种应用型人才培养的教育，它从专科层次起步，进而应用本科教育、应用硕士教育、应用博士教育……当应用型人才培养的渠道贯通之时，也许就是我们迎接中国教育体制变革的成功之日。从这一意义上说，高等职业教育的崛起，正是在为必然会取得最后成功的教育体制变革奠基。

高等职业教育才刚刚开始自己发展道路的探索过程，它要全面达到应用型人才培养的正常理性发展状态，直至可以和现存的（同时也正处在变革分化过程中的）研究型人才培养的教育并驾齐驱，还需要假以时日；还需要政府教育主管部门的大力推进，需要人才需求市场的进一步完善，尤其需要高职教学单位及其直接相关部门肯于做长期的坚韧不拔的努力。新世纪高职高专教材编审委员会就是由全国100余所高职高专院校和出版单位组成的、旨在以推动高职高专教材建设来推进高等职业教育这一变革过程的联盟共同体。

在宏观层面上，这个联盟始终会以推动高职高专教材的特色建设为己任，始终会从高职高专教学单位实际教学需要出发，以其对高职教育发展的前瞻性的总体把握，以其纵览全国高职高专教材市场需求的广阔视野，以其创新的理念与创新的运作模式，通过不断深化的教材建设过程，总结高职高专教学成果，探索高职高专教材建设规律。

在微观层面上，我们将充分依托众多高职高专院校联盟的互补优势和丰裕的人才资源优势，从每一个专业领域、每一种教材入手，突破传统的片面追求理论体系严整性的意识限制，努力凸现高职教育职业能力培养的本质特征，在不断构建特色教材建设体系的过程中，逐步形成自己的品牌优势。

新世纪高职高专教材编审委员会在推进高职高专教材建设事业的过程中，始终得到了各级教育主管部门以及各相关院校相关部门的热忱支持和积极参与，对此我们谨致深深谢意，也希望一切关注、参与高职教育发展的同道朋友，在共同推动高职教育发展、进而推动高等教育体制变革的进程中，和我们携手并肩，共同担负起这一具有开拓性挑战意义的历史重任。

新世纪高职高专教材编审委员会
2001 年 8 月 18 日

前 言

　　《电气控制与 PLC 及变频器技术应用》(第二版)是"十二五"职业教育国家规划教材,也是新世纪高职高专教材编审委员会组编的装备制造大类专业基础课系列规划教材之一。

　　编者总结了各地师生多年教材使用经验,并听取了相关教师和读者的意见,在教材第一版的基础上,按照知识的系统性原则对项目进行了重新整合编排,删除了相对陈旧的内容,增加了一些新知识、新技术。

　　新版教材的总体设计思路是:以学生为主体,按照"教学做一体"的教学模式,在"理实一体化"实训环境中实施"电气控制与 PLC 及变频器技术应用"课程的教学思想。以完成 PLC 与变频器控制系统的设计、安装调试与运行的整个工作过程(环节)为主线,按照工作过程对教学内容进行序化,将陈述性知识和过程性知识融合,理论知识学习与实践技能训练融合,专业技能培养与职业素养培养融合,工作过程与学生认知心理过程融合。本教材在内容安排和组织形式上做了新的尝试,突破了常规按章节顺序编写知识与训练内容的结构形式,以项目为主线,按项目教学的特点组织教材内容,方便学生学习和训练。

　　按职业能力的成长过程和认知规律,遵循由浅入深、由易到难、循序渐进的学习过程,本教材编排了 6 个项目,每个项目都是一个完整的知识体系,使知识应用更加系统化。每个项目中安排了若干个任务,每个任务都是一个完整的 PLC 控制系统设计与调试过程,使理论知识更加具体化,便于组织教学和学习。每个任务载体均来自企业的真实工程项目或设备控制系统,根据其技术的复杂程度、设计难度、制作工艺、调试过程等进行了教学化处理,使学习情境符合学生的认知规律。

本教材由江苏工程职业技术学院李智明任主编,淮安信息职业技术学院王超、南通天生港发电有限公司曹永刚任副主编,江苏工程职业技术学院马文静、张慧、胡志刚任参编。具体编写分工如下:马文静编写项目1;张慧编写项目2;曹永刚编写项目3;李智明编写项目4;王超编写项目5;胡志刚编写项目6。全书由李智明负责统稿和定稿。

在编写本教材的过程中,我们得到了江苏东源电器集团股份有限公司、南通富士特电力自动化有限公司等多家企业相关人员的大力支持,他们对教材的框架体系及内容安排提出了许多宝贵意见,并提供了大量的实际材料。同时,在编写过程中我们也参阅了相关参考文献。在此对这些企业专家和参考文献的作者表示衷心的感谢!

由于编者水平所限,本教材中仍可能存在一些不足之处,恳请读者批评指正,以便修订时改进。

编　者
2018 年 8 月

所有意见和建议请发往:dutpgz@163.com

欢迎访问教材服务网站:http://www.dutpbook.com

联系电话:0411-84707424　84706676

目　录

项目 1

电气基本控制电路安装与调试

学习目标

(1) 能识别常用的各种低压电器。

(2) 能识读基本控制电路图，并能分析、说明电路的工作原理。

(3) 能绘制基本控制电路的安装接线图。

(4) 会板前布线，能根据安装接线图正确安装和调试基本控制电路。

(5) 会检修继电控制电路的简单故障。

 项目综述

电气控制系统的实现，主要有继电接触器逻辑控制、可编程逻辑控制和计算机控制等方法。继电接触器逻辑控制称为电气控制，其电气控制电路由接触器、继电器、开关和按钮等组成，具有结构简单、价格便宜、抗干扰能力强等优点，应用于各类生产设备和生产过程的自动控制中。

三相笼型异步电动机结构简单，价格便宜，方便维修，应用也非常广泛。在机械、冶金、石油、煤炭、农业及其他行业中，笼型异步电动机的应用占绝对的优势。由于各种生产机械的工作性质和加工工艺不同，它们对电动机的控制要求不同。要使电动机按照要求正常、安全地运转，必须配有相应的控制电路。在生产实际中，一台机械的控制电路可能比较简单，也可能比较复杂，但任何复杂的控制电路都是由一些基本控制电路有机地组合在一起的。

本项目以三相笼型异步电动机基本控制电路的安装与调试为载体，来学习常用低压电器的工作原理和使用方法，电气控制电路图的读图方法，电气原理图、电气布置图及安装接线图的画法，电气控制电路故障的分析与检修方法，为以后设计和分析较复杂的控制电路打下基础。

任务 1　常用低压电器的认知与检测

 任务描述

低压电器是组成低压控制电路的基本器件,控制系统的优劣与所用低压电器性能有直接关系。本任务以常用低压电器的认知为主线,来学习各种低压电器的用途、规格、基本结构和工作原理。通过学习,读者能认识常用低压电器,熟悉常用低压电器的符号,会选择、使用和检修低压电器。

相关知识

一、低压电器的分类

随着科技的迅猛发展及工业自动化的程度不断提高,电能的应用也越来越广泛。对电能的产生、输送、分配起控制、调节、检测、转换和保护作用的电器也越来越多。

凡是根据外界特定的信号和要求,能自动或手动接通和断开电路,断续或连续地改变电路参数,对电路或非电路现象进行切换、控制、保护的电气设备均称为电器。电器根据工作电压大小,可分为高压电器和低压电器。低压电器是指工作在 AC 1 200 V、DC 1 500 V 及以下电压的电器。低压电器作为基本器件,广泛应用于供配电系统和电力拖动系统,在工农业生产、国防工业和交通运输中起着极其重要的作用。

低压电器种类很多,分类方法也有很多种。

(1)按动作方式可分为自动切换电器和非自动切换电器。

①自动切换电器　依靠本身参数的变化或外来信号的作用自动完成接通或分断等动作。如接触器、继电器等。

②非自动切换电器　主要依靠外力(如手动操作)直接操作来进行切换的电器。如按钮、刀开关等。

(2)按用途和控制对象可分为低压配电电器和低压控制电器。

①低压配电电器　主要用于低压配电系统及动力设备中。如刀开关、组合开关等。

②低压控制电器　主要用于电力拖动和自动控制系统中。如接触器、继电器等。

(3)按低压电器的执行机构可分为有触点电器和无触点电器。

①有触点电器　具有可分离的动触点和静触点,利用触点的接触和分离来实现电路的切换。

②无触点电器　没有可分离的触点,主要利用半导体元器件的开关效应来实现电路的通断控制。

(4)按工作原理可分为电磁式电器和非电量控制电器。

①电磁式电器　根据电磁感应原理来动作的电器。如交、直流接触器,电磁铁等。

②非电量控制电器　依靠外力或非电量信号(如压力、温度、速度等)的变化而动作的电器。如限位开关、压力继电器、速度继电器等。

二、低压开关电器

低压开关电器的作用主要是对电气设备工作的大电流电路进行隔离、转换、接通和分断。常用的低压开关电器有刀开关、组合开关和低压断路器等。

1.刀开关

刀开关是一种手动电器,广泛用于在照明电路及配电设备中隔离电源,有时也用于直接启动小容量(不大于 5.5 kW)电动机。

刀开关的种类很多,在电力拖动系统中,最常用的是由刀开关和熔断器组合成的负荷开关。负荷开关可分为开启式负荷开关和封闭式负荷开关两种。下面主要介绍开启式负荷开关,即闸刀开关。

闸刀开关按刀片数可分为单极、双极和三极。如图 1-1 所示为闸刀开关的外形、结构和符号。这种开关装有熔丝,可起短路保护作用。

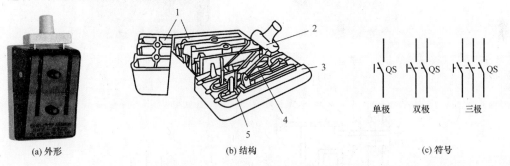

(a) 外形　　　　　　　　　(b) 结构　　　　　　　　　(c) 符号

图 1-1　闸刀开关的外形、结构和符号
1—胶盖;2—手柄;3—瓷底座;4—刀片;5—静触点座

闸刀开关在安装时,手柄要向上,不得平装或倒装,避免因重力作用自动下落,从而发生误合闸事故。接线时,应将电源线接在上端,负载线接在下端。

HK 系列刀开关的型号含义如图 1-2 所示。

刀开关的选择原则:

(1)根据使用场合,选择刀开关的类型、极数以及操作方式。

(2)刀开关的额定电压应大于或等于电路电压。

图 1-2　HK 系列刀开关的型号含义

(3)刀开关的额定电流应大于或等于电路的电流。对于电动机负载,开启式刀开关的额定电流可取电动机额定电流的 3 倍。

2.低压断路器

低压断路器又称自动空气开关,是低压配电网络和电力拖动系统中常用的一种电器,它集控制和多种保护功能于一身,正常情况下用于完成不频繁接通和分断电路。当电路中发生短路、过载及欠压等故障时,能自动切断故障电路,保护用电设备的安全。低压断路器相当于刀开关、熔断器、热继电器和欠压继电器的组合。

低压断路器具有操作安全、安装简单、使用方便、工作性能可靠、分断能力较强、保护电路时动作后不需要更换元器件等优点。因此,低压断路器得到了非常广泛的应用。

(1)低压断路器的分类

低压断路器种类很多,按结构和性能可分为万能式(又称框架式)、装置式(又称塑壳式)、限流式、直流快速式、漏电保护式和灭磁式等。

(2)低压断路器的结构和工作原理

低压断路器的外形、结构和符号如图 1-3 所示。它主要由触点及灭弧装置、操作机构、各种脱扣器及外壳等部分组成。其中,脱扣器是断路器的核心,每个脱扣器都有其电流调节装置,可以人为整定动作电流值。

(a) 外形

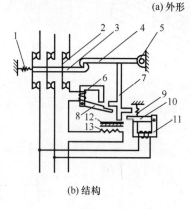
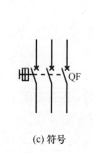

(b) 结构　　　　　　　　(c) 符号

图 1-3　低压断路器的外形、结构和符号

1、9—弹簧;2—主触点;3—锁键;4—搭钩;5—轴;6—电磁脱扣器;7—连杆;

8、10—衔铁;11—欠压脱扣器;12—双金属片;13—热脱扣器的发热元件

低压断路器的三副主触点串联在被控制的三相电路中,主触点依靠操作机构合闸,主触点闭合后,锁键扣住搭钩。正常状态下,热脱扣器的发热元件温升不高,不足以使双金属片弯曲到顶住连杆的程度;同样,电磁脱扣器的线圈磁吸力不大,不能吸住衔铁去拨动连杆,开关处于正常吸合供电状态。当主电路发生过载或短路,电流超过热脱扣器或电磁脱扣器动作电流时,双金属片或衔铁将拨动连杆,使搭钩与锁键分开,从而切断主电路,实现过载及短路保护。当电路欠压或失压时,欠压脱扣器的线圈磁吸力减弱,衔铁释放,顶起连杆,使搭钩与锁键分开切断电路,起到失压保护作用。

(3)低压断路器的主要技术参数和型号含义

低压断路器的主要技术参数有额定电压、额定电流、脱扣器类型、极数、整定电流范围、动作时间和分断能力等。

低压断路器的型号含义如图 1-4 所示。

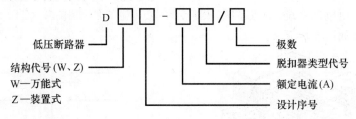

图 1-4　低压断路器的型号含义

（4）低压断路器的选择原则

①低压断路器的分断能力不小于安装处的最大三相短路电流的有效值。

②过流脱扣器的整定电流不大于被保护电路末端的短路电流 1/1.3，这是为了能达到可靠切断故障电流所需要的灵敏度。

③低压断路器的额定电压和额定电流不小于电路正常工作电压和计算负载电流。

④电磁脱扣器的整定电流应大于负载正常工作时有可能出现的峰值电流。

⑤欠压脱扣器的额定电压应等于电路的额定电压。

⑥热脱扣器的整定电流应等于所控制负载的额定电流。

三、低压控制电器

低压控制电器是用于控制电路和控制系统的电器，此类电器要求有较强的负载通断能力。低压控制电器的操作频率较高，所以要求具有相当的电气和机械寿命。常用的低压控制电器有交流接触器、电磁式继电器、时间继电器和速度继电器等。

1.交流接触器

接触器是一种自动的电磁式开关，用于远距离频繁接通或断开主电路及大容量控制电路。接触器具有欠压自动释放保护功能，工作可靠，使用寿命长，其主要控制对象是电动机，也可用于控制其他负载，如电焊机、电热设备等。如图 1-5 所示为常用接触器的外形。

（a）　　　　　　　　（b）

图 1-5　常用接触器的外形

接触器按主触点通过的电流种类可分为交流接触器和直流接触器两种，下面主要介绍交流接触器。

交流接触器常用于远距离、频繁地接通和分断额定电压至 1 140 V、额定电流至 630 A 的交流电流。交流接触器的种类很多，目前常用的有国内生产的 CJ0、CJ10 和 CJ20 等系列以及国外生产的 B 系列、3TB 系列等。下面主要介绍本项目中用到的 CJ10 系列交流接触器。

(1)交流接触器的结构及工作原理

交流接触器由电磁系统、触点系统、灭弧装置和其他部件等组成。CJ10-20 交流接触器的结构和工作原理如图 1-6 所示。

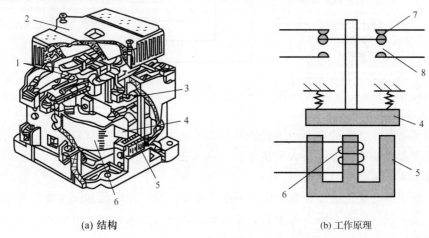

(a) 结构　　　　　　　　　　　(b) 工作原理

图 1-6　CJ10-20 交流接触器的结构和工作原理

1—主触点；2—灭弧罩；3—辅助触点；4—衔铁；5—静铁芯；6—吸引线圈；7—常闭触点；8—常开触点

交流接触器
工作原理

①电磁系统　由吸引线圈、静铁芯和衔铁（动铁芯）三部分组成。其作用原理：吸引线圈通电时产生磁场，衔铁受到电磁力的作用而被吸向静铁芯；吸引线圈断电后，磁场消失，衔铁在复位弹簧的作用下，回复原位。衔铁带动连接机构运动，从而带动触点做相应的动作，实现电路的接通或断开。

为减少工作过程中交变磁场在静铁芯中产生的涡流及磁滞损耗，避免引起静铁芯过热，交流接触器的静铁芯和衔铁　般用 E 形硅钢片叠压而成，且吸引线圈制成粗短形，设有骨架与静铁芯隔离，利于静铁芯和吸引线圈的散热。

由于交流电磁机构中的磁通是交变的，吸引线圈磁场对衔铁的吸引力也是交变的。当电磁吸力大于复位弹簧的反作用力时，衔铁被吸合；反之，衔铁被释放。在如此反复的吸合和释放过程中，衔铁会产生强烈的振动和噪声。为消除这一振动现象，可在其静铁芯的端面上开一槽，嵌入短路铜环（又称分磁环或减振环）。

②触点系统　交流接触器的触点按接触情况可分为点接触式、线接触式和面接触式三种。按触点的结构形式可分为桥式触点和指形触点两种。当接触器未工作时处于接通状态的触点称为常闭触点（又称动断触点），当接触器未工作时处于断开状态的触点称为常开触点（又称动合触点），常开触点和常闭触点是联动的。当线圈通电时，常闭触点先断开，常开触点随后闭合；当线圈断电时，常开触点先断开，随后常闭触点恢复闭合。两种触点在工作状态改变时，先后有个时间差，尽管这个时间差很短，但对于分析电路的控制原理却很重要。

交流接触器一般有三对常开主触点，其额定电流较大，用于接通或分断电流较大的主电路，还有两对辅助常开触点和两对辅助常闭触点，它们的额定电流较小，一般为 5 A，用于接通或分断电流较小的控制电路。

③灭弧装置　触点在分断大电流电路时，会在动、静触点之间产生较大的电弧。电弧不仅会烧损触点，延长电路分断时间，严重时还会造成相间短路，因此，容量较大（20 A 以上）的交

流接触器均装有陶瓷灭弧罩,以迅速切断触点分断时所产生的电弧。

(2)交流接触器的型号含义

CJ系列交流接触器的型号含义如图1-7所示。

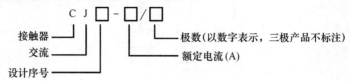

图1-7 CJ系列交流接触器的型号含义

(3)交流接触器的符号

交流接触器的符号如图1-8所示。

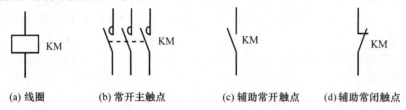

图1-8 交流接触器的符号

(4)交流接触器的选择原则

①主触点额定电压的选择 交流接触器主触点额定电压应不小于主电路工作电压。

②主触点额定电流的选择 交流接触器控制阻性负载时,主触点额定电流应等于负载额定电流。交流接触器控制电动机时,主触点额定电流应大于或等于电动机额定电流。

③吸引线圈电压的选择 当控制电路简单、使用电器较少时,可选用380 V或220 V的电压。当控制电路复杂、使用电器较多时,吸引线圈电压要选小一些,可用36 V或110 V的电压。

④触点类型的选择 交流接触器的触点类型应满足控制电路的要求,见表1-1。

表 1-1 触点类型

类型代号	典型用途
AC-1	无感或微感负载、电阻炉
AC-2	绕线式异步电动机的启动、分断
AC-3	笼型异步电动机的启动、分断
AC-4	笼型异步电动机频繁启动、停止、反接制动

2. 电磁式继电器

电磁式继电器结构简单、价格低廉、使用维修方便,被广泛应用于控制系统中。

电磁式继电器的结构和工作原理与交流接触器类似,也是由电磁系统和触点系统等组成的,其外形、结构和符号如图1-9所示。为满足控制需要,电磁式继电器一般需调节动作参数,故电磁式继电器有调节装置。

电磁式继电器和交流接触器的主要区别在于:交流接触器只有在一定的电压信号下才动作,而电磁式继电器可对多种输入量的变化做出反应;交流接触器的主触点用来控制大电流电路,辅助触点控制小电流电路,而电磁式继电器没有主触点,因此只能用来切换小电流控制电路和保护电路;交流接触器通常带有灭弧装置,电磁式继电器因为没有控制大电流的主触点,所以没有灭弧装置。

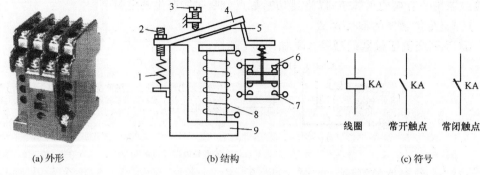

图 1-9　电磁式继电器的外形、结构和符号

1—弹簧；2—调节螺母；3—调节螺钉；4—衔铁；5—非磁性垫片；6—常闭触点；7—常开触点；8—线圈；9—铁轭

电磁式继电器种类很多，这里只介绍中间继电器、电流继电器和电压继电器。

（1）中间继电器

中间继电器通常在继电保护与自动控制系统的控制回路中起传递中间信号的作用，以增加小电流控制回路中的触点数量和增大其容量。中间继电器的结构和原理与交流接触器基本相同，与交流接触器的主要区别在于：交流接触器的主触点串联在电动机主回路中，通过电动机的工作大电流；中间继电器没有主触点，它用的全部都是辅助触点，数量比较多，其触点容量通常都很小，因此过载能力比较小，只能通过小电流。所以，中间继电器只能用于控制电路中。

（2）电流继电器

电流继电器是根据输入电流大小而动作的继电器。电流继电器的线圈串联在电路中，以反映电路电流的变化，其线圈匝数少、导线粗、阻抗小。电流继电器按用途不同可分为欠流继电器和过流继电器。欠流继电器的吸引线圈吸合电流为线圈额定电流的 $30\% \sim 65\%$，释放电流为额定电流的 $10\% \sim 20\%$。欠流继电器用于欠流保护或控制，如电磁吸盘中的欠流保护。过流继电器在电路正常工作时不动作，当电流超过某一定值时才动作，其中交流过流继电器的整定范围为 $(110\% \sim 400\%)I_N$，直流过流继电器的整定范围为 $(70\% \sim 300\%)I_N$。过流继电器用于过流保护或控制，如起重机电路中的过流保护。

（3）电压继电器

电压继电器是根据输入电压大小而动作的继电器。电压继电器的线圈并联在电路中，以反映电路中电压的变化，其线圈匝数多、导线细、阻抗大。电压继电器按用途不同可分为欠压继电器、过压继电器和零压继电器。欠压继电器吸合电压动作范围为 $(20\% \sim 50\%)U_N$，释放电压调整范围为 $(7\% \sim 20\%)U_N$；过压继电器动作电压范围为 $(105\% \sim 120\%)U_N$；零压继电器当电压减小至 $(5\% \sim 25\%)U_N$ 时动作。它们分别起欠电压、过电压、零电压保护作用。

3. 时间继电器

时间继电器是根据电磁原理或机械动作原理来实现通断电路的电器。时间继电器的种类很多，按结构原理可分为空气阻尼式、电子式（又称晶体管式）、电动式等；按延时方式可分为通电延时型和断电延时型两种。

空气阻尼式时间继电器是利用空气阻尼原理获得延时的，如图 1-10 所示。空气阻尼式时间继电器结构简单、延时范围大、价格低廉，但延时精度较低，一般适用于延时精度要求不高的场合。

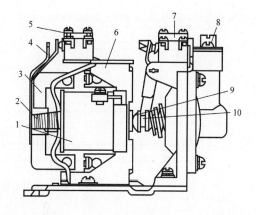

(a) 外形   (b) 结构

图 1-10　空气阻尼式时间继电器

1—线圈；2—弹簧；3—衔铁；4—弹簧片；5—瞬动触点；6—铁芯；
7—延时触点；8—调节螺钉；9—推杆；10—活塞杆

　　电子式时间继电器具有体积小、结构简单、延时长、精度高等特点，其应用也越来越广泛，如图 1-11 所示。电子式时间继电器按结构可分为阻容式和数字式；按延时电路的输出形式可分为有触点型和无触点型。阻容式时间继电器是利用 RC 电路电容充、放电原理实现延时的。时间继电器延时时间长短可以通过相应机构调节。

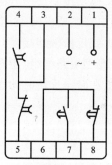

(a) JS14A系列   (b) JSZ3系列   (c) 底座引脚功能

图 1-11　电子式时间继电器

　　时间继电器的符号如图 1-12 所示。

(a) 通电延时型线圈   (b) 通电延时型常开触点   (c) 通电延时型常闭触点

(d) 断电延时型线圈   (e) 断电延时型常开触点   (f) 断电延时型常闭触点

图 1-12　时间继电器的符号

时间继电器的型号含义如图 1-13 所示。

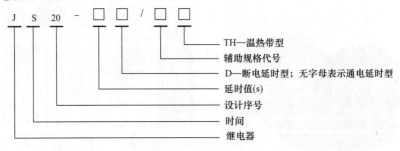

图 1-13　时间继电器的型号含义

时间继电器的选择原则：

(1)根据使用场合、工作环境选择时间继电器的类型。

(2)其线圈的电流种类和电压等级应与控制电路相同。

(3)按控制要求选择延时方式和触点形式。

(4)校核触点数量和容量。若不够,可用中间继电器进行扩展。

4.速度继电器

速度继电器以旋转速度的快慢为指令信号,与接触器相互配合,实现对电动机的反接制动控制,所以又称反接制动继电器。

速度继电器主要由转子、定子和触点系统三部分组成,如图 1-14 所示。转子固定在转轴上,与电动机或机械轴连接,随着电动机旋转而旋转,转子由永久磁铁制成;定子由硅钢片叠压而成并装有笼型短路绕组,能做小范围的转动;触点系统由两组触点组成,一组在转子正转时动作,另一组在转子反转时动作。

(a) 外形

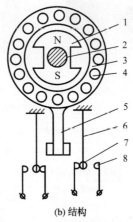

(b) 结构

图 1-14　速度继电器的外形和结构

1—转子;2—转轴;3—定子;4—绕组;5—摆杆;6—簧片;7—动触点;8—静触点

速度继电器的工作原理:当电动机旋转时,带动与电动机同轴连接的速度继电器的转子转动,从而在定子短路绕组中产生感应电流,感应电流与转子的磁场相互作用,产生电磁转矩,使定子随永久磁铁转动的方向偏转,与定子相连的摆杆也随之偏转,继而推动簧片使速度继电器触点动作。当转子速度接近零时,由于定子的电磁转矩减小,触点回复原位。

速度继电器的符号如图 1-15 所示,其型号含义如图 1-16 所示。

图 1-15　速度继电器的符号　　　　　　　　图 1-16　速度继电器的型号含义

常用的速度继电器有 JY1 和 JFZ0 两种。其中,JY1 可在 100～3 600 r/min 可靠工作;JFZ0-1 型适用于 300～1 000 r/min;JFZ0-2 型适用于 1 000～3 600 r/min。它们具有两个常开触点、两个常闭触点,触点额定电压为 380 V,额定电流为 2 A。一般速度继电器的转轴在 130 r/min 左右即能动作,在 100 r/min 时触点即能回复原位。常常可以通过调节旋钮来改变速度继电器动作时的转速,以适应不同控制电路的要求。

速度继电器的选择主要根据所需要控制的转速、电压、电流和触点的数量等。常用速度继电器的主要技术数据见表 1-2。

表 1-2　　　　　　　　　　　常用速度继电器的主要技术数据

| 型　号 | 触点额定电压/V | 触点额定电流/A | 触点对数 | | 额定工作转速/(r·min⁻¹) | 允许操作频率/(次·h⁻¹) |
			正　转	反　转		
JY1	380	2	1 组转换触点	1 组转换触点	100～3 600	<30
JFZ0-1			1 常开,1 常闭	1 常开,1 常闭	300～1 000	
JFZ0-2			1 常开,1 常闭	1 常开,1 常闭	1 000～3 600	

四、低压保护电器

保护电器主要用于保护用电设备和人身安全。常用的低压保护电器有熔断器、热继电器和漏电保护断路器等。

1. 熔断器

熔断器在低压配电网络和电力拖动系统中主要用于短路保护,有时兼作过载保护的电器。使用时把它串联于被保护的电路中,当电路发生短路或严重过载时,熔体中流过很大的故障电流,以其自身产生的热量使熔体迅速熔断,从而自动切断电路,实现短路和过载保护作用。

熔断器具有结构简单、质量轻、价格低廉、使用维护方便和分断能力强等优点,因此得到了广泛应用。

(1)熔断器的结构和分类

熔断器主要由熔体(俗称保险丝)和安装熔体的底座(又称熔管)两部分组成,熔体是熔断器的主要组成部分,通常用低熔点的铅、锌、锡、铜及其合金材料制成,形状常为丝状、网状和片状。熔管是安装熔体的外壳,用陶瓷等耐热绝缘材料制成,在熔体熔断时兼有灭弧作用。

熔断器按结构形式分为插入式(RC 系列)、螺旋式(RL 系列)、有填料封闭管式(RT 系列)、无填料封闭管式(RM 系列)和自复式(RZ 系列)等。其外形和符号如图 1-17 所示。

(2)熔断器的型号含义

熔断器的型号含义如图 1-18 所示。

(a) 插入式熔断器的外形

(b) 螺旋式熔断器的外形

(c) 填料式熔断器的外形

(d) 符号

图 1-17　熔断器的外形和符号

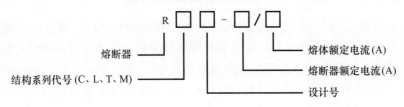

图 1-18　熔断器的型号含义

（3）熔断器的主要技术参数

①额定电压　能保证熔断器长期正常工作的电压。其值一般大于或等于电气设备的额定电压。

②熔断器额定电流　能保证熔断器（指绝缘底座）长期正常工作的电流。

③熔体额定电流　长时间通过熔体而熔体不被熔断的最大电流。

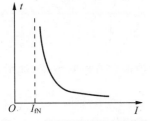
图 1-19　熔断器的时间-电流特性

④极限分断能力　在规定的工作条件下，能可靠分断的最大短路电流值。

⑤时间-电流特性　在规定工作条件下，表示熔体熔断时间与流过熔体的电流的关系曲线，又称为熔断特性或熔断器的秒-安特性，如图 1-19 所示，其中，熔断器的额定电流 I_{fN} 指熔断器长期工作而不被熔断的电流。

（4）熔断器的选择原则

熔断器的选择主要是选择熔断器类型、额定电压、额定电流和熔体额定电流等。

①熔断器类型的选择　根据使用环境、负载性质和短路电流的大小选用适当类型的熔断器。例如，对于容量较小的照明电路或电动机的保护，可选用 RC1A 系列熔断器或 RM10 系列熔断器；对于短路电流较大的电路，宜选用 RL 系列或 RT 系列熔断器。

②熔体额定电流的选择

● 对于照明、电热等电流较平稳、无冲击电流的负载的短路保护，熔体额定电流应等于或稍大于负载的额定电流。

● 对电动机负载，要考虑冲击电流的影响，计算方法如下：

对于单台不频繁启动的电动机，熔体额定电流 I_{RN} 应大于或等于 1.5～2.5 倍电动机额定电流 I_N，即

$$I_{RN} \geqslant (1.5 \sim 2.5) I_N \tag{*}$$

对于频繁启动或启动时间较长的电动机,式(＊)的系数应增大到3～3.5。

对于多台电动机,熔体额定电流 I_{RN} 应大于或等于其中最大容量的电动机额定电流 I_{Nmax} 的1.5～2.5倍,再加上其余电动机额定电流的总和 $\sum I_N$,即

$$I_{RN} \geqslant (1.5 \sim 2.5) I_{Nmax} + \sum I_N$$

③熔断器额定电压和额定电流的选择　熔断器额定电压应大于或等于电路的额定电压;熔断器额定电流必须大于或等于所装熔体额定电流。

④熔断器分断能力的选择　熔断器的分断能力应大于电路中可能出现的最大短路电流。

(5)熔断器的安装与使用

①熔断器应完好无损,安装时应保证熔体和夹头及夹头和夹座接触良好,并具有额定电压、电流的标志。

②熔断器内要安装与底座配套的熔体,不能用多根小规格的熔体代替一根大规格的熔体。

③螺旋式熔断器的电源线应接在瓷底座的下接线座上,负载线应接在螺纹壳的上接线座上。插入式熔断器应垂直安装。

④安装熔断器时,各级熔体应相互配合,并做到下一级熔体规格比上一级规格小。

⑤更换熔体或熔管时,必须切断电源。尤其不允许带负荷操作,以免发生电弧灼伤。

2.热继电器

热继电器是一种利用流过继电器的电流所产生的热效应原理来切断电路的保护电器。电动机在实际运行中,常常遇到过载情况,但只要过载不严重,时间短,绕组温升不超过允许值,就是允许的。但是如果过载情况严重,时间长,就会加速电动机绝缘材料的老化,甚至会烧毁电动机,因此要对电动机进行必要的过载保护。

(1)热继电器的结构和工作原理

热继电器的外形、结构和符号如图1-20所示。

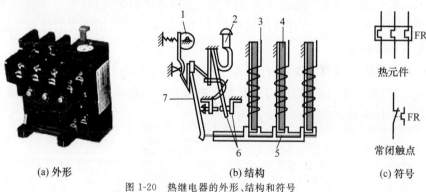

(a) 外形　　　　　(b) 结构　　　　　(c) 符号

图1-20　热继电器的外形、结构和符号

1—电流整定装置;2—复位按钮;3—热元件;4—双金属片;

5—导板;6—常闭触点;7—推杆

热元件由发热电阻丝做成,双金属片由两种热膨胀系数不同的金属片压焊而成,作为热继电器的感受机构。使用时将热元件串联于电动机的主电路中,在电动机正常运行时,热元件通电后产生的热量虽能使双金属片弯曲,但弯曲程度不大,触点不动作。当电动机过载时,流过热元件的电流增大,热元件产生的热量使双金属片的弯曲程度超过一定值时,通过导板推动热

继电器的触点动作(常闭触点断开),从而切断电路,保护电动机。

(2)热继电器的型号及含义

热继电器形式多种多样,按极数可分为单极、两极和三极三种,其中三极的又包括带断相保护装置的和不带断相保护装置的。按复位方式可分为自动复位和手动复位。目前常用的有国产的 JR16、JR20 系列,以及引进国外技术生产的 T 系列和 3UA 系列等产品。

JR 系列热继电器的型号含义如图 1-21 所示。

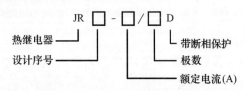

图 1-21　JR 系列热继电器的型号含义

(3)热继电器的主要技术参数

①额定电压　能保证热继电器长期正常工作的电压。

②额定电流　热继电器中,可以安装的热元件的最大整定电流。

③整定电流　热元件能够长期通过又不致引起热继电器动作的最大电流。

④热元件的额定电流　热元件的最大整定电流。

(4)热继电器的选择原则

热继电器主要用于电动机的过载保护,选择热继电器时,应根据所保护电动机的额定电流来确定热继电器的规格和热元件的电流等级。

①一般情况下,热继电器的额定电流按电动机额定电流的 0.95～1.05 倍确定,对于工作环境恶劣、启动频繁的电动机,则按电动机额定电流的 1.1～1.5 倍确定。

②根据电动机定子绕组的连接方式选择热继电器的结构形式,即定子绕组 Y 连接的电动机选用三相结构的热继电器,△连接的电动机选用三相带断相保护装置的热继电器。

3. 漏电保护断路器

漏电保护断路器通常称为漏电开关,是　种安全保护电器。它在电路或设备出现对地漏电或人身触电时,能迅速自动断开电路,有效保护人身和电路的安全。电磁式电流动作型漏电保护断路器的工作原理如图 1-22 所示。

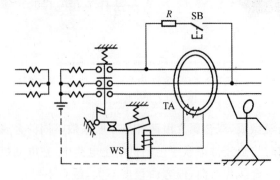

图 1-22　电磁式电流动作型漏电保护断路器的工作原理

漏电保护断路器主要由零序互感器 TA、漏电脱扣器 WS、按钮 SB、操作机构和外壳等组成。实质上就是在普通的自动开关电路中增加一个能检测漏电流的感受元件零序互感器和漏电脱扣器。零序互感器是一个环形封闭的铁芯,主电路的三相电源线均穿过零序互感器的铁芯,为零序互感器的一次绕组。铁芯上绕有二次绕组,其输出端与漏电脱扣器的线圈相接。在电路正常工作时,无论三相负载电流是否平衡,通过零序互感器一次侧的三相电流相量和为零,故二次侧没有电流。当出现漏电或人身触电时,漏电或触电电流将经过大地流回电源的中性点,因此零序互感器一次侧三相电流的相量和就不为零,将会在零序互感器的二次侧产生电流,此电流通过漏电脱扣器线圈,使其动作,则低压断路器分闸切断主电路,从而保护了设备和人身安全。

五、主令电器

主令电器主要用来切换控制电路,控制接触器、继电器等设备的线圈得电或失电,从而控制电力拖动系统的启动与停止,以此改变系统的工作状态。主令电器应用广泛,种类繁多,常用的主令电器有按钮、限位开关等。

1. 按钮

按钮是一种用来接通或分断小电流电路的手动控制且可以自动复位的主令电器。按钮的触点允许流过的电流较小,一般不超过 5 A,因此不能直接用它操纵主电路的通断,而应在控制电路中,通过它发出"命令"去控制接触器或继电器等,再由它们去控制主电路的通断、电气联锁或功能转换。

(1)按钮的种类和结构

按钮的种类很多,有揿钮式、钥匙式、旋钮式和紧急式等。如图 1-23 所示为按钮的外形、结构和符号。如图 1-23(b)所示,当按下按钮帽时,常闭触点断开,常开触点闭合;当松开按钮帽时,常开触点断开,常闭触点闭合。

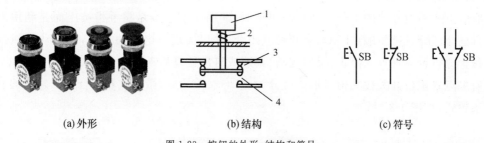

(a)外形   (b)结构   (c)符号

图 1-23 按钮的外形、结构和符号

1—按钮帽;2—复位弹簧;3—常闭触点;4—常开触点

(2)按钮的型号含义

生产机械上常用的按钮有 LA2、LA10、LA18、LA19、LA20 等系列。按钮的型号含义如图 1-24 所示。其中,K 为开启式,适用于嵌装在操作面板上;J 为紧急式(有红色大蘑菇头突出在外),用于紧急切断电源;H 为保护式,带保护外壳,可防止内部零件受机械损伤或人偶然触及带电部分;S 为防水式,具有密封外壳,可防止雨水侵入;F 为防腐式,能有效地防止腐蚀性气体进入;X 为旋钮式,用旋钮进行操作,有通和断两个位置;Y 为钥匙操作式,必须用钥匙插入进行操作；D 为带指示灯式，兼用于信号指示。

图 1-24　按钮的型号含义

（3）按钮的选择原则

①根据使用场合和具体用途选择按钮的种类。例如，镶嵌在操作面板上的按钮可选用开启式；在非常重要处，为防止无关人员误操作宜选用钥匙操作式；在比较潮湿的环境里宜选用防水式。

②根据工作状态指示和工作情况，合理选择按钮和指示灯的颜色。例如，启动按钮可选用绿、黑、白、灰色；急停按钮应选用红色；停止按钮可选用红色。

③根据控制回路的需要确定按钮的数量。例如，单钮、双钮、三钮和多钮等。

2. 限位开关

限位开关又称为位置开关或行程开关，主要用于检测工作机械的位置，当运动部件到达一个预定位置时，操作机构则发出命令以控制其运动方向或行程大小。它是一种常用的小电流主令电器，同时也可以对工作机构起到保护作用。在实际生产中，将限位开关安装在预先安排的位置，当生产机械的运动部件碰到限位开关时，限位开关的触点动作，实现电路的切换。

限位开关按触点性质分为有触点式和无触点式。

（1）有触点式限位开关

有触点式限位开关广泛用于各类机床和起重机械，用以控制其行程，进行终端限位保护。在电梯的控制电路中，还利用有触点式限位开关来控制开关轿厢门的速度，自动开关轿厢门的限位，轿厢的上、下限位保护等。

有触点式限位开关的工作原理与按钮相似，区别在于它不是靠手指按压而是利用机械运动部件的碰压使其常闭触点断开、常开触点闭合，从而实现对电路的控制，使运动机械按照预设的位置或行程实现自动停止、反向运动、调速或自动往复运动等。

有触点式限位开关按其构造形式可分为直动式、滚轮式、微动式和组合式。常用的有直动式和滚轮式，如图 1-25 所示。

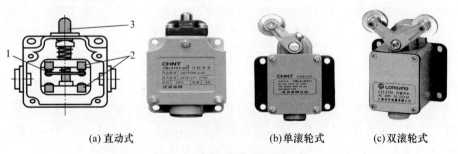

(a) 直动式　　　　(b) 单滚轮式　　　　(c) 双滚轮式

图 1-25　常用有触点式限位开关

1—动触点；2—静触点；3—推杆

有触点式限位开关的符号如图 1-26 所示,其型号含义如图 1-27 所示。

(a) 常开触点   (b) 常闭触点   (c) 复合触点

图 1-26   有触点式限位开关的符号

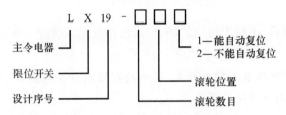

图 1-27   有触点式限位开关的型号含义

(2)无触点式限位开关

无触点式限位开关又称接近开关。它不需要施加外力,当某物体与其接近到一定距离时,它就能发出信号,从而完成行程控制和限位保护。接近开关可以用于检测零件尺寸、测速和变换运动方向等,也可用于变频计数器、液面控制和变频脉冲发生器等。与有触点式限位开关相比,接近开关具有工作可靠、功耗低、寿命长、操作频率高、复定位精度高以及能适应恶劣的工作环境等特点。

接近开关的原理框图如图 1-28 所示。

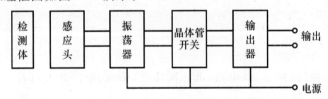

图 1-28   接近开关的原理框图

接近开关种类繁多,主要有涡流式接近开关、电容式接近开关、霍尔接近开关、光电式接近开关和热释电式接近开关等。

如图 1-29 所示是常见接近开关的外形。

图 1-29   常见接近开关的外形

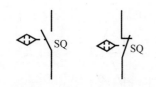

(a) 常开触点　　(b) 常闭触点

图 1-30　接近开关的符号

接近开关的符号如图 1-30 所示。

接近开关的选择原则：

①根据工作电压、负载电流、响应频率和检测距离等指标的要求选用合适的接近开关。

②在一般的工业生产现场，通常选择涡流式接近开关和电容式接近开关，因为这两种接近开关对环境条件的要求较低。

③若被测物为导磁材料或为了区别和它一起运动的物体而把磁钢埋在被测物体内，则应选用霍尔接近开关。

④在环境条件比较好、无粉尘污染的场合，可选用光电式接近开关。它广泛应用在要求较高的传真机上。

⑤自动门通常使用热释电式接近开关、超声波式接近开关和微波式接近开关。有时为了提高可靠性，可同时使用多种接近开关。

 任务实施

一、实施内容

(1)常用低压电器的拆装。

(2)常用低压电器的检测。

(3)撰写任务报告。

二、实施步骤

1. 设备材料

(1)常用低压电器(接触器、继电器、低压断路器、按钮、限位开关)，若干。

(2)万用表，1 块。

(3)常用电工工具，1 套。

2. 元器件拆装与测试

(1)接触器的拆装与检测

通过观察，了解接触器的型号、规格及其含义；通过拆装接触器，了解其结构组成，熟悉其工作原理。用万用表 Ω 挡检测接触器每对触点分别在吸合和分断状态下的电阻值以及测量接触器线圈的电阻值，并记录，分析、判断接触器的性能状态，掌握接触器的简单故障的检测方法。

(2)继电器的拆装与检测

通过观察，了解继电器的型号、规格及其含义；通过拆装继电器，了解其结构组成，熟悉其工作原理。用万用表 Ω 挡检测继电器每对触点分别在吸合和分断状态下的电阻值以及测量继电器线圈的电阻值，并记录，分析、判断继电器的性能状态，掌握继电器的简单故障的检测方法。

（3）低压断路器的拆装与检测

通过观察，了解低压断路器的型号、规格及其含义；通过拆装低压断路器，了解其结构组成，熟悉其工作原理。用万用表 Ω 挡检测低压断路器每对触点分别在吸合和分断状态下的电阻值，并记录，分析、判断低压断路器的性能状态，掌握低压断路器的简单故障的检测方法。

（4）按钮、限位开关的拆装与检测

通过观察，了解按钮、限位开关的型号、规格及其含义；通过拆装按钮、限位开关，了解它们的结构组成，熟悉它们的工作原理。用万用表 Ω 挡检测按钮、限位开关每对触点分别在不同状态下的电阻值，并记录，分析、判断按钮、限位开关的性能状态，掌握按钮、限位开关的简单故障的检测方法。

任务 2　电动机单向直接启动电路的安装与调试

 任务描述

三相异步电动机的启动有两种方式，即直接启动（全压启动）和降压启动。直接启动是一种简单、可靠、经济的启动方法，一般适用于 10 kW 以下的小容量电动机的启动。本任务通过三相异步电动机单向直接启动电路的安装和调试，学习电气控制电路图的基本读图方法，电气控制电路的安装、布线工艺以及电气控制电路故障的检修方法，为以后安装及调试较为复杂控制电路奠定基础。

 相关知识

一、读电气图的基本知识

电气控制系统图根据生产机械运动形式对电气控制系统的要求，采用国家统一规定的图形、符号和图线等形式来表示电气系统中各电气设备、元器件的相互连接关系。电气控制系统图一般分三种：电气原理图、电气布置图和电气安装接线图。电气原理图是电气安装、调试和检修的理论依据。

1. 常用电器的符号

电气符号的标准，本书采用的是国家标准 GB/T 4728.1～4728.13—2005～2008《电气简图用图形符号》。表 1-3 列出了常用电器的名称和符号。

表 1-3 　　　　　　　　　　　常用电器的名称和符号

类　别	名　称	符　号	类　别	名　称	符　号
电源开关	三极闸刀开关	QS	接触器	线圈	KM
	低压断路器	QF		主触点	KM
	三极转换开关	QS		辅助常开触点	KM
	单极转换开关	SA		辅助常闭触点	KM
	万能转换开关	I·-·⏐-·⏐-· II·-·⏐-·⏐-· S III·-·⏐-·⏐-·	时间继电器	通电延时型线圈	KT
按钮	启动按钮	SB		断电延时型线圈	KT
	停止按钮	SB		瞬动常开触点	KT
	复合按钮	SB		瞬动常闭触点	KT
	急停按钮	SB		延时闭合常开触点	KT
	钥匙式按钮	SB		延时断开常闭触点	KT
热继电器	热元件	FR		延时断开常开触点	KT
	常闭触点	FR		延时闭合常闭触点	KT

类　别	名　称	符　号	类　别	名　称	符　号
	常开触点	KS	变压器	变压器	TC
速度继电器	常闭触点	KS		照明灯	EL
	转子	KS	指示灯	信号灯	HL
熔断器	熔断器	FU		欠压继电器	KV
	线圈	KA		过压继电器	KV
中间继电器	常开触点	KA	电压继电器	常开触点	KV
	常闭触点	KA		常闭触点	KV
	欠流继电器	KI		常开触点	SQ
	过流继电器	KI	限位开关	常闭触点	SQ
电流继电器	常开触点	KI		三相笼型异步电动机	M 3~
	常闭触点	KI	电动机	三相绕线式异步电动机	M 3~

2. 绘制电气原理图应遵循的原则

电气原理图简称原理图,是用来表明电气设备的工作原理、各电气元件的作用和相互之间的关系的一种表示方式。必须采用国家统一规定的符号,不必考虑各电气设备和元件的实际位置。现以图 1-31 所示 CW6140 型车床电气原理图为例来介绍绘制电气原理图应遵循的原则。

(1)电气原理图一般分为主电路和辅助电路两部分。主电路是指从电源到电动机的大电流通过的路径。辅助电路包括控制电路、照明电路及信号电路等,由继电器和接触器的线圈、触点及按钮、照明灯、信号灯和控制变压器等电气元件组成。通常主电路画在左边或上部,辅助电路画在右边或下部。

(2)电气原理图中,各电气元件不画实际的外形,而采用国家规定的统一标准符号来画。根据便于阅读的原则,同一电气元件的各部件可不画在一起,但文字符号要相同。

(3)所有电气元件的触点都应按没有通电和没有外力作用时的开闭状态画出。

(4)电气原理图中,有直接联系的交叉导线的连接点,要用黑圆点表示,无直接联系的交叉导线,交叉处不能画黑圆点。

(5)电气原理图中接线端子的标记方法如下:

①对主电路,三相交流电源引入线用 L_1、L_2、L_3、N、PE 标记;经过电源开关后,在出线端子上按相序依此编号为 U_{11}、V_{11}、W_{11},每经过一个电气元件的线桩后,编号要递增,如 U_{12}、V_{12}、W_{12},U_{13}、V_{13}、W_{13}……单台三相异步电动机的绕组首端分别用 U_1、V_1、W_1 标记,绕组末端分别用 U_2、V_2、W_2 标记。对于多台电动机,其三相绕组接线端标以 $1U_1$、$1V_1$、$1W_1$,$2U_1$、$2V_1$、$2W_1$……来区别,如图 1-31 所示。

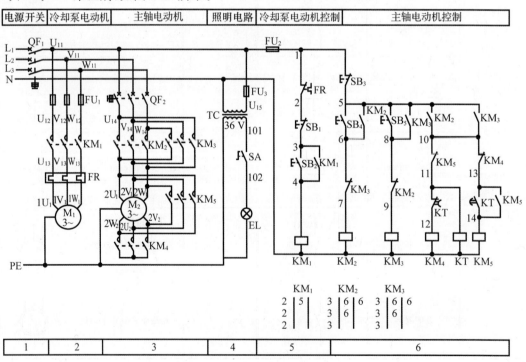

图 1-31　CW6140 型车床电气原理图

②对控制电路与照明、指示电路,应从上到下、从左到右,逐行用数字顺序编号,每经过一个电气元件的接线端子,编号要依此递增。编号的起始数字,控制电路必须从阿拉伯数字 1 开始,其他辅助电路顺序递增 100 作为起始数字,如照明电路编号从 101 开始,信号电路编号从 201 开始等。

二、点动控制电路

所谓点动控制,简单地说就是按下启动按钮,电动机启动运行;放开启动按钮,电动机停止。点动控制是电动机最简单的控制方式,其电路如图 1-32 所示。

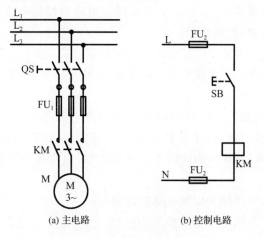

(a) 主电路　　　　　(b) 控制电路

图 1-32　点动控制电路

工作原理:按下点动按钮 SB→接触器 KM 线圈通电→KM 主触点闭合→电动机 M 通电启动运行;松开点动按钮 SB→接触器 KM 线圈断电→KM 主触点断开→电动机失电停止。

三、单向连续运行控制电路

单向连续运行控制电路如图 1-33 所示。其中,SB₁ 为停止按钮,SB₂ 为启动按钮。其工作原理如下:

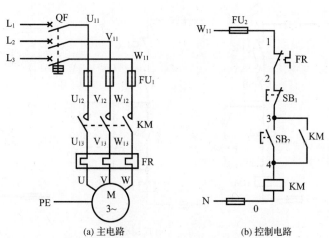

(a) 主电路　　　　　(b) 控制电路

图 1-33　单向连续运行控制电路

启动

停止

按下停止按钮 SB₁ ──→ KM线圈失电

──→ KM 常开辅助触点断开

──→ KM 主触点断开(主电路断电) ──→ 电动机 M 停止

1. 电路保护功能

(1)短路保护　由熔断器 FU₁、FU₂ 分别实现主电路和控制电路的短路保护。短路时,熔断器的熔体熔断,切断电路,起到保护作用。

(2)过载保护　由热继电器 FR 对电动机实现长期过载保护。当电动机出现过载时,热继电器动作,串联在控制电路中的常闭触点 FR 断开,KM 线圈失电,从而使电动机主电路断电,实现过载保护。

(3)失压、欠压和零压保护　由接触器 KM 本身的电磁结构特点来实现。当电源电压由于某种原因而严重减小或断电时,接触器 KM 的线圈失电,衔铁自行释放,电动机 M 停止运行。当电源电压恢复正常时,KM 的线圈不能自动得电,只有按下启动按钮 SB₂ 后,电动机才能启动运行。

2. 设置失压、欠压和零压保护控制电路的优点

(1)防止电源电压严重减小时电动机欠压运行。

(2)防止电源电压恢复时,电动机自动运行造成人身、设备等安全事故。

(3)避免多台电动机同时启动造成电网电压的严重减小。

四、点动十连续运行控制电路

生产设备正常运行时,电动机一般处于连续工作状态,但有些生产机械要求按钮按下时,电动机运转;松开按钮时,电动机停转。这就是点动控制。生产机械在进行调试时常要求点动控制。如图 1-34 所示电路既能实现点动控制,又能实现连续控制。

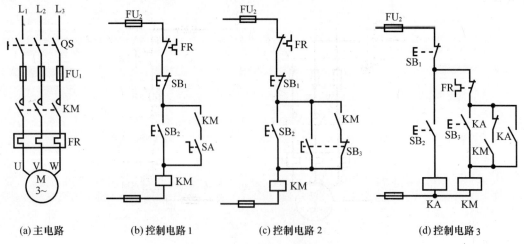

图 1-34　点动十连续运行控制电路

如图 1-34(b)所示,SA 为控制点动和连动切换的转换开关,若要点动运行,将 SA 打开,自锁回路断开,按下 SB₂ 实现点动;若要连续运行,则合上 SA,将自锁触点接入,实现连续运行。

如图 1-34(c)所示,当按下 SB₂ 时,自锁回路由 KM 常开触点和 SB₃ 常闭触点构成,实现连续运转;当按下 SB₃ 时,SB₃ 的常闭触点先断开,自锁回路再断开,实现点动控制。

如图 1-34(d)所示,可利用中间继电器实现点动和长动的切换。

①点动 按下 SB₂→中间继电器 KA 线圈得电→辅助常闭触点 KA 断开自锁回路;同时辅助常开触点 KA 闭合→接触 KM 线圈得电→电动机 M 启动运转。

松开 SB₂→KA 线圈失电→辅助常开触点 KA 分断→接触器 KM 线圈失电→电动机 M 停机,实现点动控制。

②长动 按下 SB₃→接触器 KM 线圈得电→辅助常开触点 KM 闭合形成自锁回路→KM 主触点闭合→电动机 M 连续运转。需要停机时,按下 SB₁ 即可。

电动机连续与点动控制的关键环节是自锁触点是否接入。若能实现自锁,则电动机连续运转;若断开自锁回路,则电动机实现点动控制。

 任务实施

一、实施内容

(1)安装并通电调试如图 1-33 所示单向连续运行控制电路。

(2)撰写任务报告。

二、实施步骤

1. 工具设备及材料

本任务所需工具、设备及材料见表 1-4。

表 1-4　　　　　　　　　　　　　工具、设备及材料

序 号	分 类	名 称	型号及规格	数 量	单 位	备 注
1	工具	常用电工工具	尖嘴钳、试电笔、剥线钳、螺钉旋具	1	套	
2		万用表	MF47	1	块	
3		兆欧表	5050	1	块	
4	设备	三相异步电动机	Y112M-4	1	台	
5		熔断器	DZ47LE C16/3P,DZ47LE C10/2P	各1	只	
6		熔断器(熔体)	15A/3P,5A/2P	各1	个	
7		三联按钮	LA39-E11D	1	个	
8		接触器	CJX2-12	1	个	
9		断路器	DZ47LE-32 C20	1	个	
10		热继电器	JRS1-25/Z	1	个	
11		网孔板	600 mm×700 mm	1	块	
12		端子排	TD1515	1	组	
13	材料	走线槽	TC3025	若干	m	
14		导线	BVR 1.5 mm²/BVR 1.0 mm²	若干	m	

2. 绘制安装接线图

在安装控制电路之前,首先应根据电气控制电路原理图绘制安装接线图。在绘制安装接线图时,要先按照电气控制电路图绘制原则,在原理图上标注相应的等电位端子符号,然后根据元

器件在控制板上的实际位置,将等电位端子标出进行相连。所有控制板外围设备与控制板内部元器件的连线均要经过控制板的进线或出线端子,绝对不能越过进线端子或出线端子而直接进行连接,如图1-35所示为电动机单向连续运行电路的安装接线图。电路中的低压断路器 QF、主电路熔断器 FU₂ 和控制电路熔断器 FU₂、接触器 KM 及热继电器 FR 装在安装控制板上;按钮 SB₁、SB₂ 和三相异步电动机 M 安装在控制板外,通过接线端子排 XT 与安装板上的元器件相连。对照原理图上标注的线号,在安装接线图中所有接线端子上标注的编号应与原理图一致,不能有误。

3. 固定元器件并安装接线

(1)检查元器件。配齐所用元器件并逐一检查元器件的质量,各项技术指标应符合规定要求,如有异常应及时检修或更换。

(2)固定元器件。按图1-36所示固定元器件。先裁锯线槽和导轨,并安装固定;再将元器件卡装在导轨上。

> **注意** 固定导轨时要充分考虑到元器件位置,应排列整齐均匀、间距合理,便于更换;紧固时要用力均匀,紧固程度适当。卡装元器件时要注意各自的安装方向,且均匀用力,避免倒装或损坏元器件。

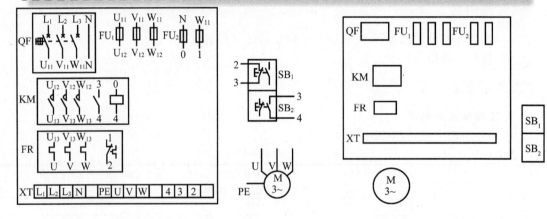

图1-35 电动机单向连续运行电路的安装接线图   图1-36 元器件位置

(3)采用线槽布线安装。按图1-33、图1-35所示接线,先接主电路,再接控制电路。导线准备好后,按尺寸断线,剥去两端的绝缘皮,套上线号标志,做好冷压接头后接到端子上。

> **注意** 导线露铜不能过长,冷压接头要紧固、美观,端子连接要牢靠;线槽外走线要求横平竖直,整齐美观,避免交叉;严禁损伤线芯和导线绝缘。

①安装主电路。依次安装 L₁、L₂、L₃、N、U₁₁、V₁₁、W₁₁、U₁₂、V₁₂、W₁₂、U₁₃、V₁₃、W₁₃、U、V、W 及 PE 线。

> **注意** 为了安全起见,电动机金属外壳的保护接地线必须可靠接地。

②安装控制电路。按照先串后并的原则进行接线。

（4）按钮、电动机和三相电源等外围设备布线安装时，必须通过接线端子排 XT 与控制板内部低压电器对接。

（5）一个接线端子上的连接线不得多于两根。所有从一个接线端子到另一个接线端子的导线必须连续，中间不能有接头。

4. 自查电路

控制电路安装完成后，必须经过认真检查后才能通电调试，以免造成事故。检查电路一般应按照以下步骤进行。

（1）检查布线。对照相应的原理图和安装接线图，从电源端开始逐一核对接线，检查有无漏接、错接之处，接线是否牢靠，有无夹到绝缘皮，造成接触不良等情况。

（2）检查电路故障。将万用表转换开关放到合适的挡位，一般置于 $R \times 100\ \Omega$ 挡，检测电路的通断情况，具体方法如下：

①检查控制电路。首先检查控制电路中 1 号线与 0 号线间电阻，常态下，其阻值应为 ∞。若不是，检查 3 号线与 4 号线是否错接。再按如图 1-37（a）所示电阻分阶测量法进行测量，其判断流程如图 1-37（b）所示。也可按照如图 1-38 所示电阻分段测量法进行测量，其查找故障流程见表 1-5。

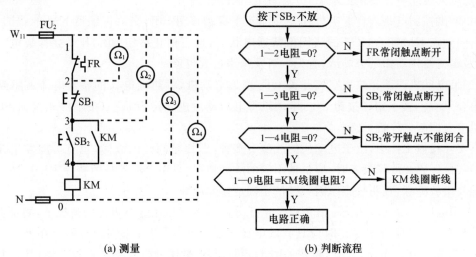

(a) 测量   (b) 判断流程

图 1-37　电阻分阶测量法

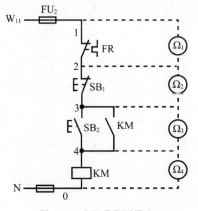

图 1-38　电阻分段测量法

表 1-5　　　　　　　　　　　　　电阻分段测量法查找故障流程

测量点	电阻值	故障点
1—2	∞	FR 常闭触点断开
2—3	∞	SB$_1$ 常闭触点断开
3—4（按下 SB$_2$）	∞	SB$_2$ 按下但未接触
4—0	∞	KM 线圈开路

②检查主电路。按表 1-6 的操作方法进行检查。

表 1-6　　　　　　　　　　　　　万用表检查主电路的操作方法

操作方法		正确阻值	备　注
测量 U$_{11}$ 与 U、V$_{11}$ 与 V、W$_{11}$ 与 W 之间的阻值	常态	∞	万用表置于 $R \times 100 \ \Omega$ 挡
	压合 KM 衔铁	0	万用表置于 $R \times 1 \ \Omega$ 挡
测量 XT 的 U、V、W 之间的阻值	常态或压合 KM 衔铁	∞	万用表置于 $R \times 100 \ \Omega$ 挡

5. 通电调试

经过自检，确认安装的电路正确后，在教师监护下，可通电调试。通电调试时应先通控制电路，观察低压元器件动作正确后，方可带电动机调试。

（1）调试控制电路。合上空气开关 QF，按下启动按钮 SB$_2$，交流接触器 KM 的线圈得电，由于自锁触点 KM 闭合，KM 的线圈保持通电状态；按下停止按钮 SB$_1$，KM 立即失电。反复几次，观察元器件动作是否灵活，有无卡阻及噪声过大现象。

（2）带电动机调试。拉下空气开关 QF，接上电动机，将热继电器的整定电流调整到合适值。再合上 QF，按下启动按钮 SB$_2$，电动机得电启动后进入运行状态；按下停止按钮 SB$_1$ 时，电动机应立即断电停机。

在实际检修工作中，由于电动机的故障有多种，即使是同样的故障，也有可能发生在不同的故障部位。因此故障检修时，应根据不同的故障情况，采用合适的故障排除方法，力求迅速、准确地找出故障点，查明故障原因，及时、正确地排除故障。

（3）用电压分阶测量法确定故障点。电压分阶测量就是在电路带电的情况下，测量各节点之间的电压，与电路正常工作时应具有的电压值进行比较，以此来判断故障所在处。先检测 W$_{11}$—N 有无 220 V 电压，若有，再按如图 1-39(a) 所示电压分阶测量法查找故障，其判断流程如图 1-39(b) 所示。

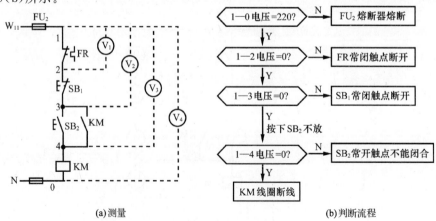

(a) 测量　　　　　　　　　　　　　　(b) 判断流程

图 1-39　电压分阶测量法

(4)注意事项：

①排除故障时,要有正确的分析故障、排除故障的思路。

②排除故障之前,先检查排除故障时要用的工具是否符合使用要求。

③不能随意更改电路和带电触摸元器件。

④带电排查故障时,要有教师现场监护,确保用电安全。

⑤排除故障必须在规定的时间内完成。

想一想 试一试

在自己安装的单向连续运行控制电路中,断掉电源,将并联在启动按钮 SB₂ 两端的接触器 KM 辅助常开触点(其中任意一端)断开,然后通电,进行启动操作,会发生什么现象? 这是为什么?

任务 3 电动机正/反转控制电路的安装与调试

任务描述

在生产实践中,要求许多生产机械的电动机正/反转,从而实现可逆运行。如工作台的前进、后退,起重机吊钩的上升、下降,电梯的向上、向下运行等。由电动机原理知,改变电动机定子绕组的电源相序,就可以实现电动机运行方向的改变。实际应用中,通过两个接触器改变电源相序来实现电动机正/反转。本任务通过电动机正/反转控制电路的安装和调试,学习电气控制电路图的读图方法,熟悉电气控制电路的安装、布线工艺,掌握电气控制电路故障的检修方法。

相关知识

一、电动机正/反转控制电路

电动机正/反转控制电路如图 1-40 所示。电动机 M 的正/反转是由两个相同的接触器 KM₁ 和 KM₂ 实现,KM₁ 是正向接触器,KM₂ 是反向接触器。其工作过程如下：

(1)正转

合上 QF ──→ 按正向启动按钮SB₂ ──→ KM₁线圈得电 ──→ KM₁ 常开辅助触点闭合(自锁)
                                                    ──→ KM₁ 常闭辅助触点断开(互锁)
                                                    ──→ KM₁ 主触点闭合 ──→ 电动机 M 正向运行

(2)停止

按下停止按钮SB₁ ──→ KM₁线圈失电 ──→ KM₁常开辅助触点断开(自锁解除)
                                ──→ KM₁常闭辅助触点恢复(互锁解除)
                                ──→ KM₁主触点断开(主电路断电) ──→ 电动机 M 停止

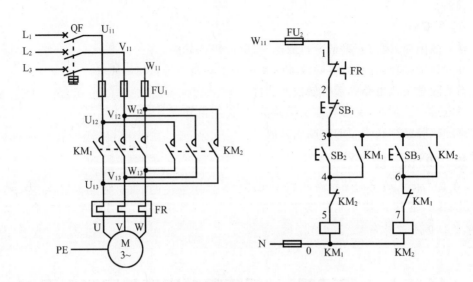

图 1-40 电动机正/反转控制电路

（3）反转

合上 QF → 按反转启动按钮 SB$_3$ → KM$_2$ 线圈得电 ─┬→ KM$_2$ 常开辅助触点闭合(自锁)
                                                        ├→ KM$_2$ 常闭辅助触点断开(互锁)
                                                        └→ KM$_2$ 主触点闭合 → 电动机 M 反向运行

为了避免同时按下启动按钮 SB$_2$、SB$_3$ 时，引起电源相间短路，必须在每条单向运行电路中串联对方接触器的辅助常闭触点，这种为保证电路安全可靠运行而设置的相互制约的关系称联锁或互锁，实现联锁的常闭触点称联锁（互锁）触点。

二、电动机双重互锁正/反转控制电路

图 1-40 所示电路做正/反转操作控制时，必须先按下停止按钮 SB$_1$，才能实现相反方向的启动，这对需要频繁改变电动机运转方向的设备来说，是很不方便的。为了提高生产效率，利用复合按钮组成双重互锁正/反转控制电路。所谓双重互锁，是指由接触器 KM$_1$ 和 KM$_2$ 的常闭触点实现电气互锁；由按钮 SB$_2$ 和 SB$_3$ 的常闭触点实现机械互锁。既有电气互锁又有机械互锁的电路称为双重互锁电路，如图 1-41 所示。此电路中，当电动机正转运行时，若按下反转启动按钮 SB$_3$，SB$_3$ 的常闭触点先切断 KM$_1$ 线圈支路，待其常开触点闭合后 KM$_2$ 线圈通电，实现电动机的反转。

三、工作台自动往复运行控制电路

在生产过程中，有些生产机械需要在一定范围内自动往复循环，例如摇臂钻床、导轨磨床、万能铣床及送料小车等。它们都利用限位开关来检测往返运动的相对位置来实现自动往返的可逆运行，进而实现生产机械的往复运动。

工作台往复运行如图 1-42 所示，在 A 和 B 处各安装一个限位开关 SQ$_1$ 和 SQ$_2$。工作台的运行轨道为直线，由三相异步电动机经传动装置进行驱动。电动机正转时通过传动装置带动工作台前进，行至 B 处，碰到限位开关 SQ$_2$，工作台自动返回；电动机反转时带动工作台后退，行至 A 处，碰到限位开关 SQ$_1$，工作台又会自动返回。

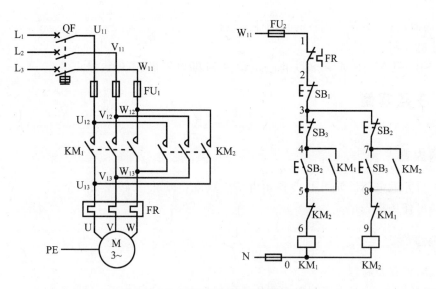

图 1-41 电动机双重互锁正/反转控制电路

如图 1-43 所示为工作台自动往复运行控制电路,其工作原理分析如下:

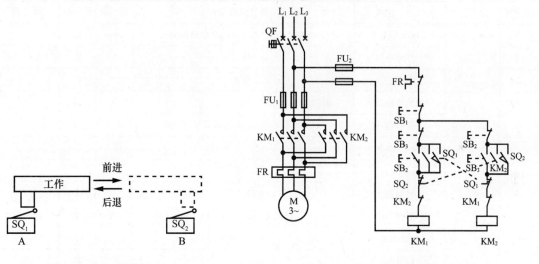

图 1-42 工作台往复运行　　　　　图 1-43 工作台自动往复运行控制电路

(1)启动控制

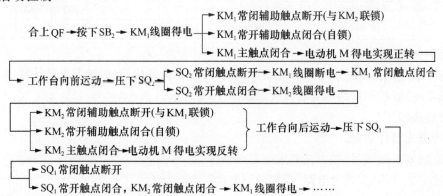

如此周而复始,实现工作台的自动往复运行。

(2)停机控制

按下 SB_1→KM_1、KM_2 线圈失电→电动机 M 断电停机,工作台停止。

 任务实施

一、实施内容

(1)安装并通电调试如图 1-41 所示电动机双重互锁正/反转控制电路。

(2)撰写任务报告。

二、实施步骤

1. 工具、设备及材料

本任务所需工具、设备及材料见表 1-7。

表 1-7 工具、设备及材料

序 号	分 类	名 称	型号及规格	数 量	单 位	备 注
1	工具	常用电工工具	尖嘴钳、试电笔、剥线钳、螺钉旋具	1	套	
2		万用表	MF47	1	块	
3		兆欧表	5050	1	块	
4		三相异步电动机	Y112M-4	1	台	
5		熔断器	DZ47LE C16/3P,DZ47LE C10/2P	各 1	只	
6		熔断器(熔体)	15A/3P,5A/2P	各 1	个	
7		三联按钮	LA39-E11D	1	个	
8	设备	接触器	CJX2-12	2	个	
9		断路器	DZ47LE-32 C20	1	个	
10		热继电器	JRS1-25/Z	1	个	
11		网孔板	600 mm×700 mm	1	块	
12		端子排	TD1515	1	组	
13	材料	走线槽	TC3025	若干	m	
14		导线	BVR 1.5 mm²/BVR 1.0 mm²	若干	m	

2. 绘制安装接线图

根据安装接线图的绘制原则和电路原理图,考虑元器件位置后,绘制安装接线图。电动机双重互锁正/反转控制电路的安装接线图如图 1-44 所示。

3. 安装接线

(1)检查元器件质量。

(2)对照安装接线图,按工艺要求固定元器件。

(3)按工艺要求,先接主电路,再接控制电路。

①安装主电路 依次安装 L_1、L_2、L_3、N、U_{11}、V_{11}、W_{11}、U_{12}、V_{12}、W_{12}、U_{13}、V_{13}、W_{13}、U、V、

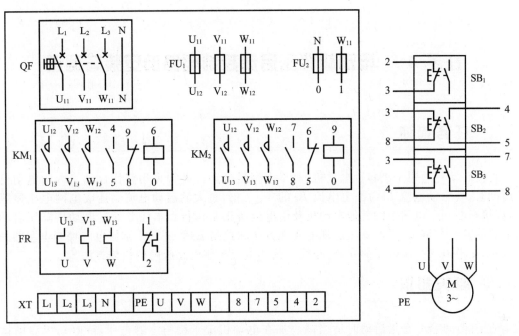

图 1-44　电动机双重互锁正/反转控制电路的安装接线图

W 及 PE 线。接线时,要注意交流接触器 KM₂ 主触点的接法,确保 KM₂ 吸合时,电动机能实现反转。

②安装控制电路　按照先串联后并联的原则接线。

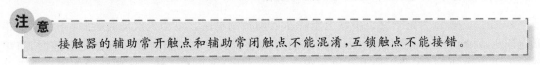

注 意

接触器的辅助常开触点和辅助常闭触点不能混淆,互锁触点不能接错。

(4)按钮、电动机和三相电源等外围设备布线安装时,必须通过接线端子排 XT 与控制板内部低压电器对接。

(5)一个接线端子上的连接线不得多于两根。所有从一个接线端子到另一个接线端子的导线必须连续,中间不能有接头。

4. 自查电路

(1)对照电路原理图和安装接线图,检查是否有漏接、错接,接线是否牢固等。

(2)参阅如图 1-37～图 1-39 所示检测方法,对电路进行故障检查。

5. 通电调试

经自查,确认安装的电路正确和无安全隐患后,可通电调试。

(1)调试控制电路。合上空气开关 QF,按下正转启动按钮 SB₂,接触器 KM₁ 得电动作,并能保持得电状态;按下反转按钮 SB₃,接触器 KM₁ 先失电,而接触器 KM₂ 则立即吸合并能保持;按下停止按钮 SB₁,接触器线圈失电。如此反复几次,以检查电路动作的可靠性。

(2)带电动机调试。断开 QF,接好电动机,根据电动机的规格调整好热继电器的整定电流。再合上 QF,按下 SB₂,电动机正转运行;按下 SB₁,电动机停机;按下 SB₃,电动机反转运行。

任务 4 电动机降压启动控制电路的安装与调试

任务描述

直接启动只适用于小容量电动机,对于大容量电动机必须采用降压启动。因为电动机直接启动时,其启动电流 I_{st} 为额定电流 I_N 的 4~7 倍,过大的启动电流会造成电网电压显著减小,直接影响同一电网中的其他电动机及用电设备正常运行。本任务通过电动机降压启动控制电路的安装与调试,学习降压启动的实现方法和控制原理,进一步掌握电气控制电路图的读图方法,熟悉电气控制电路的安装、布线工艺和电气控制电路故障的检修方法。

相关知识

所谓降压启动,是指启动时适当减小加在电动机定子绕组上的电压,待电动机启动运行后,再使其电压恢复到额定值正常运行。由于电流和电压成正比,所以降压启动一定程度减小了电动机的启动电流,减弱了对电路电压的影响。

降压启动的方法有定子绕组串联电阻、Y-△、自耦变压器降压启动。

一、定子绕组串联电阻降压启动控制电路

如图 1-45 所示为定子绕组串联电阻降压启动控制电路。电动机启动时,在定子绕组中串联电阻 R,可减小定子绕组的电压,从而限制启动电流。等电动机转速接近额定转速时,将串联的电阻切除(KM₂ 闭合),使电动机在额定电压(全压)下正常运转。这种启动方式适合电动机容量不大、启动不频繁且平稳的场合。在机床控制中,做点动调整的电动机常用定子绕组串联电阻的方式来限制启动电流。

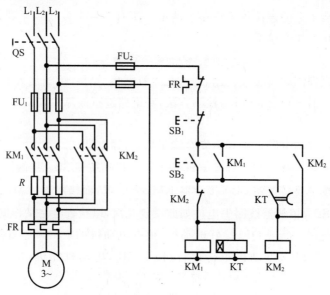

图 1-45 定子绕组串联电阻降压启动控制电路

如图 1-45 所示控制电路工作原理分析如下：

合上电源开关 QS → 按下启动按钮 SB₂ → ┌→ KT 线圈得电延时
└→ KM₁ 线圈得电 → ┌→ 辅助常开触点闭合(自锁)
                      └→ 主触点闭合 → 电动机串联电阻启动 ─┐

┌─ KT 延时 t(s) → 延时闭合，常开触点闭合 → 线圈 KM₂ 得电 → KM₂ 主触点闭合 → 短接降压电阻 R ─┐
└─ 电动机 M 全压正常运行

二、Y-△ 降压启动控制电路

如图 1-46 所示为 Y-△ 降压启动控制电路。图中，KM₁ 作为引入电源，KM₃ 作为 Y 连接用的接触器，KM₃ 作为 △ 连接用的接触器。电路工作原理分析如下：

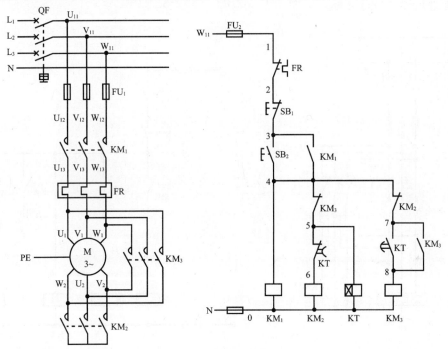

图 1-46　Y-△ 降压启动控制电路

（1）启动控制

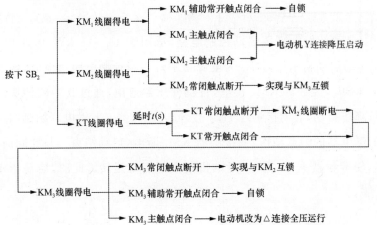

电动机Y-△降压
启动控制

（2）停止控制

按下 SB$_1$→KM$_1$、KM$_3$ 线圈失电→电动机断电停转

三、自耦变压器降压启动控制电路

自耦变压器降压启动即电动机启动时利用自耦变压器来减小加在电动机定子绕组上的启动电压。待电动机启动后,再使电动机与自耦变压器脱离,从而在全压下正常运行,其控制电路如图 1-47 所示。该电路中采用了两个接触器 KM$_1$ 和 KM$_2$ 来实现降压启动的切换控制,KM$_1$ 为降压接触器,KM$_2$ 为正常运行的接触器,而 KT 为控制切换时间的时间继电器。其具体工作原理请读者自行分析。

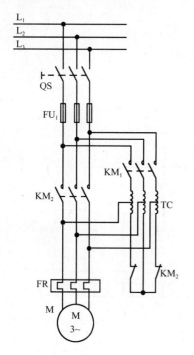 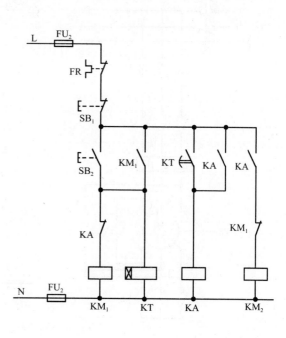

图 1-47　自耦变压器降压启动控制电路

如图 1-48 所示为 XJ01 自动补偿器降压启动控制电路,适用于 14～28 kW 电动机。图中,HL$_1$ 为运行指示灯,HL$_2$ 为启动指示灯,HL$_3$ 为电源指示灯。当控制电路通电时,电源指示灯 HL$_3$ 亮;按下启动按钮 SB$_2$,接触器 KM$_1$ 得电,自耦变压器通电,通过其中间抽头降压后,将低压通入电动机进行降压启动,启动指示灯 HL$_2$ 亮,同时定时器 KT 得电开始延时。经延时一段时间启动后,时间继电器的触点动作,使接触器 KM$_1$ 断电,启动结束。与此同时,中间继电器 KA 得电并自锁,使接触器 KM$_2$ 得电,电动机通全压正常运转。此时,启动指示灯 HL$_2$ 灭,运行指示灯 HL$_1$ 亮。

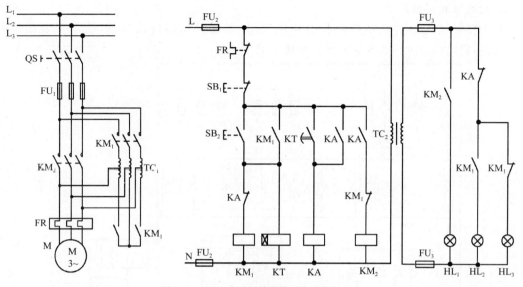

图 1-48　XJ01 自动补偿器降压启动控制电路

 任务实施

一、实施内容

（1）安装并通电调试如图 1-46 所示 Y-△ 降压启动控制电路。

（2）撰写任务报告。

二、实施步骤

1. 工具、设备及材料

本任务所需工具、设备及材料见表 1-8。

表 1-8　　　　　　　　　　　　　　工具、设备及材料

序　号	分　类	名　称	型号及规格	数 量	单 位	备　注
1	工具	常用电工工具	尖嘴钳、试电笔、剥线钳、螺钉旋具	1	套	
2		万用表	MF47	1	块	
3		兆欧表	5050	1	块	
4	设备	三相异步电动机	Y112M-4	1	台	
5		熔断器	DZ47LE C16/3P，DZ47LE C10/2P	各 1	只	
6		熔断器（熔体）	15A/3P，5A/2P	各 1	个	
7		三联按钮	LA39-E11D	1	个	
8		接触器	CJX2-12	3	个	
9		断路器	DZ47LE-32 C20	1	个	
10		热继电器	JRS1-25/Z	1	个	
11		时间继电器	JS14A	1	个	
12		网孔板	600 mm×700 mm	1	块	
13		端子排	TD1515	1	组	
14	材料	走线槽	TC3025	若干	m	
15		导线	BVR 1.5 mm²/BVR 1.0 mm²	若干	m	

2. 绘制安装接线图

根据安装接线图的绘制原则和电路原理图,考虑好元器件位置后,绘制安装接线图。Y-△ 降压启动控制电路的安装接线图如图 1-49 所示。

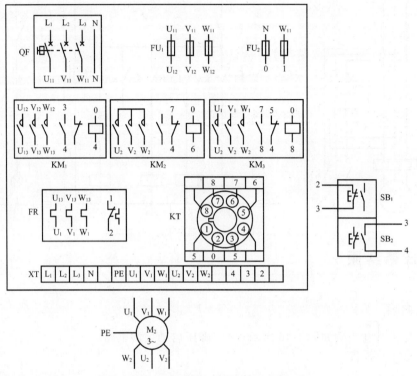

图 1-49　Y-△ 降压启动控制电路的安装接线图

3. 安装接线

(1)检查元器件质量。

(2)对照安装接线图,采用线槽布线,按工艺要求,先接主电路,再接控制电路。

①安装主电路。注意 Y 连接和 △ 连接的接法,防止误接、错接造成相线短路。

②安装控制电路。在识读时间继电器引脚功能的基础上,按照先串联后并联的原则进行接线。

(3)外围设备布线安装。在安装按钮、电动机和电源等外围设备时,必须通过接线端子 XT 与板内电器相连。

(4)将时间继电器插入专用底座,应确保定位键插入定位槽内,以防损坏时间继电器。

(5)一个接线端子上的连接线不得多于两根。所有从一个接线端子到另一个接线端子的导线必须连续,中间不能有接头。

4. 自查电路

(1)对照电路原理图和安装接线图,检查是否有掉线、错线,接线是否牢固等。

(2)参阅如图 1-37～图 1-39 所示检测方法,对电路进行故障检查。

5. 通电调试

经自查,确认安装的电路无安全隐患后,可通电调试。时间继电器延时时间调整为 6 s。

(1)调试控制电路。合上 QF,按下 SB$_2$,KM$_1$、KM$_2$ 吸合并自锁,KT 得电;延时 6 s 后,

KM$_2$ 释放,KM$_3$ 吸合并能自锁;按下停止按钮 SB$_1$,KM$_1$、KM$_3$ 释放。如此反复几次,以检查控制电路动作的可靠性。

(2)带电动机调试。断开 QF,确认电动机绕组的首、末端,接好电动机,调整好热继电器的整定电流。再合上 QF,按下 SB$_2$,电动机启动,转速增大。约 6 s 后,电路转换,电动机转速再次增大,进入全压运行。

(3)反复通电数次,以检查电路动作的可靠性。

 任务5　电动机制动控制电路的安装与调试

 任务描述

三相异步电动机切断电源后,由于系统惯性作用,转子需经一段时间才能停止。但在实际生产中,某些生产设备要求迅速、准确地停止。例如,镗床、车床的主电动机需快速停机;起重机为使重物停位准确及现场安全要求,也必须采用快速、可靠的制动方式。因此,应对电动机采取有效的制动控制。本任务来学习三相异步电动机电气制动方法、控制原理及其控制电路的安装与调试方法。

相关知识

所谓电动机的制动,是指在电动机的轴上加一个与旋转方向相反的转矩,使电动机减速或停转。根据制动转矩产生的方法不同,电动机的制动可分为机械制动和电气制动两类。机械制动是利用机械装置产生制动转矩使电动机迅速停止。常用的机械制动装置是电磁抱闸。电气制动是在电动机上产生一个与原转子转动方向相反的制动转矩,迫使电动机迅速停止。三相异步电动机电气制动方法有反接制动、能耗制动、电容制动和发电制动等。

一、反接制动控制电路

电动机的反接制动是电磁制动的一种,在电动机切断正常运转电源的同时改变电动机定子绕组的电源相序,使定子绕组产生一个与转子转动方向相反的旋转磁场,从而产生制动转矩。

由于反接制动时转子与旋转磁场的相对转速较大,约为启动时的 2 倍,所以定子、转子中的电流会很大,约为额定值的 10 倍。因此,反接制动控制电路增加了限流电阻 R,这个电阻又称为反接制动电阻。值得注意的是,当反接制动使电动机转速减小至接近零时,要及时切断反相序电源,防止电动机反向启动。实际控制中采用速度继电器来自动切断制动电源。

1. 单向反接制动控制电路

单向反接制动控制电路如图 1-50 所示。图中,KM$_1$ 为单向旋转接触器,KM$_2$ 为反接制动接触器,KS 为速度继电器,R 为反接制动电阻。

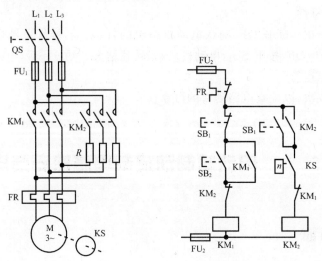

图 1-50　单向反接制动控制电路

反接制动的关键点在于改变电动机电源相序,并且当转速减小至接近零时,能自动将电源切断。为此,在反接制动控制中采用速度继电器来检测电动机的速度变化。当转速为 120～300 r/min 时,速度继电器触点动作;当转速小于 100 r/min 时,其触点回复原位。

单向反接制动控制电路的工作原理分析如下:

(1)启动

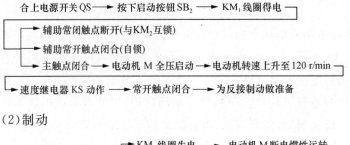

(2)制动

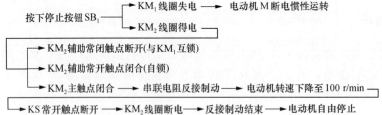

2. 可逆运行反接制动控制电路

可逆运行反接制动控制电路如图 1-51 所示。图中,KM_1、KM_2 为正/反转接触器,KM_3 为短接电阻接触器,KA_1～KA_3 为中间继电器,KS 为速度继电器(KS_1 为正转闭合触点,KS_2 为反转闭合触点),R 为启动与制动电阻。电路工作原理分析如下:

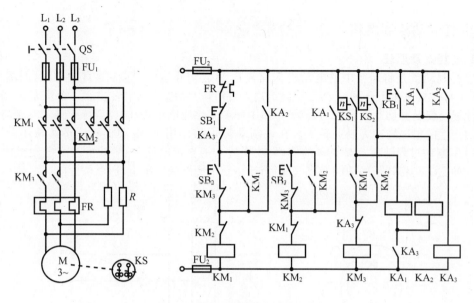

图 1-51 可逆运行反接制动控制电路

（1）正向启动

合上电源开关 QS ⟶ 按下正向启动按钮 SB_2 ⟶ KM_1 线圈得电 ⟶

　　├─▶ 辅助常开触点闭合 ⟶ 自锁
　　├─▶ 辅助常闭触点断开 ⟶ 互锁
　　├─▶ 辅助常开触点闭合 ⟶ 准备为 KM_3 线圈得电
　　├─▶ 主触点闭合 ⟶ 电动机 M 串联电阻 R 降压启动 ⟶ 转速上升至 120 r/min ⟶
　　├─▶ 速度继电器 KS 动作 ⟶ 正转触点 KS_1 闭合 ⟶ KM_3 线圈得电 ⟶ 主触点闭合 ⟶ 短接启动电阻 R ⟶
　　└─ 电动机全压继续启动并正常运行

（2）反接制动

按下停止按钮 SB_1 ⟶ ├─▶ KA_3 线圈得电 ⟶ ①
　　　　　　　　　　　　　└─▶ KM_3 线圈失电 ⟶ ②

① ─┬─▶ KA_3 常闭触点断开 ⟶ 断开启动回路
　　├─▶ KA_3 常闭触点断开 ⟶ KM_3 线圈失电 ⟶ KM_3 主触点断开
　　└─▶ KA_3 常开触点闭合 ⟶ KA_1 线圈得电 ⟶ ├─▶ KA_1 常开触点闭合 ⟶ 保持 KA_3 线圈得电
　　　　　　　　　　　　　　　　　　　　　　　└─▶ KA_1 常开触点闭合 ⟶ KM_2 线圈得电

② ─┬─▶ KM_3 常闭触点闭合 ⟶ 准备为 KM_2 保持，KA_3 线圈得电
　　└─▶ KM_3 主触点断开 ⟶ 电动机 M 断电惯性运转

　├─▶ KM_2 辅助常闭触点断开 ⟶ 互锁
　└─▶ KM_2 主触点闭合 ⟶ 电动机串联电阻 R 反接制动 ⟶ 当转速下降至 100 r/min 时 ⟶

　├─▶ KA_1 线圈失电 ⟶ ├─▶ KA_1 常闭触点断开 ⟶ KA_3 线圈失电
　　　　　　　　　　　　└─▶ KA_1 常闭触点断开 ⟶ KA_3 线圈失电 ⟶ 反接制动结束 ⟶ 电动机自由停止

电动机反向启动和停止反接制动过程与上述过程相同，请读者自行分析。

二、能耗制动控制电路

1. 能耗制动原理

能耗制动就是将运行中的电动机从交流电源上切除后，立即接通直流电源，如图 1-52 所示，断开 K_1 时，迅速闭合 K_2。当定子绕组通入直流电后，电动机中将建立一个恒定磁场。转子因惯性继续旋转并切割恒定磁场，转子导体中便产生感应电动势和电流，转子感应电流与恒定磁场作用产生的电磁转矩为制动转矩。在该制动转矩的作用下，电动机转速迅速减小。当 $n=0$ 时，$T=0$，制动过程结束。改变 R 的值，可改变通入的直流电流大小，即可改变电动机的制动时间。这种方法是将转子的动能变成电能，消耗在转子回路的电阻上，所以称为能耗制动。

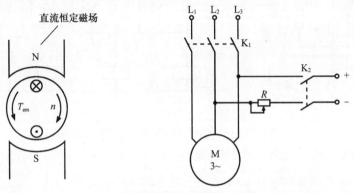

图 1-52 能耗制动原理

2. 单向能耗制动控制电路

能耗制动的实现有两种基本的方法，按时间原则，由时间继电器来控制，一般适用于负载转速比较稳定的生产设备；按速度原则，由速度继电器进行控制，一般适用于负载转速经常因生产加工需要变化的生产机械。

（1）按时间原则控制的单向能耗制动控制电路

按时间原则控制的单向能耗制动控制电路如图 1-53 所示。图中，KM_1 为单向连续运行接触器，KM_2 为能耗制动接触器，KT 为时间继电器，TC 为整流变压器，VC 为桥式整流电路，R 为能耗制动电阻。电路工作原理分析如下：

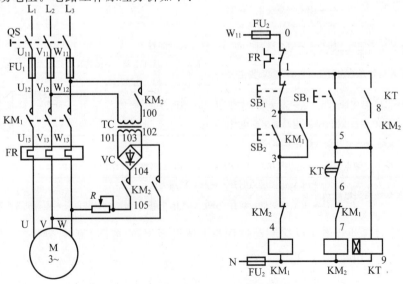

图 1-53 按时间原则控制的单向能耗制动控制电路

①启动：

合上 QS → 按下 SB₂ → KM₁ 线圈得电 →
→ KM₁ 辅助常闭触点断开(互锁)
→ KM₁ 辅助常开触点闭合(自锁)
→ KM₁ 主触点闭合 → 电动机 M 全压启动运行

②制动：

按下 SB₁ →
→ SB₁ 常闭触点断开 → KM₁ 线圈断电 ——
→ SB₁ 常开触点闭合 → KT 线圈得电延时

→ KM₁ 主触点断开 → 电动机脱离交流电源
→ KM₁ 辅助常闭触点闭合 → KM₂ 线圈得电 →
→ KM₂ 辅助常闭触点断开(互锁)
→ KM₂ 主触点闭合，电动机通入直流电
→ KM₂ 常开触点闭合(与 KT 常开触点联合自锁)

→ 实现能耗制动 —KT 延时 t(s)→ KT 延时断开，常闭触点断开 → KM₂ 线圈断电 ——
→ KM₂ 主触点断开 → 能耗制动结束 → 电动机自由停止
→ KM₂ 辅助常开触点断开 → KT 线圈断电

（2）按速度原则控制的单向能耗制动控制电路

按速度原则控制的单向能耗制动控制电路如图 1-54 所示。此电路中由速度继电器 KS来控制能耗制动过程。具体工作过程请读者自行分析。

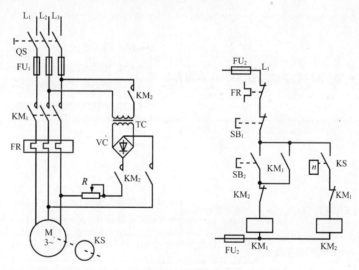

图 1-54　按速度原则控制的单向能耗制动控制电路

3. 可逆能耗制动控制电路

按速度原则控制的可逆能耗制动控制电路如图 1-55 所示。图中，KM₁、KM₂ 为正/反转接触器，KM₃ 为能耗制动接触器，KS 为速度继电器（触点 KS₁ 为正转动作触点，KS₂ 为反转动作触点）。电路工作原理分析如下：

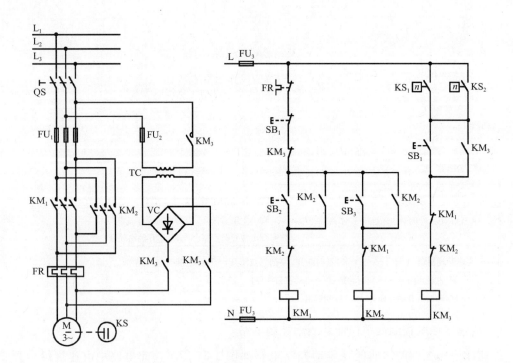

图 1-55　按速度原则控制的可逆能耗制动控制电路

（1）正向启动

合上电源开关 QS → 按下正向启动按钮 SB₂ → SB₁ 线圈得电 ┬→ KM₁ 辅助常闭触点断开 → 与 KM₂ 互锁
　　　　　　　　　　　　　　　　　　　　　　　　├→ KM₁ 辅助常闭触点断开 → 切断 KM₃ 线圈回路
　　　　　　　　　　　　　　　　　　　　　　　　├→ KM₁ 辅助常开触点闭合 → 自锁
　　　　　　　　　　　　　　　　　　　　　　　　└→ KM₁ 主触点闭合 → 电动机正向旋转 ─┐
┌──┘
└→ 转速升到 120 r/min → 速度继电器动作 → KS₁ 常开触点闭合 → 为能耗制动做好准备

（2）反接制动

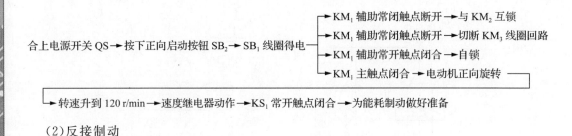

按下停止按钮 SB₁ → 速度继电器动作 ┬→ SB₁ 常闭触点断开 → ①
　　　　　　　　　　　　　　　　　　└→ SB₁ 常开触点闭合 ─┐

① → KM₁ 线圈失电 ┬→ KM₁ 主触点断开 → 电动机脱离交流电源惯性运转
　　　　　　　　　　└→ KM₁ 辅助常闭触点闭合 ─┐

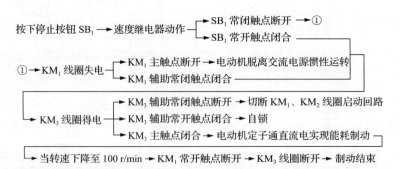

　　　　　　　　　　┬→ KM₃ 辅助常闭触点断开 → 切断 KM₁、KM₂ 线圈启动回路
→ KM₃ 线圈得电 ├→ KM₃ 辅助常开触点闭合 → 自锁
　　　　　　　　　　└→ KM₃ 主触点闭合 → 电动机定子通直流电实现能耗制动 ─┐
└→ 当转速下降至 100 r/min → KM₁ 常开触点断开 → KM₃ 线圈断开 → 制动结束

　　　反向启动的能耗制动过程请读者自行分析。电动机可逆能耗制动也可以采用时间原则，
用时间继电器取代速度继电器进行控制。

任务实施

一、实施内容

(1)安装并通电调试如图 1-53 所示按时间原则控制的单向能耗制动控制电路。

(2)撰写任务报告。

二、实施步骤

1. 工具、设备及材料

本任务所需工具、设备及材料见表 1-9。

表 1-9　　　　　　　　　　　　　　工具、设备及材料

序号	分类	名　称	型号规格	数量	单位	备注
1	工具	常用电工工具	尖嘴钳、试电笔、剥线钳、螺钉旋具	1	套	
2		万用表	MF47	1	块	
3		兆欧表	5050	1	块	
4	设备	三相异步电动机	Y112M-4	1	台	
5		熔断器	DZ47LE C16/3P,DZ47LE C10/2P	各1	只	
6		熔断器(熔体)	15A/3P,5A/2P	各1	个	
7		三联按钮	LA39-E11D	1	个	
8		接触器	CJX2-12	2	个	
9		断路器	DZ47LE-32 C20	1	个	
10		热继电器	JRS1-25/Z	1	个	
11		时间继电器	JS14A	1	个	
12		桥式整流堆	根据电动机功率选用	1	个	
13		单相变压器	根据电动机功率选用	1	个	
14		可变电阻器	根据电动机功率选用	1	个	
15		网孔板	600 mm×700 mm	1	块	
16		端子排	TD1515	1	组	
17	材料	走线槽	TC3025	若干	m	
18		导线	BVR 1.5 mm²/BVR 1.0 mm²	若干	m	

2. 绘制安装接线图

根据安装接线图的绘制原则和电路原理图,考虑好元器件位置后,绘制安装接线图。按时间原则控制的单向能耗制动控制电路的安装接线图如图 1-56 所示。

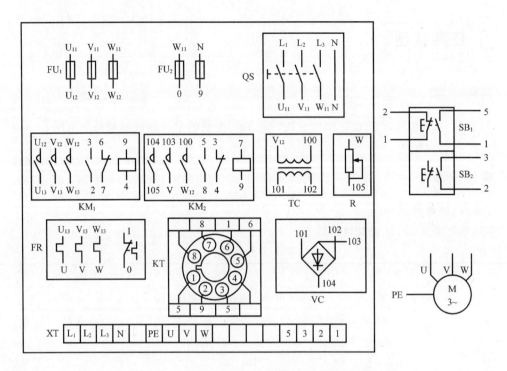

图 1-56　按时间原则控制的单向能耗制动控制电路的安装接线图

3. 安装接线

（1）检查元器件质量。

（2）对照安装接线图,采用线槽布线,按工艺要求,先接主电路,再接控制电路。

①安装主电路。注意 TC 和 VC 的接法,防止误接、错接造成短路。

②安装控制电路。按照先串联后并联的原则进行接线。

（3）外围设备布线安装。在安装按钮、电动机和电源等外围设备时,必须通过接线端子 XT 与板内电器相连。

（4）将时间继电器插入专用底座,应确保定位键插入定位槽内,以防损坏时间继电器。

（5）一个接线端子上的连接线不得多于两根。所有从一个接线端子到另一个接线端子的导线必须连续,中间不能有接头。

4. 自查电路

（1）对照电路原理图和安装接线图,检查是否有掉线、错线,接线是否牢固等。

（2）参阅图 1-37～图 1-39 所示检测方法,对电路进行故障检查。

5. 通电调试

经自查,确认安装的电路无安全隐患后,可通电调试。时间继电器延时时间调整为 5 s。

（1）调试控制电路。

（2）带电动机调试。

（3）反复通电数次,以检查电路动作的可靠性。

任务 6　多台电动机顺序控制电路的安装与调试

任务描述

在生产实践中,有时一个拖动系统含有多个电动机,各电动机所起的作用是不同的,有时需按一定的顺序启动,才能保证工作过程的合理性和安全性。例如,机床工作时,要求起润滑作用的电动机启动后,主轴电动机才能启动;铣床上要求主轴电动机启动后,进给电动机才能启动。这种要求一台电动机启动后另一台电动机才能启动的控制方式称为电动机的顺序控制。本任务主要学习多台电动机各种顺序控制的实现方法和控制原理,安装及调试两台电动机顺序启动控制电路,进一步掌握电气控制电路的安装、调试和检修方法。

相关知识

一、多台电动机顺序控制电路

1. 主电路实现顺序控制

如图 1-57 所示为主电路实现顺序控制的电路。从图 1-57(a)所示主电路中可以看出,只有 KM$_1$ 闭合,电动机 M$_1$ 启动运行后,电动机 M$_2$ 才有可能被启动。从图 1-57(b)所示控制电路中可以看出,两台电动机同时停止。

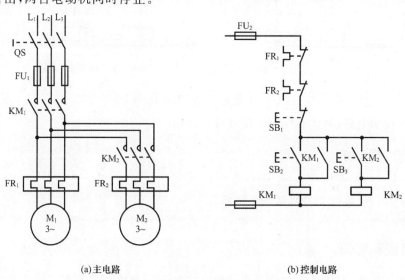

(a)主电路　　　　　　　　　　(b)控制电路

图 1-57　主电路实现顺序控制的电路

47

2. 控制电路实现顺序控制

如图 1-58 所示为控制电路实现顺序控制的几种典型电路。如图 1-58(a)所示为主电路。如图 1-58(b)所示电路实现两台电动机"顺序启动,同时停止"的功能。如图 1-58(c)所示电路实现两台电动机"顺序启动,分别停止"的功能。如图 1-58(d)所示电路实现两台电动机"顺序启动,逆序停止"的功能。如图 1-58(e)所示电路实现两台电动机"顺序启动,顺序停止"的功能。

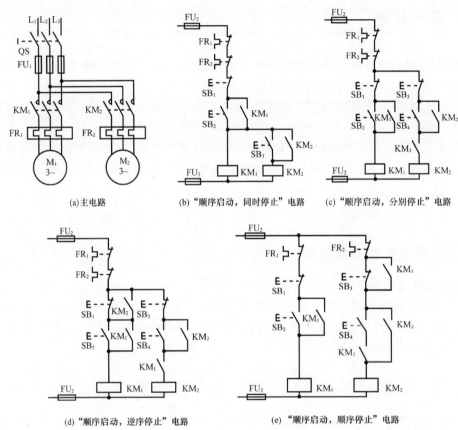

图 1-58 控制电路实现顺序控制的电路

上述几种控制电路,具体工作原理读者自行分析。

想一想 试一试

如果有三台电动机 M_1、M_2、M_3,启动时的顺序为 $M_1 \rightarrow M_2 \rightarrow M_3$,停止时的顺序为 $M_3 \rightarrow M_2 \rightarrow M_1$,试设计其控制电路原理图。

二、多地点控制电路

所谓多地点控制,是指能在两地点或多地点控制同一台电动机。在一些大型设备或生产流水线中,为方便操作人员在不同的位置均能操作,通常要求实行多地点控制。一般多地点控制只需增加控制按钮即可。多地点控制的原则:启动按钮相互并联,停止按钮相互串联。多个启动按钮或停止按钮分别装在大型设备或生产线的不同位置。如图 1-59 所示为对一台电动机实现两地控制的控制电路。

如图1-59(b)所示,将两个启动按钮SB₃和SB₄并联,两个停止按钮SB₁和SB₂串联,这样在任何一个位置按下启动按钮都能使电动机启动并连续运行,在任一个位置按下停止按钮都能使电动机停止。如图1-59(c)所示,将两个启动按钮也串联起来,只有两个位置的启动按钮都按下才能启动电动机。

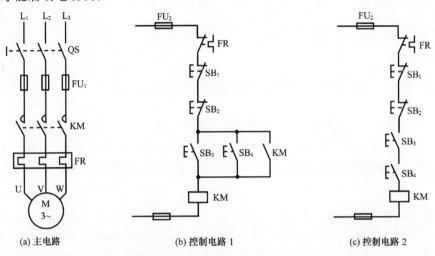

图1-59 两地控制电路

三、双速电动机控制电路

由三相异步电动机的转速公式 $n=(1-s)60f/p$ 可知,三相异步电动机的调速方法有改变电动机定子绕组的磁极对数 p、改变电源频率 f 和改变转差率 s 三种。其中改变转差率方法可通过调定子电压、转子电阻以及采用串级调速、电磁转差离合器调速来实现。目前,改变磁极对数和改变转子电阻的调速方法仍然被广泛使用。但随着变频技术的发展,变频调速的方法将越来越普遍。

1. 变极调速的原理

双速电动机是通过改变定子绕组的连接来改变磁极对数,从而实现转速改变的。如图1-60(a)所示,每相定子绕组由两个线圈连接而成,共有三个抽头。常见的定子绕组接法有两种:一种是由Y连接改为YY连接,即将如图1-60(c)所示连接方式改成如图1-60(d)所示连接方式;另一种是由 △ 连接改为YY连接,即由如图1-60(b)所示连接方式改成如图1-60(d)所示连接方式。当每相定子绕组的两个线圈串联后接入三相电源时,电流方向及分布如图1-60(b)或图1-60(c)所示,电动机以四极低速运行。当每相定子绕组中两个线圈并联时,由中间抽头 U₃、V₃、W₃ 接入三相电源,其他两抽头汇集一点构成YY连接,电流方向及分布如图1-60(d)所示,电动机以两极高速运行。两种接线方式变换成YY连接均使磁极对数减少一半,转速增大一倍。但Y→YY切换适用于拖动恒转矩性质负载;而 △→YY切换适用于拖动恒功率性质负载。

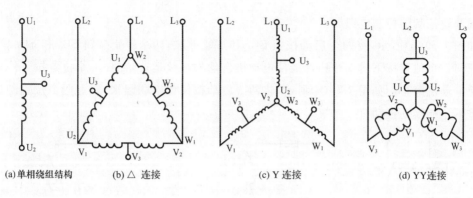

(a)单相绕组结构　　(b) △ 连接　　　　(c) Y 连接　　　　(d) YY连接

图 1-60　双速电动机定子绕组接线

注 意

　　变极调速有反转向和同转向两种方法。若变极后电源相序不变,则电动机反转高速运行;若要保持电动机变极后转向不变,则必须在变极同时改变电源相序。

2. 双速电动机控制电路

　　双速电动机的控制电路有许多种,用双速手动开关进行控制时,其电路较为简单,但不能带负荷启动,通常采用交流接触器改变定子绕组的接线方法来改变其转速。

　　双速电动机的主电路如图 1-61(a)所示,接触器 KM_1 的主触点闭合,电动机采用△连接,低速运行;接触器 KM_2、KM_3 的主触点闭合,电动机采用 YY 连接,高速运行。

　　手动切换实现双速控制的控制电路如图 1-61(b)所示,复合按钮 SB_2、SB_3 和常闭触点 KM_1、KM_2 的互锁是为防止电源短路而设置的。该电路简单,常用于小容量电动机的控制,其工作原理请读者自行分析。

　　双速电动机低速启动、高速运行自动切换控制电路如图 1-61(c)所示,其工作原理如下:

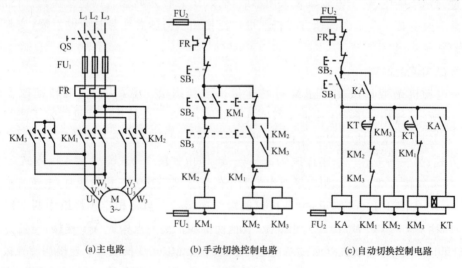

(a)主电路　　　　　(b)手动切换控制电路　　　　　(c)自动切换控制电路

图 1-61　双速电动机控制电路

（1）启动

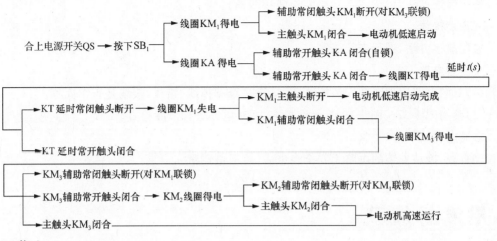

（2）停止

按下 SB$_2$ ——→ 控制电路各线圈失电 ——→ 接触器主触点断开 ——→ 电动机停止运行

 任务实施

一、实施内容

（1）安装并通电调试如图 1-58(a)、图 1-58(d)所示两台电动机"顺序启动,逆序停止"电路。

（2）撰写任务报告。

二、实施步骤

1.工具、设备及材料

本任务所需工具、设备及材料见表 1-10。

表 1-10　　　　　　　　　　　　工具、设备及材料

序号	分类	名称	型号规格	数量	单位	备注
1	工具	常用电工工具	尖嘴钳、试电笔、剥线钳、螺钉旋具	1	套	
2		万用表	MF47	1	块	
3		兆欧表	5050	1	块	
4	设备	三相异步电动机	Y112M-4	2	台	
5		熔断器	DZ47LE C16/3P,DZ47LE C10/2P	各1	只	
6		熔断器(熔体)	15A/3P,5A/2P	各1	个	
7		三联按钮	LA39-E11D	2	个	
8		接触器	CJX2-12	2	个	
9		断路器	DZ47LE-32 C20	1	个	
10		热继电器	JRS1-25/Z	2	个	
11		网孔板	600 mm×700 mm	1	块	
12		端子排	TD1515	1	组	
13	材料	走线槽	TC3025	若干	m	
14		导线	BVR 1.5 mm^2/BVR 1.0 mm^2	若干	m	

2. 绘制安装接线图

参照前述方法,请读者自行绘制安装接线图。

3. 安装接线

参照前述方法,进行安装接线。

4. 自查电路

(1)对照电路原理图和安装接线图,检查是否有掉线、错线,接线是否牢固等。

(2)参阅图 1-37～图 1-39 所示检测方法,对电路进行故障检查。

5. 通电调试

经自查,确认安装的电路无安全隐患后,可通电调试。

思考与练习

1. 选择题

(1)交流接触器铁芯端面加装短路环的作用是(　　)。

A. 消除振动和噪声　　　　　　　　B. 增强吸力

C. 散发热量　　　　　　　　　　　D. 节能

(2)熔断器的额定电流与熔体的额定电流(　　)。

A. 是一回事　　　　　　　　　　　B. 不是一回事

(3)按下复合按钮时,(　　)。

A. 常开触点先闭合　　　　　　　　B. 常闭触点先断开

C. 常开、常闭触点同时动作

(4)三相异步电动机采用能耗制动,切断电源后,应将电动机(　　)。

A. 转子回路串联接入电阻　　　　　B. 定子绕组两相绕组反接

C. 转子绕组反接　　　　　　　　　D. 定子绕组通入直流电

(5)三相异步电动机采用减小电源电压的方法启动,其目的是(　　)。

A. 减小启动电流　　　　　　　　　B. 减小启动转矩

C. 缩短启动时间

(6)电弧的存在将导致(　　)。

A. 电路分断时间延长　　　　　　　B. 电路分断时间缩短

C. 电路分断能力提高

(7)主电路的编号在电源开关出线端按相序依次为(　　)。

A. U、V、W　　　　　　　　　　B. L_1、L_2、L_3

C. U_2、V_2、W_2　　　　　　　　D. U_1、V_1、W_1

(8) 如图 1-62 所示电路中,能实现点动和连续工作的电路是(　　)。

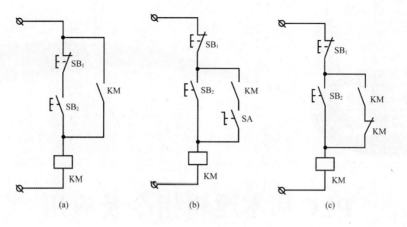

图 1-62　选择题(8)图

2. 判断题

(1)线圈电压标注为 220 V 的交流接触器,在 AC 220 V 和 DC 220 V 的电源上均可使用。
　　　　　　　　　　　　　　　　　　　　　　　　　　　　　　　　　　( )

(2)能耗制动控制电路是指异步电动机改变定子绕组上三相电源的相序,使定子产生反向旋转磁场作用于转子而产生制动力矩。　　　　　　　　　　　　　　　　( )

(3)JS23-32 时间继电器的延时触点为两对。　　　　　　　　　　　　　　　( )

(4)如果触电现场远离开关或不具备关断电源的条件,救护者可站在干燥木板上,用一只手抓住衣服将其拉离电源。　　　　　　　　　　　　　　　　　　　　( )

(5)作为电动保护用熔断器应考虑电动机的启动电流,一般熔断器的额定电流为电动机额定电流的 2～2.5 倍。　　　　　　　　　　　　　　　　　　　　　　( )

(6)在电源电压不变的情况下,△连接的异步电动机改接成 Y 连接运行,其输出功率不变。　　　　　　　　　　　　　　　　　　　　　　　　　　　　　( )

3. 设计题

(1)试设计一个电路,使得两台电动机 M_1、M_2 满足:M_1 启动 5 s 后,M_2 自动启动;再运行 10 s 后,两台电动机同时停止。试画出主电路及控制电路,要求具有必要的保护措施。

(2)现有一磨床工作台,在 A、B 处之间往返运动,即当启动后,工作台运行到 A 处时,立即反方向向 B 处运行;当工作台运行到 B 处时,立即反方向向 A 处运行。磨床工作台的运动由电动机 M 拖动,采用常用低压元件进行控制,并在 A、B 两处分别设有限位开关 SQ_1 和 SQ_2。试设计主电路及其控制电路,并有必要的保护措施。

(3)画出某机床电动机的控制电路,要求:

①可正/反转;

②可两处正向点动;

③可反向反接制动;

④有短路和过载保护。

(4)设计一个小车运行的控制电路,小车由异步电动机拖动,其运行程序如下:

①小车在原位装料(需 2 min),装料完毕向卸料处运行;

②在卸料处自动停止并卸料(需 1 min),卸料完毕自动返回;

③回到原位装料,然后继续启动向卸料处运行,周而复始,自动往返;

④要求能在任意位置停止或启动,并有完善的保护措施。

项目 2

PLC基本逻辑指令及应用

学习目标

(1) 了解 PLC 的基本组成及工作过程。

(2) 掌握 PLC 基本指令编程方法和技巧。

(3) 掌握 PLC 程序调试的基本流程。

(4) 能利用基本指令编写简单控制程序。

(5) 会使用 GX Works 2 软件。

(6) 会安装和调试 PLC 控制系统。

 项目综述

可编程控制器(PLC)是以电子编程来实现工业控制的自动化产品。它具有可靠性高、灵活性强、使用方便等优点,在工业控制领域中得到了广泛的应用,目前已成为工业控制及自动化领域的主导和核心。本项目通过自耦变压器降压启动电路的 PLC 改造和传送带 PLC 控制系统设计与调试两个子任务,学习 PLC 的基本概念、工作原理、外部结构、编程资源、基本逻辑指令及其编程方法。通过学习,读者能初步了解 PLC 的工作过程和特点,掌握 PLC 基本逻辑指令及其编程方法,为后续课程中较为复杂的电气控制编程与调试奠定基础。

任务 1　自耦变压器降压启动控制电路的 PLC 改造

 任务描述

图 2-1 所示为自耦变压器降压启动控制电路，其控制过程：当电路通电后，电源指示灯 HL$_3$ 亮。按下启动按钮 SB$_2$，接触器 KM$_1$ 得电，自耦变压器通电，通过其中间抽头降压后，将低压通入电动机进行降压启动，启动指示灯 HL$_2$ 亮，同时定时器 KT 得电开始延时。经延时一段时间启动后，时间继电器的触点动作，使接触器 KM$_1$ 断电，启动结束。与此同时，中间继电器 KA 得电并自锁，使接触器 KM$_2$ 得电，电动机通全压正常运转，此时，启动指示灯 HL$_2$ 灭，而运行指示灯 HL$_1$ 亮。

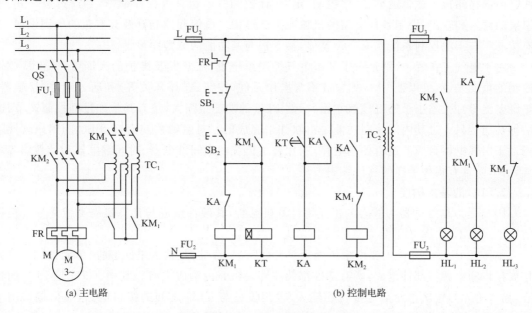

(a) 主电路　　　　　　　　　　　　　　　　　　　(b) 控制电路

图 2-1　自耦变压器降压启动控制电路

试根据图 2-1 所示电路的功能，应用 FX$_{2N}$ 系列 PLC 对其进行改造设计，并按电气规范进行装接调试。

 相关知识

从图 2-1 所示自耦变压器降压启动控制电路的结构可以看出，本任务所涉及的 PLC 基本指令主要有取指令、输出指令、与指令、或指令、回路块与指令、回路块或指令、堆栈指令等。在学习这些基本指令之前，我们先了解一下 PLC 的基本结构、工作过程和 PLC 编程语言，认识一下三菱 FX$_{2N}$ 系列 PLC 的外部结构和内部编程元件。

1. PLC 的定义

可编程控制器(Programmable Logical Controller,PLC)是 20 世纪 60 年代发展起来的一种新型工业控制装置。它将传统的继电器控制技术和计算机控制技术、通信技术融为一体,广泛地应用于各类生产机械和生产过程的自动控制中。早期的可编程控制器仅具有逻辑控制、定时和计数等功能,所以称为可编程控制器(PLC)。随着微电子技术和大规模集成电路的广泛应用,PLC 的功能日趋完善,性能不断提高,目前已发展成为集计算机技术、自动控制技术、通信技术和过程控制技术于一身的电子装置。为了和个人计算机(PC)相区别,仍然用 PLC 来表示可编程控制器。PLC 及其网络被公认为现代工业自动化的三大支柱(PLC、机器人、CAD/CAM)之一。

1987 年国际电工委员会(IEC)制定了 PLC 的标准,并对它定义如下:可编程控制器是一种数字运算操作的电子系统,专为在工业环境下应用而设计。它采用可编程序的存储器,用来在其内部存储执行逻辑运算、顺序控制、定时、计数和算术运算等操作命令,并通过数字式、模拟式的输入和输出,控制各种类型的机械或生产过程。可编程控制器及其有关的外围设备,都应按易于与工业控制系统连成一个整体,易于扩充其功能的原则而设计。

对于电气工作者,特别是对于从事电气控制系统设计、开发及维护的人而言,若仅从逻辑控制的角度来说,可以把 PLC 想象成不含操作元件(按钮、选择开关等)和动力元件(接触器、热继电器等)的、缩小了的电气控制箱(当然 PLC 的功能很强大,还有其他如过程控制调节、通信等功能),只不过其内部控制功能是由软件来完成的。对逻辑控制而言,PLC 的用户软件就相当于由继电器组成的逻辑控制电路,它代替了传统的中间继电器、时间继电器和计数器等电气元件,而且有多种多样的软件编辑方法。

2. PLC 的基本构成

PLC 是以微处理器为核心的工业用计算机系统,其硬件组成与计算机有类似之处。根据结构形式的不同,PLC 可分为整体式和模块式两类。

整体式 PLC 的硬件主要由中央处理单元(CPU)、存储器、输入单元、输出单元、通信接口、扩展接口和电源等部件组成,所有部件都装在同一机壳内构成主机。其中,CPU 是 PLC 的核心,输入单元与输出单元是连接现场输入/输出设备与 CPU 之间的接口电路,通信接口用于与编程器、上位计算机等外设连接。另外还有独立的扩展单元通过扩展接口与主机配合使用。整体式 PLC 的结构紧凑、体积小,小型机常采用这种结构。整体式 PLC 的基本组成如图 2-2 所示。

模块式 PLC 的各部件独立封装成模块,各模块通过总线连接,安装在机架或导轨上。装有 CPU 的模块称为 CPU 模块,其他模块称为扩展模块。中、大型机常采用模块式结构。由于模块式的 PLC 系统配置灵活,有的小型机也采用这种结构。模块式 PLC 的基本组成如图 2-3 所示。无论是哪种结构类型的 PLC,都可根据用户的需要进行配置与组合。尽管整体式 PLC 与模块式 PLC 结构不太一样,但各部分的功能和作用是相同的。下面对 PLC 的各主要组成部分进行简单介绍。

(1)CPU

CPU 是 PLC 的核心。它的主要作用是从输入设备中读入输入信号,并按用户程序对其

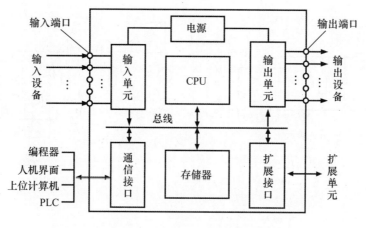

图 2-2　整体式 PLC 的基本组成

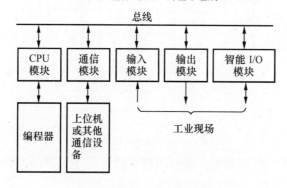

图 2-3　模块式 PLC 的基本组成

进行运算处理后,将结果通过输出接口送到输出设备,控制其运行。CPU 一般由控制电路、运算器和寄存器组成,这些电路通常都被封装在一个集成的芯片上。CPU 通过地址总线、数据总线和控制总线与存储单元、输入输出接口电路连接。

(2)存储器

存储器主要是存放系统程序、用户程序及工作数据的器件。它主要有两种:一种是只读存储器 ROM、PROM、EPROM 和 EEPROM,主要用于存放制造厂家编写的系统程序。系统程序关系到 PLC 的性能,而且在 PLC 使用过程中不会变动,所以是由制造厂家直接固化在只读存储器 ROM、PROM 或 EPROM 中,用户不能访问和修改。另一种是可读/写操作的随机存储器 RAM,一般用于存放用户根据对象生产工艺的控制要求而编制的应用程序。

(3)I/O 单元

①I/O 单元的作用　输入/输出单元通常也称 I/O 单元或 I/O 模块,是 PLC 与工业生产现场之间的连接部件。PLC 通过输入接口可以检测被控对象的各种数据,以这些数据作为 PLC 对被控对象进行控制的依据;同时 PLC 又通过输出接口将处理结果送给被控对象,以实现控制目的。由于外部输入设备和输出设备所需的信号电平是多种多样的,而 PLC 内部 CPU 处理的信息只能是标准电平,所以 I/O 接口要实现这种转换。I/O 接口一般都具有光电隔离和滤波功能,以提高 PLC 的抗干扰能力。

②输入接口的结构　常用的开关量输入接口按其使用的电源不同有三种类型:直流输入接口、交流输入接口和交/直流输入接口,如图 2-4 所示。

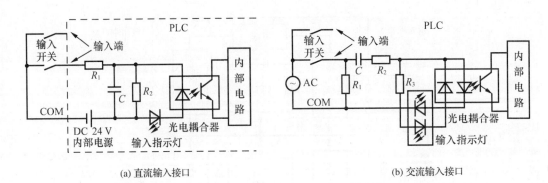

(a) 直流输入接口   (b) 交流输入接口

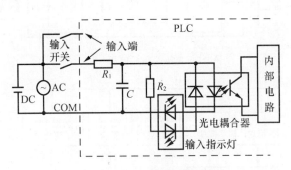

(c) 交/直流输入接口

图 2-4 开关量输入接口的类型

③输入接口的结构　常用的开关量输出接口按输出开关器件不同有三种类型：继电器输出接口、晶体管输出接口和晶闸管输出接口，如图 2-5 所示。

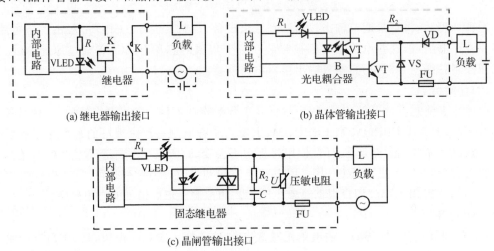

(a) 继电器输出接口   (b) 晶体管输出接口

(c) 晶闸管输出接口

图 2-5 开关量输出接口的类型

PLC 输出接口电路的工作过程如下：

当 CPU 用运算结果刷新输出元件寄存器，使其对应的锁存器位为 1 时，对于晶体管输出的 PLC 而言，此刻光电耦合器被驱动，对应的晶体管被导通，完成"通"输出；对于晶闸管输出的 PLC 而言，此刻光电感应的晶闸管被驱动导通，完成"通"输出；对于继电器输出的 PLC 而言，继电器线圈有电流流过，驱动常开触点闭合，接通负载导通所需的电流，完成"通"输出。

当 CPU 用运算结果刷新输出元件寄存器,使其对应的锁存器位为 0 时,对于晶体管输出的 PLC 而言,此刻光电耦合器被停止驱动,对应的晶体管被断开,完成"断"输出;对于晶闸管输出的 PLC 而言,此刻光电感应的晶闸管被断开,完成"断"输出;对于继电器输出的 PLC 而言,继电器线圈无电流流过,常开触点断开,断开负载导通所需要的电流,完成"断"输出。

PLC 的 I/O 接口所能接受的输入信号个数和输出信号个数称为 PLC 输入/输出(I/O)点数。I/O 点数是选择 PLC 的重要依据之一。

④三种输出方式的比较

● 继电器输出　有触点,寿命较短,频率低,交/直流负载。

● 晶体管输出　无触点,寿命长,直流负载。

● 晶闸管输出　无触点,寿命长,频率高,交流负载。

可见,继电器输出接口可驱动变化缓慢的交流或直流负载;晶体管输出接口只能用于驱动直流负载,晶闸管输出接口只能用于驱动交流负载。

(4)电源

PLC 配有开关电源,以供内部电路使用。与普通电源相比,PLC 电源的稳定性好,抗干扰能力强。对电网提供的电源稳定度要求不高,一般允许电源电压在其额定值±15%的范围内波动。许多 PLC 还向外提供 DC 24 V 稳压电源,用于对外部传感器供电。

(5)编程装置

编程装置的作用是编辑、调试、输入用户程序,也可在线监控 PLC 内部状态和参数,与 PLC 进行人机对话。它是开发、应用、维护 PLC 不可缺少的工具。编程装置可以是专用编程器,也可以是配有专用编程软件包的通用计算机系统。

3. PLC 的工作过程及特性

(1)PLC 的工作过程

PLC 是一种存储程序的控制器。用户根据某一对象的具体控制要求,编制好控制程序后,用编程器将程序键入 PLC 的用户程序存储器中寄存。PLC 的控制功能就是通过运行用户程序来实现的。

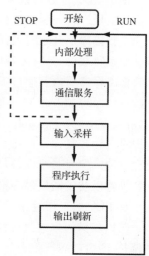
PLC扫描工作原理

PLC 运行程序的方式与微型计算机相比有较大的不同,微型计算机运行程序时,一旦执行到 END 指令,程序运行即结束。而 PLC 从 0000 号存储地址所存放的第一条用户程序开始,在无中断或跳转的情况下,按存储地址号递增的方向顺序逐条执行用户程序,直到 END 指令结束。然后从头开始执行,并周而复始地重复,直到停机或从运行(RUN)切换到停止(STOP)工作状态。我们把 PLC 这种执行程序的方式称为扫描工作方式。每扫描完一次程序就构成一个扫描周期。PLC 有两种基本的工作模式,即运行(RUN)模式和停止(STOP)模式,如图 2-6 所示。

另外,PLC 对输入、输出信号的处理与微型计算机不同。微型计算机对输入、输出信号实时处理,而 PLC 对输入、输出信号集中批处理。下面具体介绍 PLC 的扫描工作过程。

①运行模式　在运行模式下,PLC 扫描工作方式主要分三个阶段:输入采样、程序执行和输出刷新。

图 2-6　PLC 基本的工作模式

59

PLC 的工作过程如图 2-7 所示。

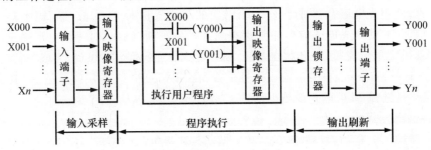

图 2-7　PLC 的工作过程

● 输入采样　PLC 在开始执行程序之前，首先扫描输入端子，按顺序将所有输入信号读入寄存输入状态的输入映像寄存器中，这个过程称为输入采样。PLC 在运行程序时，所需的输入信号不是即时取输入端子上的信息，而是取输入映像寄存器中的信息。在本工作周期内，这个采样结果的内容不会改变，只有到下一个扫描周期输入采样阶段才被刷新。

● 程序执行　PLC 完成了输入采样工作后，按顺序从 0000 号地址开始的程序进行逐条扫描执行，并分别从输入映像寄存器、输出映像寄存器以及辅助继电器中获得所需的数据进行运算处理。再将程序执行的结果写入寄存执行结果的输出映像寄存器中保存。但这个结果在全部程序被执行完毕之前不会送到输出端子上。

● 输出刷新　在执行到 END 指令，即执行完用户所有程序后，PLC 将输出映像寄存器中的内容送到输出锁存器中进行输出，驱动用户设备。

PLC 工作过程除了包括上述三个主要阶段外，还要完成内部处理、通信服务等工作，如图 2-6 所示。在内部处理阶段，PLC 检查 CPU 模块内部的硬件是否正常，将监控定时器复位，以及完成其他内部工作。在通信服务阶段，PLC 与其他的带 CPU 的智能装置实现通信。

②停止模式　在停止模式下，PLC 只进行内部处理和通信服务工作。

(2)输入/输出的滞后现象

由于 PLC 特定的扫描工作方式，程序在执行过程中所用的输入信号是本周期内采样阶段的输入信号。若在程序执行过程中，输入信号发生变化，其输出不能即时做出反应，只能等到下一个扫描周期开始时采样该变化了的输入信号。另外，程序执行过程中产生的输出不是立即去驱动负载，而是将处理的结果存放在输出映像寄存器中，等程序全部执行结束，才能将输出映像寄存器的内容通过锁存器输出到端子上。因此，PLC 最显著的不足之处是输入/输出有响应滞后现象。但对一般工业设备来说，其输入为一般的开关量，其输入信号的变化周期（秒级以上）大于程序扫描周期（毫微秒级），因此从宏观上来考察，输入信号一旦变化，就能立即进入输入映像寄存器。也就是说，PLC 的输入/输出滞后现象对一般工业设备来说是完全允许的。但对某些设备，如需要输出对输入做出快速反应，这时可采用快速响应模块、高速计数模块以及中断处理等措施来尽量减少滞后时间。

从 PLC 的工作过程，可以总结如下几个结论：

①以扫描的方式执行程序，其输入/输出信号间的逻辑关系存在着原理上的滞后。扫描周期越长，滞后就越严重。

②扫描周期除了包括输入采样、程序执行和输出刷新三个主要工作阶段所占的时间外，还包括系统管理操作占用的时间。其中，程序执行的时间与程序的长短及指令操作的复杂程度

有关,其他基本不变。扫描周期一般为毫微秒级。

③第 n 次扫描执行程序时,所依据的输入数据是该次扫描周期中采样阶段的扫描值 X_n;所依据的输出数据有上一次扫描的输出值 Y_{n-1},也有本次的输出值 Y_n 送往输出端子的信号,是本次执行全部运算后的最终结果 Y_n。

④输入/输出响应滞后,不仅与扫描方式有关,还与程序设计安排有关。

4. PLC 的常用编程语言

PLC 是一种工业控制计算机,PLC 的控制功能是由程序实现的。有硬件,但软件也必不可少,提到软件就必然和编程语言相联系。不同厂家,甚至不同型号的 PLC 编程语言只能适应自己的产品。目前 PLC 常用的编程语言有梯形图语言、指令表语言、顺序功能图语言和高级语言等。

(1)梯形图语言

梯形图是在传统电气控制系统中常用的接触器、继电器等图形符号的基础上演变而来的,见表 2-1。它与电气控制电路图相似,继承了传统电气控制逻辑中使用的框架结构、逻辑运算方式和输入/输出形式,具有形象、直观、实用的特点。因此,这种编程语言为广大电气技术人员所熟知,是应用最广泛的 PLC 编程语言,是 PLC 的第一编程语言。

表 2-1　　　　　　　　　　　　　　　继电器与梯形图图形符号

	常开触点	常闭触点	线　圈
继电器	─── ───	─── ───	─□─
梯形图	─┤├─	─┤╱├─	─( )─

(2)指令表语言

PLC 的指令表语言是 PLC 的命令语句表达式,它一般由表示其功能的助记符和操作数构成,与计算机汇编语言相类似。用户可以直观地根据梯形图,写出指令表。

(3)顺序功能图语言

顺序功能图是用来编制顺序控制程序,提供一种组织程序的图形方法,根据它可以很容易地画出顺序控制梯形图程序。

顺序功能图可将一个复杂的控制过程分解为若干小的步序,对于这些小步序依次处理后,再把它们按一定顺序控制要求组合成整体,如图 2-8 所示。

(4)高级语言

高级语言已经在某些厂家生产的 PLC 中应用,如德国产的 Jetter PLC 等。这种语言类似于 BASIC 语言、C 语言等高级编程语言。

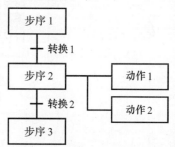

图 2-8　顺序功能图

二、FX$_{2N}$ 系列 PLC 的型号含义和外部结构

三菱公司的 FX$_{2N}$ 系列 PLC 是比较具有代表性的小型 PLC,其基本单元将 CPU、存储器、I/O 接口部件和电源等所有的电路都装在一个模块内,构成一个完整的控制装置,因此其结构紧凑,体积小,质量轻,成本低,安装方便。此外,FX$_{2N}$ 系列 PLC 还配有扩展单元、扩展模块和特殊功能模块,以方便用户选用,灵活配置。

1. FX 系列 PLC 的型号含义

FX 系列 PLC 的型号含义如图 2-9 所示。

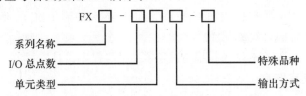

图 2-9　FX 系列 PLC 的型号含义

系列名称:0、2、0S、1S、ON、1N、2N、2NC 和 3U 等。

单元类型:M 为基本单元;E 为输入/输出混合扩展单元;EX 为扩展输入模块;EY 为扩展输出模块。

输出方式:R 为继电器输出;S 为晶闸管输出;T 为晶体管输出。

特殊品种:D 为 DC 电源,DC 输入;A1 为 AC 电源,AC 输入或 AC 输出模块;H 为大电流输出扩展模块(1 A/1 点);V 为立式端子排的扩展模块;C 为接插口输入/输出方式;F 为输入滤波器 1 ms 的扩展模块;L 为 TTL 输入型扩展模块;S 为独立端子(无公共端)扩展模块。

若特殊品种缺省,通常指 AC 电源、DC 输入、横式端子排,其中继电器输出为 2 A/点;晶体管输出为 0.5 A/1 点;晶闸管输出为 0.3 A/1 点。

例如 FX_{2N}-32MR-D,其参数意义为 FX_{2N} 系列 PLC,有 32 个 I/O 点,继电器输出型,使用 DC 24 V 电源,DC 输入的基本单元。

2. FX_{2N} 系列 PLC 的外部结构

FX_{2N}-32MR PLC 的主机外形如图 2-10 所示。其外形结构可分为外部端子部分、指示部分及接口部分,其各部分的组成及功能如下。

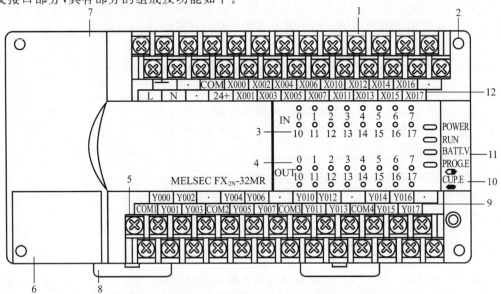

图 2-10　FX_{2N}-32MR PLC 的主机外形

1—电源、辅助电源、输入信号用的可装卸式端子;2—安装孔(4 个);3—输入指示灯;4—输出指示灯;
5—输出用的可装卸式端子;6—外围设备接线插座;7—面板盖;8—DIN 导轨装卸用卡子;9、12—I/O 端子标记;
10—动作指示灯(POWER 为电源指示灯,RUN 为运行指示灯,BATT.V 为后备电池状态指示灯,
PROG.E 为程序出错指示灯,CPU.E 为 CPU 出错指示灯);11—扩展单元、扩展模块、特殊模块的接线插座盖板

三菱FX系列
PLC的外形

（1）外部端子部分

外部端子包括 PLC 电源端子（L、N、接地）、供外部传感器用的 DC 24 V 电源端子（24＋、COM）、输入端子（X）和输出端子（Y）等。主要完成信号的 I/O 连接，是 PLC 与外围设备连接的桥梁。由图 2-10 可知，输入端子一般只有一个公共端子 COM；而输出端子一般有多个公共端子，如图中的 COM1、COM2、COM3 等，一般 4～8 个点共用一个 COM 端子，输出的 COM 端子比输入端子多，主要考虑负载电源种类较多，而输入电源的类型相对较少。

（2）指示部分

指示部分包括输入/输出指示灯、电源指示灯（POWER）、运行指示灯（RUN）、后备电池状态指示灯（BATT. V）、程序出错指示灯（PROG. E）、CPU 出错指示灯（CPU. E）等，用于反映输入/输出及 PLC 机器的状态。

（3）接口部分

接口部分主要包括编程器、扩展单元、扩展模块、特殊模块及存储卡盒等外围设备的接口，其作用是完成基本单元同上述外围设备的连接。在编程器旁边，还设置了一个 PLC 运行模式转换开关，它有 RUN 和 STOP 两个运行模式，RUN 模式能使 PLC 处于运行状态（RUN 指示灯亮），STOP 模式能使 PLC 处于停止状态（RUN 指示灯灭），此时，PLC 可进行用户程序的录入、编辑和修改。

三、FX$_{2N}$ 系列 PLC 的编程元件

对某一特定的控制对象用 PLC 进行控制，必须要编写控制程序。因此，在 PLC 的 RAM 存储区中应有存放数据的存储单元。由于 PLC 是由继电接触器控制发展而来的，而且在设计时考虑到便于电气技术人员学习与接受，因此将其存放数据的存储单元用继电器来命名。按存储数据的性质把这些数据存储器 RAM 命名为输入继电器区，输出继电器区，辅助继电器区，状态继电器区，定时器、计数器区，数据寄存器区，变址寄存器区等。我们通常把这些继电器称为编程元件，又称为软元件。

FX$_{2N}$ 系列 PLC 具有十多种软元件，它们的使用主要体现在程序中。下面对本项目中所用到的内部编程资源做简要介绍，其他内部编程资源将在以后的项目中分别介绍。

1. 输入继电器（X）

输入继电器与输入端相连，它是专门用来接收 PLC 外部开关量信号的元件。PLC 通过输入接口将外部输入信号状态（接通时为 1，断开时为 0）读入并存储在输入映像寄存器即输入继电器中。输入继电器 X000 的等效电路如图 2-11 所示。

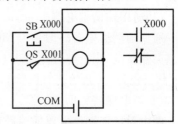

图 2-11　输入继电器 X000 的等效电路

FX 系列 PLC 的输入继电器以八进制进行编号，FX$_{2N}$ 系列 PLC 的输入继电器的编号范围为 X000～X267（184 点）。注意，基本单元输入继电器的编号是固定的，扩展单元和扩展模块是按与基本单元最靠近开始顺序进行编号的。例如，FX$_{2N}$-32MR PLC 基本单元的输入继电器编号为 X000～X017（16 点），如果接有扩展单元或扩展模块，则扩展的输入继电器从 X020 开始编号。

输入继电器必须由外部输入信号驱动，不能用程序驱动，所以在程序中不能出现其线圈。

由于输入继电器(X)为输入映像寄存器中的状态,因而其触点的使用次数不限。

2. 输出继电器(Y)

输出继电器是 PLC 向外部负载发出输出信号的元件。输出继电器线圈由 PLC 内部程序驱动,其线圈状态传送给输出单元,再由输出单元对应的动合触点(硬触点)来驱动外部负载。输出继电器 Y000 的等效电路如图 2-12 所示。

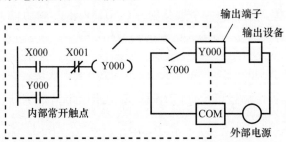

图 2-12　输出继电器 Y000 的等效电路

FX 系列 PLC 的输出继电器也是八进制编号,其中 FX$_{2N}$ 系列 PLC 的输出继电器的编号范围为 Y000~Y267(184 点)。与输入继电器一样,基本单元的输出继电器编号是固定的,扩展单元和扩展模块的编号也是按与基本单元最靠近开始顺序进行编号的。

每个输出继电器在输出单元中都对应有唯一一个常开触点,但在程序中供编程的输出继电器,不管是常开触点还是常闭触点,都可以无数次使用。

在实际使用中,输入、输出继电器的数量要看具体系统的配置情况。

3. 辅助继电器(M)

辅助继电器是 PLC 中数量最多、与继电器控制系统中的中间继电器相似的一种继电器。辅助继电器和 PLC 外部无任何直接联系,它的线圈由 PLC 内部程序控制。辅助继电器的常开与常闭触点在 PLC 内部编程时可无限次使用。辅助继电器不能直接驱动外部负载,负载只能由输出继电器触点驱动。FX$_{2N}$ 系列 PLC 的辅助继电器有通用辅助继电器、断电保持辅助继电器和特殊辅助继电器。

在 FX$_{2N}$ 系列 PLC 中,除了输入继电器和输出继电器的元件号采用八进制外,其他软元件的元件号均采用十进制。

(1)通用辅助继电器

通用辅助继电器的编号为 M0~M499,共 500 点。通用辅助继电器在 PLC 运行时,如果电源突然断电,则全部线圈均为 OFF 状态。当电源再次接通时,除了因外部输入信号而变为 ON 状态以外,其余的仍将保持 OFF 状态,它们没有断电保护功能。

(2)断电保持辅助继电器

断电保持辅助继电器的编号为 M500~M3071,共 2 572 点。它与通用辅助继电器的不同之处是具有断电保护功能,既能记忆电源中断瞬时的状态,又能在重新通电后再现其状态。它之所以能在电源断电时保持其原有的状态,是因为电源中断时用 PLC 中的锂电池保存了它们映像寄存器中的内容。其中,M500~M1023 可由软件将其设定为通用辅助继电器。

(3)特殊辅助继电器

特殊辅助继电器的编号为 M8000~M8255,共 256 点。这些特殊辅助继电器各自具有特殊的功能,一般分成两大类:

一类特殊辅助继电器只能利用其触点,其线圈由 PLC 自动驱动,如 M8000(运行监视)、M8002(初始脉冲)、M8013(1 s 时钟脉冲)。

M8000:运行监视器(在 PLC 运行中接通),M8001 与 M8000 逻辑相反。

M8002:初始脉冲(仅在运行开始时瞬间接通),M8003 与 M8002 逻辑相反。

M8011、M8012、M8013 和 M8014 分别是产生 10 ms、100 ms、1 s 和 1 min 时钟脉冲的特殊辅助继电器。M8000、M8002、M8012 和 M8013 的波形图如图 2-13 所示。

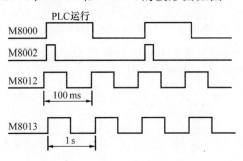

图 2-13　几种特殊辅助继电器的波形图

另一类是可驱动线圈型的特殊辅助继电器。用户驱动其线圈后,PLC 做特定的动作。例如,M8033 为 PLC 停止时输出保持,M8034 为禁止全部输出,M8039 为定时扫描。

4. 定时器(T)

定时器(T)相当于继电器控制系统中的通电型时间继电器。它可以提供无限对常开、常闭延时触点。定时器中有一个设定值寄存器(一个字长)、一个当前值寄存器(一个字长)和一个用来存储其输出触点的映像寄存器(一个二进制位),这三个量使用同一地址编号,但使用场合不一样,意义也不同。

定时器是通过对一定周期的时钟脉冲进行累计而实现定时的,时钟脉冲有周期为 1 ms、10 ms、100 ms 三种,当所计数值达到设定值时触点动作。设定值可用常数 K 或数据寄存器 D 的内容来设置。FX$_{2N}$ 系列 PLC 的定时器可分为通用定时器、积算定时器两种。

(1)通用定时器

通用定时器的特点是不具备断电的保持功能,即当输入电路断开或停电时定时器复位。通用定时器有 100 ms 和 10 ms 通用定时器两种。

①100 ms 通用定时器(T0～T199)　共 200 点,其中 T192～T199 为子程序和中断服务程序专用定时器。这类定时器对 100 ms 时钟累积计数,设定值为 1～32 767,所以其定时范围为 0.1～3 276.7 s。

②10 ms 通用定时器(T200～T245)　共 46 点。这类定时器对 10 ms 时钟累积计数,设定值为 1～32 767,所以其定时范围为 0.01～327.67 s。

下面举例说明通用定时器的工作原理。如图 2-14 所示,当输入 X000 接通时,定时器 T200 从 0 开始对 10 ms 时钟脉冲进行累积计数,当计数值与设定值 K123 相等时,定时器的常开触点接通 Y000,经过的时间为 123×0.01 s＝1.23 s。当 X000 断开后定时器复位,计数当前值变为 0,其常开触点断开,Y000 也随之为 OFF。若外部电源断电,定时器也将复位。

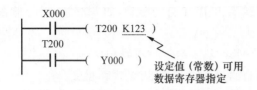
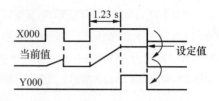

图 2-14　通用定时器的工作原理

（2）积算定时器

积算定时器具有计数累积的功能。在定时过程中如果断电或定时器线圈 OFF，积算定时器将保持当前的计数值（当前值），通电或定时器线圈 ON 后继续累积，即其当前值具有保持功能，只有将积算定时器复位，当前值才变为 0。

①1 ms 积算定时器（T246～T249）　共 4 点，是对 1 ms 时钟脉冲进行累积计数的，其定时范围为 0.001～32.767 s。

②100 ms 积算定时器（T250～T255）　共 6 点，是对 100 ms 时钟脉冲进行累积计数的，其定时范围为 0.1～3276.7 s。

下面举例说明积算定时器的工作原理。如图 2-15 所示，当 X001 接通时，T250 当前值计数器开始累积 100 ms 时钟脉冲的个数。当 X001 经 t_1 后断开，而 T250 尚未计数到设定值 K345，其计数的当前值保留。当 X001 再次接通，T250 从保留的当前值开始继续累积，经过 t_2 时间，当前值达到 K345 时，定时器的触点动作。累积的时间为 $t_1 + t_2 = 0.1 \times 345 = 34.5$ s。当复位输入 X002 接通时，定时器才复位，当前值变为 0，触点也随之复位。

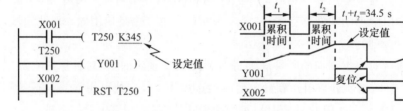

图 2-15　积算定时器的工作原理

5. 计数器（C）

FX$_{2N}$ 系列 PLC 的计数器分为内部计数器和高速计数器两类。

（1）内部计数器

内部计数器在执行扫描操作时对内部信号（如 X、Y、M、S、T 等）进行计数。内部输入信号的接通和断开时间应比 PLC 的扫描周期稍长。

①16 位增计数器（C0～C199）　共 200 点，其中 C0～C99 为通用型，C100～C199 为断电保持型（断电后能保持当前值待通电后继续计数）。这类计数器为递加计数，应用前先对其设置一设定值，当输入信号（上升沿）个数累加到设定值时，计数器动作，其常开触点闭合，常闭触点断开。计数器的设定值为 1～32 767（16 位二进制），设定值除了用常数 K 设定外，还可间接通过指定数据寄存器设定。

下面举例说明通用型 16 位增计数器的工作原理。如图 2-16 所示，X010 为复位信号，当 X010 为 ON 时 C0 复位。X011 是计数输入，每当 X011 接通一次计数器当前值增加 1（X010

断开,计数器不会复位)。当计数器计数当前值为设定值 10 时,计数器 C0 的输出触点动作,Y000 被接通。此后即使输入 X011 再接通,计数器的当前值也保持不变。当复位输入 X010 接通时,执行 RST 复位指令,计数器复位,输出触点也复位,Y000 被断开。

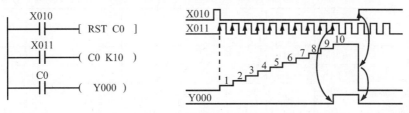

图 2-16　通用型 16 位增计数器的工作原理

②32 位增/减计数器(C200~C234)　共 35 点,其中 C200~C219 为通用型,C220~C234 为断电保持型。这类计数器与 16 位增计数器除位数不同外,还在于它能通过控制实现加/减双向计数。设定值范围均为 $-214\,783\,648\sim +214\,783\,647$(32 位)。

计数器

C200~C234 是增计数还是减计数,分别由特殊辅助继电器 M8200~M8234 设定。对应的特殊辅助继电器被置为 ON 时为减计数,置为 OFF 时为增计数。

计数器的设定值与 16 位计数器一样,可直接用常数 K 或间接用数据寄存器 D 的内容作为设定值。在间接设定时,要用编号紧连在一起的两个数据寄存器。

如图 2-17 所示,X012 用来控制 M8200,X012 闭合时为减计数方式。X014 为计数输入,C200 的设定值为 -5(可正、可负)。在 t_1 时间段,C200 置为增计数方式(M8200 为 OFF),当 X014 计数输入累加至由 $4\to5$ 时,进入 t_2 时间段,C200 置为减计数方式(M8200 为 ON),当 X014 计数输入累减至由 $-4\to-5$ 时,计数器的输出触点不会动作,相反会复位 Y001。在 t_3 时间段,C200 置为增计数方式(M8200 为 OFF),当 X014 计数输入累加至由 $-6\to-5$ 时,计数器的输出触点才动作,当前值大于 -5 时计数器仍为 ON 状态。复位输入 X013 接通时,计数器的当前值为 0,输出触点也随之复位。

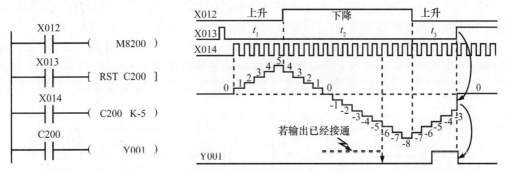

图 2-17　32 位增/减计数器的工作原理

(2)高速计数器(C235~C255)

高速计数器与内部计数器相比除允许输入频率高之外,应用也更为灵活,高速计数器均有断电保持功能,通过参数设定也可变成非断电保持。FX₂ₙ 系列 PLC 有 C235~C255(共 21 点)高速计数器。适合用来作为高速计数器输入的 PLC 输入端口有 X000~X007。X000~X007

不能重复使用,即某一个输入端已被某个高速计数器占用,它就不能用于其他高速计数器,也不能另作他用。高速计数器对应的输入端见表2-2。

表2-2　　　　　　　　　　　　高速计数器对应的输入端

	计数器 \ 输入	X000	X001	X002	X003	X004	X005	X006	X007
无启动/复位端子单相单计数输入高速计数器	C235	U/D							
	C236		U/D						
	C237			U/D					
	C238				U/D				
	C239					U/D			
	C240						U/D		
带启动/复位端子单相单计数输入高速计数器	C241	U/D	R						
	C242			U/D	R				
	C243					U/D	R		
	C244	U/D	R					S	
	C245			U/D	R				S
单相双计数输入高速计数器	C246	U	D						
	C247	U	D	R					
	C248				U	D	R		
	C249	U	D	R				S	
	C250				U	D	R		S
双相输入高速计数器	C251	A	B						
	C252	A	B	R					
	C253				A	B	R		
	C254	A	B	R				S	
	C255				A	B	R		S

高速计数器可分为以下四类:

①无启动/复位端子单相单计数输入高速计数器(C235～C240)　这类高速计数器的触点动作与32位增/减计数器相同,可进行增或减计数(取决于M8235～M8245的状态)。

如图2-18(a)所示,当X010断开,M8235为OFF,此时C235为增计数方式(反之为减计数)。由X012选中C235,从表2-2中可知其输入信号来自于X000,C235对X000信号增计数,当前值达到1234时,C235常开接通,Y000得电。X011为复位信号,当X011接通时,C235复位。

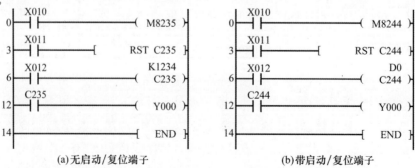

图 2-18　单相单计数输入高速计数器

②带启动/复位端子单相单计数输入高速计数器(C241~C245)　这类高速计数器的计数方式、触点动作、计数方向与 C235~C240 类似。C241~C245 高速计数器除了有一个计数输入、一个复位输入外,还有一个启动输入。

如图 2-18(b)所示,由表 2-2 可知,X001 和 X006 分别为复位输入端和启动输入端。利用 X010 通过 M8244 可设定其增/减计数方式。当 X012 接通且 X006 也接通时,开始计数,计数的输入信号来自于 X000,C244 的设定值由 D0 和 D1 指定。除了可用 X001 立即复位外,也可用梯形图中的 X011 复位。

③单相双计数输入高速计数器(C246~C250)　这类高速计数器具有两个输入端,一个为增计数输入端,另一个为减计数输入端。利用 M8246~M8250 的 ON/OFF 动作可监控 C246~C250 的增计数/减计数动作。

如图 2-19 所示,X010 为复位信号,其有效(ON)则 C248 复位,见表 2-2,也可利用 X005 对其复位。当 X011 接通时,选中 C248,输入来自 X003 和 X004。

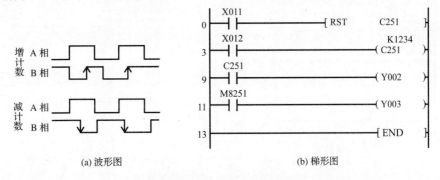

图 2-19　单相双计数输入高速计数器

④双相输入高速计数器(C251~C255)　A 相和 B 相信号决定计数器是增计数还是减计数,如图 2-20(a)所示。当 A 相为 ON 时,若 B 相由 OFF 到 ON,则为增计数;当 A 相为 ON 时,若 B 相由 ON 到 OFF,则为减计数。

(a) 波形图　　　　　　　　(b) 梯形图

图 2-20　双相输入高速计数器

如图 2-20(b)所示,当 X012 接通时,C251 计数开始。由表 2-2 可知,其输入来自 X000(A 相)和 X001(B 相)。只有当计数使当前值超过设定值时,Y002 为 ON。如果 X011 接通,则计数器复位。根据不同的计数方向,Y003 为 ON(增计数)或为 OFF(减计数),即用 M8251~M8255 可监视 C251~C255 的加/减计数状态。

注 意　高速计数器的计数频率较高,其输入信号的频率受两方面限制:一是全部高速计数器的处理时间。因为它们采用中断方式,所以计数器越少,可计数频率就越高。二是输入端的响应速度,其中 X000、X002、X003 最高频率为 10 kHz,X001、X004、X005 最高频率为 7 kHz。

四、FX₂ₙ系列 PLC 的基本指令(一)

FX₂ₙ系列 PLC 有 27 条基本逻辑指令,2 条步进顺控指令,128 种(298 条)功能指令(应用指令),下面介绍与本任务相关的 FX₂ₙ系列 PLC 的基本指令。

1. 取、取反和输出指令

(1)指令格式

取、取反和输出指令的名称、助记符、功能、回路表示、可用软元件和程序步数见表 2-3。

表 2-3　　　　　　　　　　　取、取反和输出指令

名称/助记符	功能	回路表示和可用软元件	程序步数
取/LD	a 触点逻辑运算开始	─┤├─┤├─( )X、Y、M、S、T、C	1
取反/LDI	b 触点逻辑运算开始	─┤/├─( )X、Y、M、S、T、C	1
输出/OUT	线圈驱动	─┤├─( )Y、M、S、T、C	Y、M:1;S:2;T:3;C:3~5

(2)指令说明

①LD/LDI 指令用于将常开触点/常闭触点连接到左母线上,每一个以常开/常闭触点开始的逻辑行都用此指令。也可与 ANB、ORB 指令配合,用于实现回路块开始的逻辑运算。

②OUT 指令是对线圈进行驱动的指令,也称为输出指令。OUT 指令目标元件为 Y、M、T、C 和 S,但不能用于 X,因为 X 的状态是由输入信号决定的。

LD、LDI 和 OUT 指令的使用如图 2-21 所示。

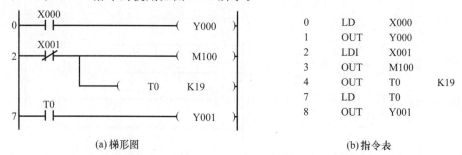

(a)梯形图　　　　　　　　　　　　(b)指令表

图 2-21　LD、LDI 和 OUT 指令的使用

2. 与、与非指令

(1)指令格式

与、与非指令的名称、助记符、功能、回路表示、可用软元件和程序步数见表 2-4。

表 2-4　　　　　　　　　　　与、与非指令

名称/助记符	功能	回路表示和可用软元件	程序步数
与/AND	串联连接常开触点	─┤├─┤├─( )X、Y、M、S、T、C	1
与非/ANI	串联连接常闭触点	─┤├─┤/├─( )X、Y、M、S、T、C	1

(2)指令说明

①AND、ANI 指令是用于单个触点的串联连接指令。其中，AND 是串联连接常开触点，完成逻辑与运算；ANI 是串联连接常闭触点，完成逻辑与非运算。串联次数没有限制，可反复使用。

②AND、ANI 指令用于典型振荡电路，如图 2-22 所示。在 X000 接通期间，产生脉宽为一个扫描周期、脉冲周期为 1 s 的连续脉冲。改变 T0 的设定值就可改变脉冲周期。

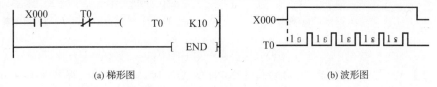

(a) 梯形图   (b) 波形图

图 2-22　一个定时器实现的振荡程序

3. 或、或非指令

(1)指令格式

或、或非指令的名称、助记符、功能、回路表示、可用软元件和程序步数见表 2-5。

表 2-5　　　　　　　　　　　　　　　或、或非指令

名称/助记符	功　能	回路表示和可用软元件	程序步数
或/OR	并联连接常开触点	) X、Y、M、S、T、C	1
或非/ORI	并联连接常闭触点	) X、Y、M、S、T、C	1

(2)指令说明

①OR、ORI 指令是用于单个触点的并联连接指令。其中，OR 是并联连接常开触点，完成逻辑或运算；ORI 是并联连接常闭触点，完成逻辑或非运算。并联次数没有限制，可反复使用。

②OR、ORI 指令的典型应用是启、保、停控制程序(图 2-23)和优先选择控制程序(图 2-24)。

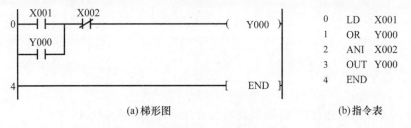

```
0    LD    X001
1    OR    Y000
2    ANI   X002
3    OUT   Y000
4    END
```

(a) 梯形图   (b) 指令表

图 2-23　启、保、停控制程序

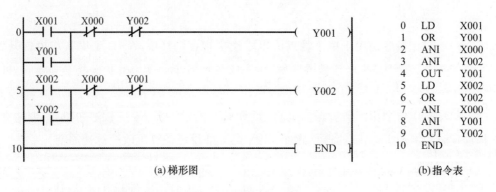

| (a)梯形图 | (b)指令表 |

图 2-24　优先选择控制程序

【例 2-1】　如图 2-23 所示,当启动信号 X001 为 ON 时,输出 Y000 得电为 ON,Y000 的常开触点和 X001 并联,实现自锁使输出 Y000 保持。当停止信号 X002 为 ON 时,Y000 失电,使其输出为 0。

【例 2-2】　如图 2-24 所示为两个输入信号 X001、X002 的优先选择控制程序,即先接通的获得优先权,而后接通的无效(如抢答器、具有互锁的正/反转控制等)。其中,X000 为复位或停止信号,Y001、Y002 分别为输入信号 X001、X002 的控制对象。

4. 回路块与指令

(1)指令格式

回路块与指令的名称、助记符、功能、回路表示、可用软元件和程序步数见表 2-6。

表 2-6　　　　　　　　　　回路块与指令

名称/助记符	功　能	回路表示和可用软元件	程序步数
回路块与/ANB	并联回路块的串联连接	无操作数	1

(2)指令说明

①ANB 指令用于两个或两个以上触点并联连接回路之间的串联,如图 2-25 所示。

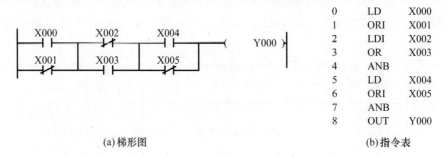

0	LD	X000
1	ORI	X001
2	LDI	X002
3	OR	X003
4	ANB	
5	LD	X004
6	ORI	X005
7	ANB	
8	OUT	Y000

(a)梯形图　　　　　　　　　(b)指令表

图 2-25　ANB 指令的使用

②并联回路块串联连接时,并联回路块的开始均用 LD 或 LDI 指令。

③多个并联回路块连接按顺序和前面的回路串联时,ANB 指令的使用次数没有限制。

④ANB 指令也可以连续使用,但这种程序写法不推荐使用。一般限制 LD 或 LDI 指令的使用次数不得超过 8 次,也就是 ANB 指令只能连续使用 8 次以下。

5. 回路块或指令

（1）指令格式

回路块或指令的名称、助记符、功能、回路表示、可用软元件和程序步数见表 2-7。

表 2-7　　　　　　　　　　　　　　　　回路块或指令

名称/助记符	功　能	回路表示和可用软元件		程序步数
回路块或/ORB	串联回路块的并联连接		无操作数	1

（2）指令说明

①ORB 指令用于两个或两个以上的触点串联连接回路之间的并联，如图 2-26 所示。

②多个串联回路块并联连接时，每个串联回路块开始时应该用 LD 或 LDI 指令。

③多个回路块并联时，如对每个回路块使用 ORB 指令，则并联的回路块数量没有限制。

④ORB 指令也可以连续使用，但这种程序写法不推荐使用。一般限制 LD 或 LDI 指令的使用次数不得超过 8 次，也就是 ORB 指令只能连续使用 8 次以下。

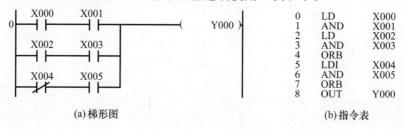

0	LD	X000
1	AND	X001
2	LD	X002
3	AND	X003
4	ORB	
5	LDI	X004
6	AND	X005
7	ORB	
8	OUT	Y000

(a)梯形图　　　　　　　　　　　(b)指令表

图 2-26　ORB 指令的使用

6. 多重输出(堆栈)指令

（1）指令格式

多重输出指令的名称、助记符、功能、回路表示、可用软元件和程序步数见表 2-8。

表 2-8　　　　　　　　　　　　　　　　多重输出指令

名称/助记符	功　能	回路表示和可用软元件	程序步数
进栈/MPS	进栈	MPS ──（Y001）	1
读栈/MRD	读栈	MRD ──（Y002）	1
出栈/MPP	出栈	MPP ──（Y003）	1

（2）指令说明

①MPS 指令将运算结果送入栈存储器的第一段，同时将先前送入的数据依次移到栈的下一段。

②MRD 指令将栈存储器中的第一段数据(最后进栈的数据)读出且将该数据继续保存在栈存储器的第一段，栈内的数据不发生移动。

③MPP 指令将栈存储器中的第一段数据(最后进栈的数据)读出且该数据从栈中消失，同时将栈中其他数据依次上移。

这组指令用于多重输出电路，无操作数，其使用如图 2-27 所示。在编程时，如果有多路输出，需要将某中间结果暂时存储起来，用这三条指令。中间结果的存储，PLC中已提供了栈存储器，FX_{2N}系列PLC提供了11个栈存储器。当使用MPS指令时，当前的运算结果被压入栈的第一层，栈中原来的数据依次向下推一层；当使用MRD指令时，只是将栈的第一层内容复制出来，而栈内的数据不发生移动；当使用MPP指令时，将栈的第一层数据移动出来，同时该数据从栈中消失，而栈内的其他数据被依次上移一层，因此称为出栈或弹栈。编程时，MPS和MPP指令必须成对出现，且连续使用次数应少于11次（因为栈存储器只有11个）。进栈后的信息可无限使用，最后一次使用MPP指令弹出数据。如图2-28所示为二层栈，它用了两个栈单元。

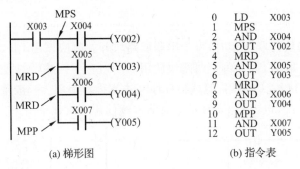

(a) 梯形图　　　　　　(b) 指令表

图 2-27　堆栈指令的使用

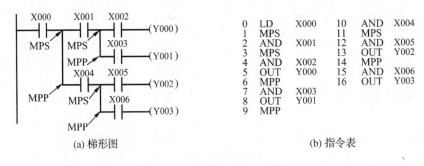

(a) 梯形图　　　　　　(b) 指令表

图 2-28　二层栈堆栈指令的使用

五、GX Works 2 软件的基本操作

设计好的PLC控制程序要输入PLC中才能运行，PLC控制程序的传送有两种方法：通过专用编程器传送及通过配有专用编程软件包的通用计算机传送。本任务通过装有三菱PLC专用软件GX Works 2的计算机传送PLC程序。下面介绍GX Works 2软件的基本操作。

图 2-29　"新建"对话框

1. 建立新工程

（1）系统的启动

在安装有GX Works 2软件的计算机桌面上，双击GX Works 2图标，即可运行该软件。

（2）创建新工程

在GX Works 2软件界面中单击"工程"→"新建"选项，系统弹出"新建"对话框，如图2-29所示。选择合适的内容后单击"确定"按钮，出现如图2-30

所示界面。该界面主要由标题栏、菜单栏、通用工具栏、折叠窗口工具栏、智能模块工具栏、梯形图工具栏、导航窗口和程序编辑区等组成。

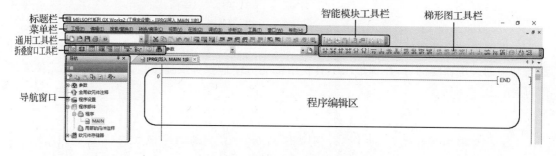

图 2-30　GX Works 2 软件界面

2. 梯形图编辑操作

（1）梯形图的输入

利用图 2-31 所示梯形图工具栏可进行梯形图的输入。

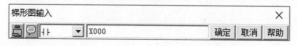

图 2-31　梯形图工具栏

如要在某处输入"X000"，则只要把光标移动到需要输入的地方，然后单击 ┤├ 按钮或按 F5 键，出现如图 2-32 所示对话框，输入"X000"，单击"确定"按钮，即可完成输入操作。如单击 ┤┤ 按钮或按 Shift＋F5 键，则可输入一个并联常开触点。

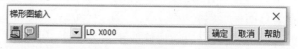

图 2-32　用梯形图工具输入常开触点

较为快速的输入方法是直接用 PLC 指令输入，即将光标移动到需要输入的地方，直接用键盘输入"LD X000"，如图 2-33 所示，然后按回车键即可。

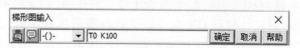

图 2-33　用指令输入常开触点

如要在某处输入定时器线圈或计数器线圈，如输入 T0 线圈及其设定值 K100，则把光标移动到需要输入的地方，然后单击 ┤├ 按钮或按 F7 键，出现如图 2-34 所示对话框，输入"T0"，空一格，再输入设定值"K100"，单击"确定"按钮，即可完成输入操作。

图 2-34　用梯形图工具输入定时器线圈

也可以用 PLC 指令直接输入定时器线圈及其设定值，即将光标移动到需要输入的地方，直接用键盘输入"OUT T0 K100"，如图 2-35 所示，然后按回车键即可。

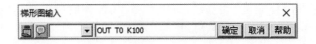

图 2-35　用指令输入定时器线圈

梯形图中如果需要画一些线（ <u>F9</u> <u>sF9</u> <u>F10</u> ）、删除一些线（ <u>CF9</u> <u>CF10</u> <u>aF9</u> ）及画一些触点、定时器、计数器和辅助继电器线圈等，在梯形图工具栏中都能方便地找到快捷按钮，之后再输入元件编号即可。

> **注意**
>
> 　　梯形图编制好后是灰色的，如图 2-36 所示，这是因为程序还未能转换为 PLC 所能执行的指令。当编制完梯形图后，必须进行程序转换。可在菜单栏中选择"转换/编译"→"转换"选项，或单击通用工具栏中的转换按钮 🔲，均可实现程序的转换。转换后的梯形图为白色。

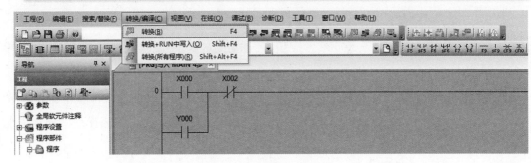

图 2-36　程序的转换

（2）梯形图的编辑

如果要修改某个元件，可双击该元件，直接输入正确的元件名称即可。或将光标移到所需修改的元件上，按照上述方法重新输入新的元件。

如果需要在某行前增加一行，则应将光标移到该行上，然后在菜单栏中选择"编辑"→"行插入"选项，输入所要增加行的梯形图。

利用"编辑"菜单的其他选项，可以快速地修改和录入程序，如"撤销""剪切""复制""行删除"等。

如把光标指向各工具栏中某按钮上，在软件界面左下角状态条中就会显示其功能。打开菜单栏上的"帮助"，可找到一些按钮操作列表、特殊继电器/寄存器信息等。

3. 程序的模拟（仿真）调试

用 GX Works 2 软件编制的 PLC 梯形图程序可先模拟调试，如果模拟调试没问题，再输入 PLC 中进行真实运行调试。打开 GX Works 2 软件梯形图程序，单击菜单栏中"调试"→"模拟开始/停止"选项，或在通用工具栏中单击 🔳 按钮，等程序写入虚拟 PLC 结束后，自动进入 RUN（运行）状态，同时弹出仿真窗口。梯形图仿真装载过程如图 2-37 所示。

PLC 仿真调试时，若触点、线圈、功能指令被激活，则符号两端会显示蓝色区块，如图 2-38 所示。在梯形图中选中启动按钮 X002，单击鼠标右键，在弹出的快捷菜单中选择"调试"→"当前值更改"选项，出现如图 2-38 所示对话框。单击"ON"按钮将 X002 的状态设置为"ON"，再

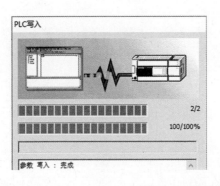

图 2-37　梯形图仿真装载过程

单击"OFF"按钮,将 X002 的状态设置为"OFF"(模拟按钮动作),这时梯形图上 Y000 线圈得电,同时定时器 T0 线圈也得电并开始计时,10 s 后,Y000 线圈失电,同时 Y001 线圈得电。只要按照控制要求模拟输入相关信号的变化,再观察输出是否符合控制要求,就能检验程序的正确性。

图 2-38　梯形图仿真调试

4. 程序的传送和运行

仿真调试好的程序就可以下载到 PLC 中。

(1)在 PLC 断电状态下,连接好 PC/PPI 电缆,然后再 PLC 通电。

(2)打开 PLC 的前盖,将运行模式选择开关拨到"STOP"位置,此时 PLC 处于停止状态,可以进行程序传送。

(3)在计算机桌面上,右键单击"计算机"图标,选择"属性",打开设备管理器,在设备管理器的"端口"列表中,即可查到连接到 PLC 的端口。

(4)打开需要传送的 PLC 梯形图,单击 GX Works 2 软件导航窗口底部的"连接目标"按钮,则导航窗口中会出现"当前连接目标"和"所有连接目标",如图 2-39 所示。双击"当前连接目标"中的"Connection1",出现如图 2-40 所示对话框,双击"Serial USB"按钮,出现"串行详细设置"对话框,如图 2-41 所示。

在"COM 端口"下拉列表中选择 PLC 实际连接的 COM 口,"传送速度"选择默认的"9.6 kbps",单击"确定"按钮,关闭对话框。随后单击"连接目标设置"对话框中"通信测试"按钮即可检测通信设置是否正确。如果 COM 口设置不正确,则会提示不成功,需要重新选择COM 口进行测试,直到提示连接成功为止,如图 2-42 所示,单击"确定"按钮,设置完毕。

图 2-39　连接目标导航窗口　　　　　　图 2-40　"连接目标设置"对话框

图 2-41　"串行详细设置"对话框　　　　图 2-42　连接成功提示对话框

（5）通信成功后，便可以将程序下载到 PLC 中了。下载前，必须将 PLC 面板上的开关由"RUN"拨向"STOP"位置，再在 GX Works 2 软件中选择"在线"→"PLC 写入"选项，出现如图 2-43 所示 PLC 写入设置对话框。选择所要传输的数据，单击"参数＋程序"按钮，然后单击"执行"按钮，则会弹出如图 2-44 所示 PLC 写入过程提示对话框，程序开始写入 PLC。当程序写入结束后，关闭 PLC 写入过程提示对话框和 PLC 写入设置对话框。

图 2-43　PLC 写入设置对话框

（6）运行 PLC 程序，在 GX Works 2 软件中选择"在线"→"远程操作"选项，弹出如图 2-45 所示"远程操作"对话框，单击"RUN"按钮，选择"是"，则 PLC 开始运行；如果选择"否"，则放弃运行。

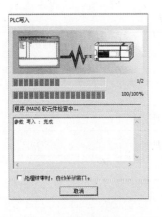

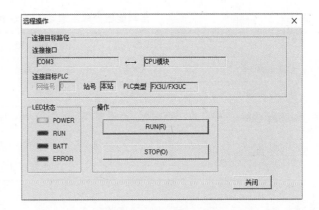

图 2-44　PLC 写入过程提示对话框　　　　　　　　　图 2-45　"远程操作"对话框

(7)选择"在线"→"PLC 读取"选项,即可将程序上传到计算机中。

5. 程序的运行监控

(1)选择"在线"→"监视"→"监视模式"选项,即可进入监视模式,可清晰地观察程序的运行情况。

(2)如果在实时监控中,发现 PLC 程序有错误需要修改,则必须关闭监视模式,在写入模式下才能修改程序。修改好的 PLC 程序必须重新写入 PLC,重新运行。

 任务实施

一、实施内容

对图 2-1 所示自耦变压器降压启动控制电路进行 PLC 改造。具体内容如下:

(1)设计 PLC 控制电路图。

(2)编写 PLC 控制程序。

(3)安装并调试控制系统。

(4)编制控制系统技术文件及说明书。

二、实施步骤

1. PLC 控制电路设计

(1)PLC 的 I/O 地址分配

①确定 PLC 输入设备(信号)　如图 2-1 所示,该控制电路有 3 个输入设备(信号),即热继电器 FR、停止按钮 SB_1、启动按钮 SB_2。由此确定,PLC 需要 3 个输入点。

②确定 PLC 输出设备(信号)　如图 2-1 所示,该控制电路有 2 个驱动电动机启动运行的接触器 KM_1 和 KM_2,有 3 个指示灯 HL_1、HL_2、HL_3,这 5 个设备均需要 PLC 输出来控制,因此,PLC 共有 5 个输出设备,需要 5 个输出点与其连接。

③分配 PLC 输入/输出点　根据确定的输入/输出设备进行分配,本任务选用 FX$_{2N}$-32MR PLC 来实现自耦变压器降压启动控制电路的改造设计。具体的 I/O 地址分配见表 2-9。

输入设备	PLC 输入点	输出设备	PLC 输出点
热继电器 FR	X000	接触器 KM$_1$	Y000
停止按钮 SB$_1$	X001	接触器 KM$_2$	Y001
启动按钮 SB$_2$	X002	运行指示灯(绿)HL$_1$	Y004
		启动指示灯(黄)HL$_2$	Y005
		电源指示灯(红)HL$_3$	Y006

表 2-9 自耦变压器降压启动 I/O 地址分配

注意 由于 2 个接触器 KM$_1$、KM$_2$ 与 3 个指示灯 HL$_1$、HL$_2$、HL$_3$ 的额定电压不同,应将它们分别分配到 PLC 不同的输出组。

(2)绘制 PLC 控制电路图

PLC 控制电路只能改造或代替原继电器电路中的控制电路,无法改造或代替主电路,故主电路无须改造。依据表 2-9 可直接绘制 PLC 控制电路,如图 2-46 所示。

注意 PLC 输入端一般需接常开触点。

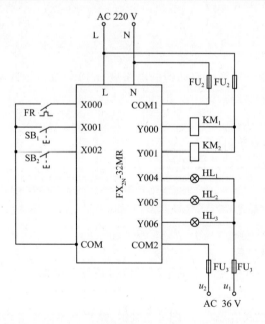

图 2-46 自耦变压器降压启动 PLC 控制电路

2. 编写 PLC 控制程序

PLC 梯形图是由继电器控制电路图演变而来的,它的控制逻辑与继电器电路控制逻辑是相似的,所以可直接按照图 2-1(b)所示控制电路,用 PLC 软元件和图形符号,按照表 2-9 进行转换,得到 PLC 梯形图,如图 2-47 所示(这里中间继电器 KA 用 PLC 内部辅助继电器 M1 代替,假设定时器设定时间为 10 s)。请读者自己写出 PLC 指令表程序。

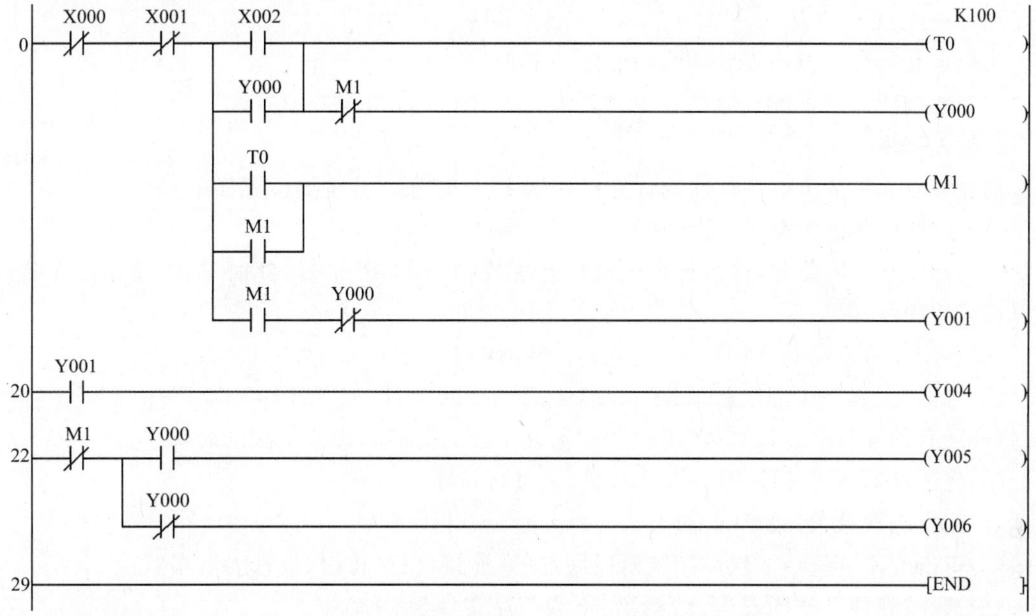

图 2-47 自耦变压器降压启动梯形图

3. 安装接线

(1)工具、设备及材料

本任务所需工具、设备及材料见表 2-10。

表 2-10 工具、设备及材料

序号	分类	名　称	型号规格	数量	单位	备注
1	工具	常用电工工具	尖嘴钳、试电笔、剥线钳、螺钉旋具	1	套	
2		万用表	MF47	1	块	
3	设备	PLC	FX$_{2N}$-32MR	1	个	
4		断路器	DZ47LE C16/3P,DZ47LE C10/2P	各1	只	
5		熔断器(熔体)	15A/3P,5A/2P	各1	个	
6		按钮	LA39-E11D	2	个	
7		接触器	CJX2-12	2	个	
8		热继电器	JRS3-25/Z	1	个	
9		指示灯	AC 36 V(红、黄、绿)各1个	3	个	
10		变压器	输出电流5 A,输出电压36 V	1	套	
11		网孔板	600 mm×700 mm	1	块	
12		接线端	TD1515	1	组	
13	材料	走线槽	TC3025	若干	m	
14		导线	BVR 1.5 mm^2/BVR 1.0 mm^2	若干	m	

(2)安装步骤

①检查元器件　按表 2-10 将元器件配齐,并检查元器件的规格是否符合要求、质量是否完好。

②固定元器件　按照安装接线图固定元器件。

③安装接线　根据配线原则及工艺要求,按照图 2-46 进行安装接线。

4.输入程序

通过装有 GX Works 2 软件的计算机传送 PLC 程序。其主要步骤如下:

(1)在 PLC 断电状态下,连接好 PC/PPI 电缆。

(2)打开 PLC 的前盖,将运行模式选择开关拨到"STOP"位置,此时 PLC 处于停止状态,可以进行程序编写。

(3)在用作编程器的计算机上,运行 GX Works 2 软件。

(4)选择"工程"→"创建新工程"选项,生成一个新项目;或者选择"工程"→"打开工程"选项,打开已有的项目。可以选择"工程"→"另存工程为"选项,修改工程的名称。

(5)将图 2-47 所示梯形图输入计算机,并进行转换。

(6)闭合电源开关,给 PLC 通电。

(7)单击 GX Works 2 软件导航窗口底部的"连接目标"按钮,设置通信参数。

(8)选择"在线"→"PLC 写入"选项,下载程序文件到 PLC 中。

(9)选择"在线"→"远程操作"选项,调整 PLC 为 RUN 状态。

(10)选择"在线"→"监视"→"监视模式"选项,进入监视模式。

(11)如果在实时监控中,发现 PLC 程序有错误需要修改,则必须关闭监视模式,在写入模式下才能修改程序。修改好的 PLC 程序必须重新写入 PLC,重新运行。

5.通电调试

经自检、教师检查确认电路正常且无安全隐患,并按照上述方法将 PLC 程序输入 PLC 中后,就可以给整个控制系统通电调试了。

按下启动按钮 SB$_2$,系统应启动运行。按照控制要求,逐步调试,观察系统的运行情况是否符合控制要求。如果出现故障,应独立检修。电路检修完毕且梯形图修改完毕后应重新调试,直到系统能够正常工作。

任务 2　传送带 PLC 控制系统设计与调试

任务描述

某金属板传送带系统由三级传送带组成,每级传送带由三相笼型异步电动机驱动,如图 2-48 所示。系统启动后,电动机 1 始终保持运转,金属板经过传送带 1 向前逐级传送。为了节省能源,其他传送带只有在金属板到达时才开始运行,而在金属板未到达时或离开后停止运行。为了能使金属板顺利传送,在各传送带之间分别装有电感式接近开关 IB$_1$、IB$_2$ 和 IB$_3$。

当金属板前端进入 IB$_1$ 的检测范围时,电动机 2 即开始启动运转;当金属板后端离开 IB$_2$ 的检测范围后,延时 10 s,传送带 2 停止运行。同理,当金属板前端进入 IB$_2$ 的检测范围时,电动机 3 即开始启动运转;当金属板后端离开 IB$_3$ 的检测范围后,延时 10 s,传送带 3 停止运行。

传送带控制

按下停止按钮,传送带 1 立即停止,而其他两个传送带则必须把当前它们上面的金属板传送走再停止。

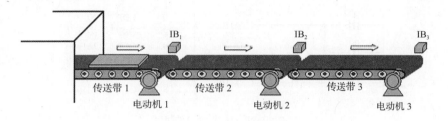

图 2-48 传送带分段控制

 相关知识

本任务拟采用 PLC 基本逻辑指令编程,所涉及的相关知识主要有 PLC 基本指令、PLC 梯形图编程原则以及 PLC 控制系统设计原则和步骤。下面我们先学习与本任务相关的 FX$_{2N}$ 系列 PLC 的基本指令。

一、FX$_{2N}$ 系列 PLC 的基本指令(二)

1. 脉冲指令

(1)指令格式

脉冲指令的名称、助记符、功能、回路表示、可用软元件和程序步数见表 2-11。

表 2-11 脉冲指令

名称/助记符	功 能	回路表示和可用软元件	程序步数
取脉冲上升沿/LDP	上升沿检出运算开始	( ) X、Y、M、S、T、C	2
取脉冲下降沿/LDF	下降沿检出运算开始	( ) X、Y、M、S、T、C	2
与脉冲上升沿/ANDP	上升沿检出串联连接	( ) X、Y、M、S、T、C	2
与脉冲下降沿/ANDF	下降沿检出串联连接	( ) X、Y、M、S、T、C	2
或脉冲上升沿/ORP	上升沿检出并联连接	( ) X、Y、M、S、T、C	2
或脉冲下降沿/ORF	下降沿检出并联连接	( ) X、Y、M、S、T、C	2

(2)指令说明

LDP、ANDP、ORP 指令是用来进行上升沿检测的指令,仅在指定位软元件的上升沿(OFF→

83

ON 变化)接通一个扫描周期,又称上升沿微分指令。

LDF、ANDF、ORF 指令是用来进行下降沿检测的指令,仅在指定位软元件的下降沿(ON→OFF 变化)接通一个扫描周期,又称下降沿微分指令。

脉冲指令的使用如图 2-49 所示。如图 2-49(a)所示,在 X000～X002 的上升沿,M100 或 M101 有输出,且仅接通一个扫描周期。如图 2-49(b)所示,在 X000～X002 的下降沿,M100 或 M101 有输出,且仅接通一个扫描周期。

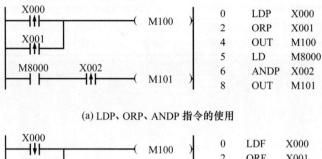

(a) LDP、ORP、ANDP 指令的使用

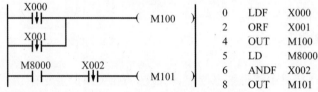

(b) LDF、ORF、ANDF 指令的使用

图 2-49　脉冲指令的使用

①脉冲指令的目标元件为 X、Y、M、T、C、S。

②ANDP、ANDF 指令都是用于单个触点的串联连接指令,串联次数没有限制,可反复使用。

③ORP、ORF 指令都是用于单个触点的并联连接指令。并联触点的左端接到母线处(左母线或支路母线),右端与前一条指令对应触点的右端相连。并联次数不限。

【例 2-3】　如图 2-50 所示为用两个定时器实现的振荡程序。在 X001 接通期间,Y000 产生的连续振荡信号的周期为 3 s,占空比为 1∶2(接通时间∶断开时间)。其中,接通时间(脉宽)为 1 s,由定时器 T2 设定;断开时间为 2 s,由定时器 T1 设定。

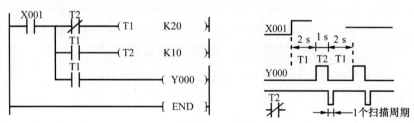

图 2-50　用两个定时器实现的振荡程序

【例 2-4】　如图 2-51 所示为用位元件 M0 实现的断电延时控制程序。若输入 X000 接通,M0 线圈通电产生输出,并通过 M0 触点自锁。若输入 X000 断电,线圈 M0 不是立即停止输出,而是经过 T0 延时 10 s 后才停止输出。

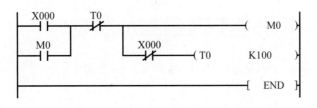

图 2-51　断电延时控制程序

2. 主控、主控复位指令

在编程时常会出现这样的情况，多个线圈同时受一个或一组触点控制，如果在每个线圈的控制电路中都串入同样的触点，将占用很多存储单元，使用主控、主控复位指令就可以解决这一问题。

（1）指令格式

主控、主控复位指令的名称、助记符、功能、回路表示、可用软元件和程序步数见表 2-12。

表 2-12　　　　　　　　　　　　　　　主控、主控复位指令

名称/助记符	功　　能	回路表示和可用软元件	程序步数
主控/MC	公共串联触点的连接	┤├───[MC N0 Y 或 M]　Y 或 M	3
主控复位/MCR	公共串联触点的清除	────(电路块)　[MCR N0]	2

（2）指令说明

①MC 指令用于公共串联触点的连接。执行 MC 指令后，左母线移到 MC 触点的后面。

②MCR 指令是 MC 指令的复位指令，即利用它恢复原左母线的位置。

MC、MCR 指令的使用如图 2-52 所示。利用"MC N0 M100"实现左母线右移，使 Y000、Y001 都在 X000 的控制之下，其中 N0 表示嵌套等级，在无嵌套结构中 N0 的使用次数无限制；利用"MCR N0"恢复原左母线状态。如果 X000 断开，则会跳过 MC、MCR 之间的指令向下执行。

③主控触点在梯形图中与一般触点垂直，如图 2-52 中的 M100 所示。主控触点是与左母线相连的常开触点，是控制一组电路的总开关。与主控触点相连的触点必须用 LD 或 LDI 指令。

④MC 指令的输入触点断开时，在 MC 和 MCR 之内的积算定时器和计数器、用复位/置位指令驱动的元件保持其之前的状态不变；非积算定时器和计数器、用 OUT 指令驱动的元件将复位。如图 2-52 所示，当 X000 断开，Y000 和 Y001 即变为 OFF。

⑤通过更改软元件号 Y、M，可多次使用 MC 指令。但是，如果使用同一软元件号，将同 OUT 指令一样，会出现双线圈输出。

⑥在一个 MC 指令区内若再使用 MC 指令则称为嵌套。嵌套级数最多为 8 级，编号按 N0→N1→N2→N3→N4→N5→N6→N7 顺序增大，每级的返回用对应的 MCR 指令，从编号大的嵌套等级开始复位。

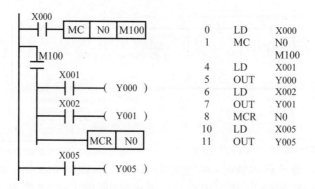

图 2-52 MC、MCR 指令的使用

3. 置位、复位指令

（1）指令格式

置位、复位指令的名称、助记符、功能、回路表示、可用软元件和程序步数见表 2-13。

表 2-13　　　　　　　　　　　　　置位、复位指令

名称/助记符	功　能	回路表示和可用软元件	程序步数
置位/SET	动作保持	⊣├─[SET Y,M,S]	Y、M：1；S、特殊 M：2；
复位/RST	消除动作保持、当前值及寄存器清零	⊣├─[RST Y,M,S,T,C,D,V,Z]	T、C：2；D、V、Z、特殊 D：3

（2）指令说明

①SET 指令用于使被操作的目标元件置位并保持。

②RST 指令用于使被操作的目标元件复位并保持清零状态。

SET、RST 指令的使用如图 2-53 所示。当 X000 常开触点接通时，Y000 变为 ON 状态并一直保持该状态，即使 X000 断开，Y000 的 ON 状态仍维持不变；当 X001 常开触点闭合时，Y000 变为 OFF 状态并保持，即使 X001 常开触点断开，Y000 也仍为 OFF 状态。

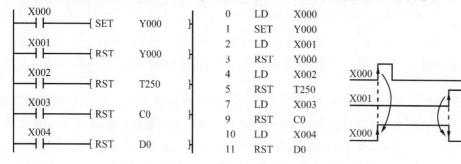

图 2-53　SET、RST 指令的使用

【例 2-5】　如图 2-54（a）所示为利用 SET、RST 指令实现的启、保、停控制程序。当 X001 为 ON 时，输出继电器 Y000 得电并保持。当 X002 为 ON 时，输出继电器 Y000 失电变为 0。

4. 微分指令

（1）指令格式

微分指令的名称、助记符、功能、回路表示、可用软元件和程序步数见表 2-14。

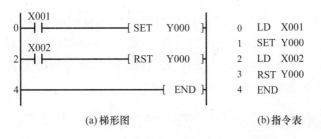

(a) 梯形图

0	LD	X001
1	SET	Y000
2	LD	X002
3	RST	Y000
4	END	

(b) 指令表

图 2-54　用 SET、RST 指令实现的启、保、停控制程序

表 2-14　　**微分指令**

名称/助记符	功　能	回路表示和可用软元件	程序步数
上升沿微分/PLS	上升沿脉冲输出	─┤├─[PLS Y,M] 除特殊 M 以外	2
下降沿微分/PLF	下降沿脉冲输出	─┤├─[PLF Y,M] 除特殊 M 以外	2

(2)指令说明

①PLS 指令用于在输入信号上升沿产生一个扫描周期的脉冲输出。

②PLF 指令用于在输入信号下降沿产生一个扫描周期的脉冲输出。

【例 2-6】 如图 2-55 所示为 1/2 分频控制程序，即 Y000 频率为 X000 频率的 1/2。当 X000 的第一个脉冲到来时，M10 产生一个扫描周期的高电平，M10 常开触点闭合，使 Y000 线圈接通并保持；当 X000 的第二个脉冲到来时，M10 产生一个扫描周期的高电平，M10＝Y000＝1，Y000 和 M10 的常闭触点断开，使 Y000 线圈断开；如此循环往复，不断重复上述过程。

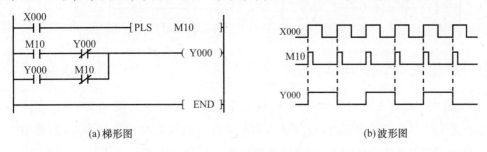

(a) 梯形图　　(b) 波形图

图 2-55　1/2 分频控制程序

5. 取反指令

INV(取反)指令用于将原来的运算结果取反。INV 指令的使用如图 2-56 所示。如果 X000 断开，则 Y000 为 ON，否则 Y000 为 OFF。使用时应注意，INV 指令不能像指令表的 LD、LDI、LDP、LDF 指令那样与母线连接，也不能像指令表中的 OR、ORI、ORP 和 ORF 指令那样单独使用。

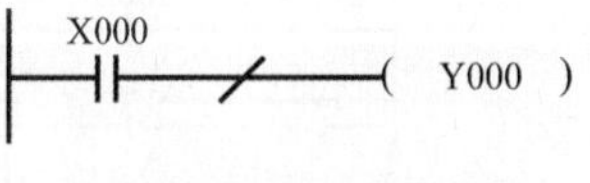

图 2-56　INV 指令的使用

6. 空操作、结束指令

NOP(空操作)指令的作用是不执行操作，但占一个程序步。执行 NOP 指令时并不做任何事，当 PLC 执行了清除用户存储器操作后，用户存储器的内容全部变为空操作指令。

END(结束)指令为表示程序结束的指令。在程序的结尾，若没有 END 指令，则 PLC 不

管实际用户程序多长,都从用户程序存储器的第一步执行到最后一步;若有 END 指令,则 END 以后指令就不能被执行,而是结束执行程序,进入最后输出处理阶段,这样可以缩短扫描周期。在程序调试时,可在程序中插入若干 END 指令,将程序划分为若干段,在确定前面程序段无误后,依次删除 END 指令,直至调试结束。

二、梯形图编程原则

梯形图的编程原则主要有以下几点:

(1)梯形图程序按从上往下、从左往右的顺序编写。

(2)梯形图左侧垂直线称为左母线,右侧垂直线称为右母线。左母线应与触点相连,右母线应与线圈相连(右母线在编程时有时可以不画出),如图 2-57 所示。

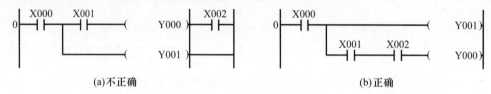

图 2-57　梯形图的母线

(3)线圈只能并联不能串联。一般情况下,在梯形图中同一线圈只能出现一次,但在含有跳转指令或步进指令的梯形图中允许双线圈输出,如图 2-58 所示。

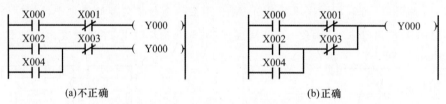

图 2-58　双线圈的处理

(4)当有多个串联支路相并联时,应将触点多的支路放在梯形图的最上面,如图 2-59 所示。当有多个并联电路相串联时,应将触点多的并联回路放在梯形图的最左边,如图 2-60 所示。这样的安排使程序简洁明了,指令语句也较少。

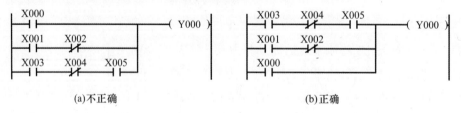

图 2-59　先串联后并联梯形图的优化

(5)如有桥式触点,即触点上有两个方向信息流,应按逻辑等效关系进行去桥化处理,如图 2-61 所示。

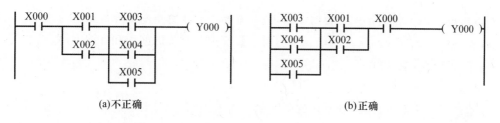

(a)不正确　　　　　　　　　　　(b)正确

图 2-60　先并联后串联梯形图的优化

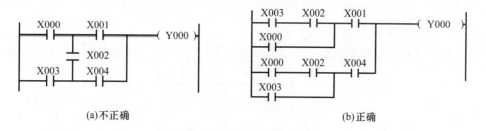

(a)不正确　　　　　　　　　　　(b)正确

图 2-61　按逻辑等效关系去桥化处理

三、PLC 控制系统设计的原则和步骤

我们学习了 PLC 的指令系统和编程方法后,就可以结合实际应用进行 PLC 控制系统的设计。PLC 控制系统包括电气控制电路(硬件部分)和程序(软件部分)两部分。电气控制电路是以 PLC 为核心的系统电气原理图,程序是和原理图中 PLC 的 I/O 点对应的梯形图或指令。

1. PLC 控制系统设计的基本原则

任何一种控制系统都是为了实现被控对象的工艺要求,以提高生产效率和产品质量。因此,在设计 PLC 控制系统时,应遵循以下原则:

(1)最大限度地满足被控对象的控制要求

充分发挥 PLC 的功能,最大限度地满足被控对象的控制要求,是设计 PLC 控制系统的首要前提,这也是设计中最重要的一条原则。这就要求设计人员在设计前要深入现场进行调查研究,收集控制现场的资料,收集相关先进的国内外资料。同时,要注意和现场的工程管理人员、工程技术人员、现场操作人员紧密配合,拟订控制方案,共同解决设计中的重点问题和疑难问题。

(2)保证 PLC 控制系统安全可靠

保证 PLC 控制系统能够长期、安全、可靠、稳定地运行,是设计控制系统的重要原则。这就要求设计者在系统设计、元器件选择和软件编程上要全面考虑,以确保控制系统安全可靠。例如,应该保证 PLC 程序不仅能在正常条件下运行,而且在非正常情况下(如突然掉电再上电、按错按钮等)也能正常工作。

(3)力求简单、经济、使用及维修方便

一个新的控制工程固然能提高产品的质量和数量,带来巨大的经济效益和社会效益,但新工程的投入、技术培训和设备的维护也将导致运行资金的增加。因此,在满足控制要求的前提下，一方面要注意不断地扩大工程的效益，另一方面也要注意不断地降低工程的成本。这就要求设计者不仅应该使控制系统简单、经济，而且要使控制系统的使用和维护方便、成本低，不宜盲目追求自动化和高指标。

（4）适应发展的需要

随着技术的不断发展，控制系统的要求也不断地提高，设计时应适当考虑到今后控制系统发展和完善的需要。这就要求在选择 PLC、I/O 模块、I/O 点数和内存容量时，要适当留有裕量，以满足今后生产的发展和工艺的改进。

2. PLC 控制系统设计与调试的步骤

PLC 控制系统设计与调试的一般步骤如图 2-62 所示。

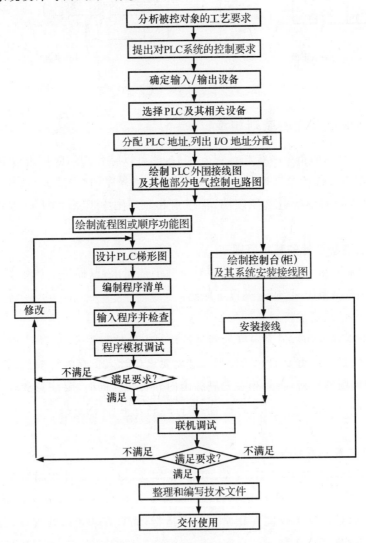

图 2-62　PLC 控制系统设计与调试的一般步骤

（1）分析被控对象的工艺要求

根据该控制系统所需要完成的控制任务，对被控对象的工艺过程、工作特点和控制系统的控制过程、控制规律、功能和特性进行分析，详细了解被控对象机、电、液之间的配合关系，提出被控对象对 PLC 控制系统的控制要求，确定控制方案，撰写任务书。

（2）设计电气控制电路（系统硬件）

熟悉了控制系统的工艺要求，就可以设计电气控制电路了。具体步骤如下：

①确定输入/输出设备。根据系统的控制要求，确定系统所需的全部输入设备（如按钮、限位开关、转换开关及各种传感器等）和输出设备（如接触器、电磁阀、信号指示灯及其他执行器等），从而确定与 PLC 有关的输入/输出设备，以确定 PLC 的 I/O 点数。

②选择 PLC 及其相关设备。PLC 的选择包括对 PLC 的机型、容量、I/O 模块和电源等的选择；相关设备的选择包括设备类型、型号和规格的选择。

③分配 PLC 地址，列出 I/O 地址分配。对 PLC 输入/输出点进行合理分配，列出 I/O 地址分配。

④绘制 PLC 外围接线图及其他部分电气控制电路图，包括主电路和未进入 PLC 的控制电路等。由 PLC 的 I/O 接线图及其他相关电气控制电路图组成系统的电气原理图。

（3）PLC 程序（软件）设计

①绘制流程图或顺序功能图。设计程序时应根据工艺要求和控制系统的具体情况绘制流程图或顺序功能图。这是整个程序设计工作的核心部分。

②设计 PLC 梯形图和指令表程序。采用合理的编程方法设计 PLC 程序。程序要以满足系统控制要求为主线，逐一编写实现各控制功能或各子任务的程序，逐步完善系统指定的功能。

③程序模拟调试。将设计好的程序用编程器或编程软件输入 PLC 中进行检查，修改程序中的错误。用模拟设备按照工艺要求和控制要求进行模拟调试，若发现问题，应立即修改和调整程序，直至满足工艺流程和控制要求为止。

（4）绘制控制台（柜）及其系统安装接线图

①设计控制台（柜）等部分的电气布置图及安装接线图。

②设计系统各部分之间的电气连接图。

（5）安装与调试

①根据安装接线图进行现场接线，并进行检查。

②联机调试。将通过模拟调试的程序进一步进行在线统调。联机调试过程应循序渐进，按 PLC 只连接输入设备、连接输出设备、连接实际负载等逐步进行调试。如不符合要求，则对硬件或软件做出修改。

（6）整理和编写技术文件

技术文件包括设计说明书、硬件原理图、安装接线图、电气元器件明细表、PLC 程序以及使用说明书等。

3. PLC 的选择

PLC 的选择主要应从 PLC 的机型、容量、I/O 模块、电源模块、特殊功能模块和通信联网能力等方面加以综合考虑。下面主要介绍 PLC 容量的选择方法。

PLC 容量包括 I/O 点数和用户存储容量两个方面。

(1)I/O 点数的选择

PLC I/O 点的价格一般比较高,因此应该合理选择 PLC 的 I/O 点数,在满足控制要求的前提下力争使用的 I/O 点最少,但必须留有一定的裕量。

通常 I/O 点数是根据被控对象的输入、输出信号的实际需要,再加上 20% 的裕量来确定的。

(2)用户存储容量的选择

用户程序所需的存储量大小不仅与 PLC 系统的功能有关,而且与功能实现的方法、程序编写水平有关。所以初学者应该在存储容量估算时多留裕量。

PLC 的 I/O 点数的多少,在很大程度上反映了 PLC 系统的功能要求,因此可在 I/O 点数的基础上估算存储容量后,再加 20%~30% 的裕量。估算公式为

$$存储容量(字节)=开关量 I/O 点数×10+模拟量 I/O 通道数×100$$

 任务实施

一、实施内容

根据图 2-48 描述的传送带分段控制要求设计 PLC 控制系统。具体内容如下:

(1)设计 PLC 控制电路图。

(2)编写 PLC 控制程序。

(3)安装并调试控制系统。

(4)编制控制系统技术文件及说明书。

二、实施步骤

1. PLC 控制电路设计

(1)PLC 的 I/O 地址分配

分析三级传送带控制要求可知:本系统有 6 个输入设备,即 2 个按钮、3 个传感器、1 个热继电器;有 3 个输出设备,即 KM_1、KM_2、KM_3。本任务选用 FX_{2N}-32MR PLC 来实现传送带分段控制,其 I/O 地址分配见表 2-15。

表 2-15　　　　　　　　　传送带 PLC 控制系统 I/O 地址分配

输入设备	PLC 输入点	输出设备	PLC 输出点
启动按钮 SB_1	X000	控制电动机 1 的接触器 KM_1	Y001
停止按钮 SB_2	X001	控制电动机 2 的接触器 KM_2	Y002
传感器 IB_1	X002	控制电动机 3 的接触器 KM_3	Y003
传感器 IB_2	X003		
传感器 IB_3	X004		
热继电器 FR_1、FR_2、FR_3	X005		

（2）绘制 PLC 控制电路

主电路如图 2-63（a）所示。依据表 2-15 绘制 PLC 控制电路，如图 2-63（b）所示。

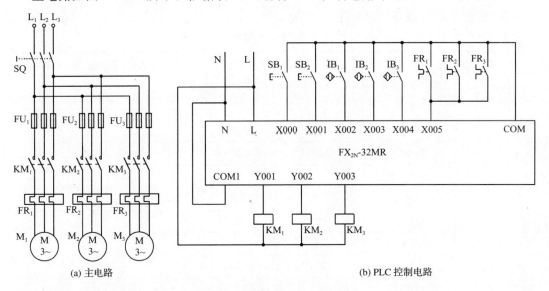

(a) 主电路   (b) PLC 控制电路

图 2-63 传送带 PLC 控制系统电路

2. 编写 PLC 控制程序

应用 PLC 基本指令编制梯形图，如图 2-64 所示。

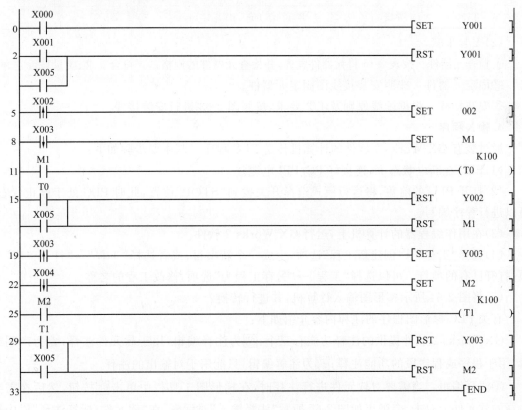

图 2-64 传送带 PLC 控制系统梯形图

3. 安装接线

（1）工具、设备及材料

本任务所需工具、设备及材料见表 2-16。

表 2-16　　　　　　　　　　　　　　工具、设备及材料

序　号	分类	名　称	型号规格	数　量	单　位	备　注
1	工具	常用电工工具	尖嘴钳、试电笔、剥线钳、螺钉旋具	1	套	
2		万用表	MF47	1	块	
3	设备	PLC	FX$_{2N}$-32MR	1	个	
4		断路器	DZ47LE C16/3P，DZ47LE C10/2P	各1	只	
5		熔断器（熔体）	15A/3P，5A/2P	3，2	个	
6		按钮	LA39-E11D	1	个	
7		接触器	CJX2-12	3	个	
8		热继电器	JRS3-25/Z	3	个	
9		传感器	电感式传感器	3	个	
10		网孔板	600 mm×700 mm	1	块	
11		接线端	TD1515	1	组	
12	材料	走线槽	TC3025	若干	m	
13		导线	BVR 1.5 mm² / BVR 1.0 mm²	若干	m	

（2）安装步骤

①检查元器件　按表 2-16 将元器件配齐，并检查元器件的规格是否符合要求、质量是否完好。

②固定元器件　按照安装接线图固定元器件。

③安装接线　根据配线原则及工艺要求，按照图 2-63 进行安装接线。

4. 输入程序

通过装有 GX Works 2 软件的计算机传送 PLC 程序。其主要步骤如下：

（1）PLC 在断电状态下，连接好 PC/PPI 电缆。

（2）打开 PLC 的前盖，将运行模式选择开关拨到"STOP"位置，此时 PLC 处于停止状态，可以进行程序编写。

（3）在用作编程器的计算机上，运行 GX Works 2 软件。

（4）选择"工程"→"创建新工程"选项，生成一个新项目；或者选择"工程"→"打开工程"选项，打开已有的项目。可以选择"工程"→"另存工程为"选项，修改工程的名称。

（5）将图 2-64 所示梯形图输入计算机，并进行转换。

有关 PLC 梯形图程序的注释内容介绍如下：

GX Works 2 软件提供的注释功能有三个：🔲为注释编辑，用于软元件注释；🔲为声明编辑，用于程序或程序段的功能注释；🔲为注解编辑，只能用于对输出的注释。

①注释编辑　当需要对软元件进行注释时，在梯形图工具栏中单击🔲按钮，然后在需要注释的软元件上双击，会弹出如图 2-65 所示"注释输入"对话框，在"软元件/标签注释"栏中输入注释内容。

图 2-65 "注释输入"对话框

②声明编辑 当需要对梯形图中的某一段程序进行注释时,在梯形图工具栏中单击 ![button] 按钮,再双击需要注释的某一段程序的行首,在弹出的对话框中输入注释内容,如图 2-66 所示。

图 2-66 "行间声明输入"对话框

③注解编辑 当需要对梯形图中的输出线圈或功能指令进行注释时,在梯形图工具栏中单击 ![button] 按钮,再双击需要注释的输出线圈或功能指令,在弹出的对话框中输入注释内容,如图 2-67 所示。

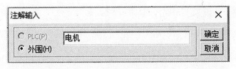

图 2-67 "注解输入"对话框

(6)闭合电源开关,给 PLC 通电。

(7)单击 GX Works 2 软件导航窗口底部的"连接目标"按钮,设置通信参数。

(8)选择"在线"→"PLC 写入"选项,下载程序文件到 PLC 中。

(9)选择"在线"→"远程操作"选项,调整 PLC 为 RUN 状态。

(10)选择"在线"→"监视"→"监视模式"选项,进入监视模式。

(11)如果在实时监控中,发现 PLC 程序有错误需要修改,则必须关闭监视模式,在写入模式下才能修改程序。修改好的 PLC 程序必须重新写入 PLC,重新运行。

5. 通电调试

经自检、教师检查确认电路正常且无安全隐患后,就可以给整个控制系统通电调试了。

按下启动按钮 SB_1,系统应启动运行。按照控制要求,逐步调试,观察系统的运行情况是否符合控制要求。如果出现故障,应独立检修。电路检修完毕且梯形图修改完毕后应重新调试,直到系统能够正常工作。

思考与练习

1. 填空题

(1)PLC 是通过一种周期性扫描工作方式来完成控制的,每个周期包括 _____、_____、_____三个阶段。

（2）定时器的线圈开始定时,定时时间到,常开触点_____,常闭触点_____。

（3）通用定时器被复位,复位后其常开触点_____,常闭触点_____,当前值变为_____。

（4）OUT 指令不能用于_____继电器。

（5）_____是初始化脉冲。当 PLC 处于 RUN 状态时,M8000 一直为_____。

（6）FX$_{2N}$ 系列 PLC 的输入/输出继电器采用_____进制进行编号,其他所有软元件均采用_____进制进行编号。

（7）若梯形图中输出继电器的线圈通电,对应的输出映像寄存器为_____状态。在输出处理阶段后,继电器输出模块中对应的硬件继电器的线圈_____,其常开触点_____,外部负载_____。

（8）外部输入电路断开时,对应的输入映像寄存器为状态_____,梯形图中对应的输入继电器的常开触点_____,常闭触点_____。

（9）说明下列指令的意义:ORB_____;RST_____; LDI_____;MPP_____;SET_____;PLS_____。

（10）在 PLC 指令中,表示置位的指令是_____,表示复位的指令是_____。

（11）计数器的当前值等于设定值时,其常开触点_____,常闭触点_____。复位输入电路_____时,计数器被复位,复位后其常开触点_____,常闭触点_____,当前值为_____。

（12）如图 2-68 所示是用 SET、RST 指令和振荡器程序编写的一段程序。功能:闭合 X000 后,Y000 开始每隔 1 s 闪烁一次,闪烁 10 次后熄灭 5 s,然后重复这一闪烁频率。闭合 X001 后,Y000 停止闪烁。试补全梯形图程序,使该功能实现。

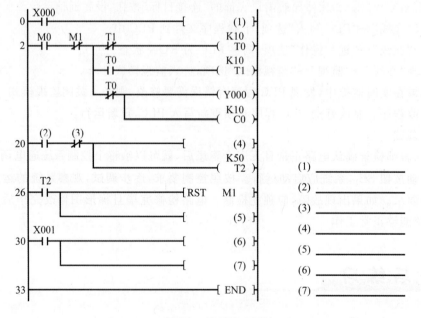

图 2-68 填空题(12)图

2. 判断题

(1)当 PLC 输出单元用继电器输出时,外接电源可用 DC 24 V 和 AC 220 V,但 AC 220 V 的外接电源对继电器触点破坏大。　　　　　　　　　　　　　　　　　　　　　(　　)

(2)PLC 内部的 M 点,停电保持和停电不保持,可以通过软件来重新设定范围。　(　　)

(3)PLC 的触点可以使用无穷多次。　　　　　　　　　　　　　　　　　　　(　　)

(4)FX₂ₙ 系列 PLC 中,PLC 的输入点的地址有 X008、X009。　　　　　　　　(　　)

(5)只读存储器在电源消失后,仍能保存储存的内容。　　　　　　　　　　　(　　)

(6)可编程控制器采用继电器输出形式时只能驱动交流负载。　　　　　　　　(　　)

(7)通用定时器的线圈失电,常开触点断开,常闭触点闭合,当前值为 0。　　　(　　)

(8)OUT 指令既可用于输入继电器,又可用于输出继电器。　　　　　　　　　(　　)

(9)软元件输入/输出继电器的编址都采用十六进制。　　　　　　　　　　　(　　)

(10)输出继电器是 PLC 接收外部输入的开关量信号的窗口。　　　　　　　　(　　)

(11)PLS 和 PLF 指令只能用于输出继电器和辅助继电器。　　　　　　　　　(　　)

(12)PLC 的缺点之一是抗干扰能力太弱。　　　　　　　　　　　　　　　　(　　)

(13)现场信号通过光电耦合电路输入 PLC 的输入端。　　　　　　　　　　　(　　)

(14)PLC 采用循环扫描的工作方式。　　　　　　　　　　　　　　　　　　(　　)

(15)在主触点下端相应的常闭触点应使用 ADI 指令。　　　　　　　　　　　(　　)

3. 选择题

(1)PLC 是在(　　　)控制系统基础上发展起来的。

A. 继电接触器　　　　B. 单片机　　　　　　C. 工业计算机　　　　D. 机器人

(2)一般而言,PLC 的 I/O 点数裕量为(　　　)。

A. 10%　　　　　　　B. 5%　　　　　　　　C. 15%　　　　　　　D. 20%

(3)PLC 主要由 CPU 模块、输入模块、输出模块和(　　　)组成。

A. 接触器　　　　　　B. 电源　　　　　　　C. 编程器　　　　　　D. 继电器

(4)与左母线相连的触点必须用(　　　)指令。

A. LD 或 LDI　　　　　B. AND 或 ANI　　　　C. OR 或 ORI　　　　D. ORB 或 ANB

(5)M8013 的脉冲输出周期是(　　　)s。

A. 5　　　　　　　　　B. 13　　　　　　　　C. 10　　　　　　　　D. 1

(6)表示 1 s 时钟脉冲的特殊辅助继电器是_____。

A. M8000　　　　　　B. M8002　　　　　　C. M8011　　　　　　D. M8013

(7)FX₂ₙ-48MR PLC 的输出形式是(　　　)。

A. 晶体管　　　　　　B. 晶闸管　　　　　　C. 继电器

4. 设计题

(1)画出下列指令表对应的梯形图。

0	LD	X000	8	ORB	
1	AND	X001	9	LDI	X004
2	LDI	X002	10	AND	X005
3	ANI	X003	11	ORB	
4	ORB		12	AND	M102
5	AND	X007	13	OUT	Y001
6	LD	M100	14	END	
7	AND	M101			

(2)画出下列指令表对应的梯形图。

0	LD	X002	10	ANI	X003
1	AND	M6	11	SET	M4
2	MPS		12	MRD	
3	LD	X003	13	AND	X005
4	ORI	Y001	14	OUT	Y004
5	ANB		15	MPP	
6	MPS		16	AND	X006
7	AND	X005	17	OUT	Y006
8	OUT	M12	18	END	
9	MPP				

(3)写出如图2-69所示梯形图的指令表。

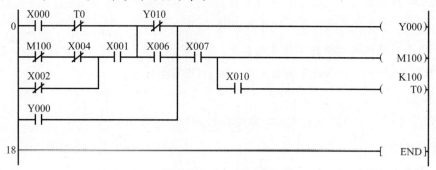

图2-69 设计题(3)图

(4)写出如图2-70所示梯形图的指令表。

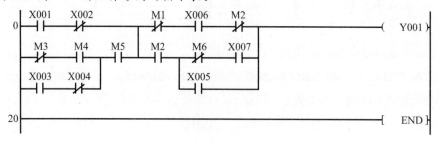

图2-70 设计题(4)图

(5)将如图2-71所示梯形图改为主控指令编程的梯形图并转换为指令表。

(6)一个小车由三相异步电动机拖动,其动作程序如下:

①小车由原位开始前进,到终点后自动停止;

②在终点停留一段时间后自动返回原位停止;

③在前进或后退途中任意位置都能停止或启动。

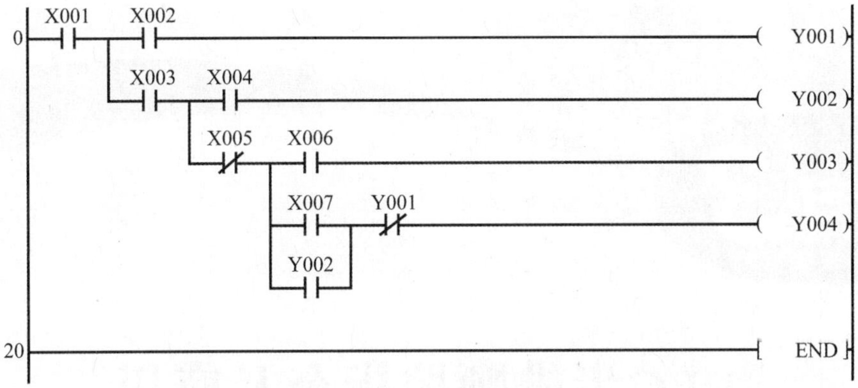
X001
X002
Y001
X003
X004
Y002
X005
X006
Y003
X007
Y001
Y004
Y002
0
20
END

图 2-71　设计题(5)图

试设计 PLC 控制梯形图并画出 PLC 的 I/O 接线图。

(7)两台电动机的控制要求如下：M_1 运转 10 s，停止 5 s。M_2 要求与 M_1 相反：M_1 停止，M_2 运行；M_1 运行，M_2 停止。如此反复动作 3 次，M_1 和 M_2 均停止。试设计控制程序。

(8)有一个报警电路，要求启动之后，灯在闪，亮 0.5 s，灭 0.5 s，蜂鸣器再响。等闪烁 30 次之后，灯灭，蜂鸣器停，间歇 5 s。如此进行 3 次，灯自动熄灭。试编写 PLC 控制程序。

(9)试设计 PLC 控制的简易智力竞赛抢答器。

智力竞赛有三组参赛人员：儿童组、青年组和成人组。其中，儿童组两人，成人组两人，青年组一人，主持人一人，如图 2-72 所示。其控制要求如下：

①当主持人按下 SB_0 按钮后，指示灯 L_0 亮，表示抢答开始，参赛者方可按下按钮抢答，否则违例(此时抢答者桌面上灯闪烁，闪烁周期为 1 s)。

②从主持人按下 SB_0 按钮开始计时，选择抢答及答题时间为 30 s。30 s 后抢答者对应的指示灯灭，同时铃响，提示答题时间已到。

③为了公平，要求儿童组只需一人按下按钮，其对应的指示灯亮，而成人组需要两人同时按下两个按钮，对应的指示灯才亮。

④当一个问题回答完毕，主持人按下 SB_4 按钮，一切状态恢复。

⑤当抢答开始后时间超过 30 s，无人抢答，此时铃响，提示抢答时间已过，此题作废。

SB11
L1
SB12
儿童组
SB2
L2
青年组
SB31
L3
SB32
成人组
SB0
L0
SB4
主持人

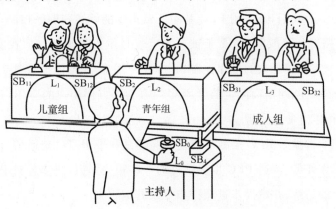

图 2-72　设计题(9)图

项目 **3**

PLC步进顺控指令及应用

学习目标

(1)掌握 PLC 顺序功能图的绘制方法。

(2)掌握步进顺控指令及其编程方法。

(3)掌握 PLC 程序调试的基本流程。

(4)能用步进顺控法编写 PLC 控制程序。

(5)会使用 GX Works 2 软件。

(6)会安装和调试 PLC 控制系统。

 项目综述

通过项目 2 的学习我们知道,用 PLC 基本逻辑指令能够实现顺序控制。采用梯形图及指令表方式编程,电路工作比较直观,易于被广大电气技术人员理解。但在实际应用中不难发现,用基本逻辑指令实现较复杂的顺序控制,程序设计困难,梯形图比较复杂,不易理解。顺序功能图编程就是针对这些问题而问世的。PLC 厂家为了方便用户的应用,开发出步进顺控指令,使复杂的程序得以方便地实现。

本项目通过工业机械手 PLC 控制系统设计与调试和十字路口交通信号灯 PLC 控制系统设计与调试两个工作任务,阐述 PLC 步进顺控的一些相关知识,使读者对 PLC 的顺序控制及其典型应用有初步的了解,并掌握步进顺控指令及其编程方法。

任务1　工业机械手 PLC 控制系统设计与调试

 任务描述

　　工业机械手控制系统广泛应用于生产自动线和机械加工领域。在本任务中,工业机械手将工件从 A 处搬运到运输带上的 B 处,然后由运输带将工件运输出去,如图 3-1 所示。工业机械手的全部动作均由气缸驱动,而气缸又由相应的电磁阀控制。其中,上升/下降、伸出/收缩和放松/夹紧均由一个线圈两位置的电磁阀控制。

机械手控制

　　工业机械手的工作过程:首先定义原点为左上方所到达的极限位置,在原点处机械手处于放松状态。启动后,气爪下降到 A 处→气爪抓紧工件→气爪上升到顶端→气爪伸出到右端→气爪下降到 B 处→气爪释放工件→气爪上升到顶端→气爪横向缩回到原点处,如此循环往复。若中途按停止按钮,机械手并不立即停止,而是在当次循环所有过程都执行完后回到原点才停止。

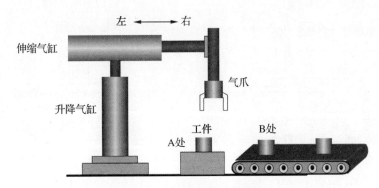

图 3-1　工业机械手的工作过程

 相关知识

一、顺序控制与顺序功能图

1. 顺序控制的概念

　　在工业控制系统中,顺序控制经常被使用。所谓顺序控制,就是按照预先规定的顺序,对生产设备进行有序的操作。它将系统的一个工作过程分为若干个顺序相连的阶段,每个阶段称为步(状态)。

　　顺序控制的特点是将较复杂的生产过程分解成若干个工作步骤,每个工作步骤都包含一个具体的控制任务,即形成一个状态。由于顺序控制属于节拍性的工作流程,所以它可以不考虑相邻节拍中控制对象的互锁或联锁。这在某种程度上可使控制程序大大简化。

2. 流程图

首先来分析一下工业机械手一个循环周期的工作过程。从控制要求可以知道工业机械手的控制实际上是一个顺序控制,整个控制过程可分为如下 9 个阶段:初始阶段、下降阶段、抓紧阶段、上升阶段、伸出阶段、下降阶段、释放阶段、上升阶段、缩回阶段。每个阶段气爪又分别完成如下工作(动作):复位、下降、抓紧工件、上升、伸出、下降、释放工件、上升、缩回。各阶段之间只要条件成立就可以过渡(转移)到下一阶段。因此,可以很容易地画出工业机械手单循环流程图,如图 3-2 所示。

流程图大家并不陌生,那么,如何让 PLC 来识别大家所熟悉的流程图呢?下面就来学习如何将流程图转化为顺序功能图。

3. 顺序功能图

顺序功能图(Sequence Function Chart,SFC)又称状态转移图,它是一种用状态继电器来表示的工艺流程图,是 FX 系列 PLC 专门用于编制顺序控制程序的一种编程方式。SFC 以功能为主线,由步、有向连线、转换条件及动作或命令组成,如图 3-3 所示。

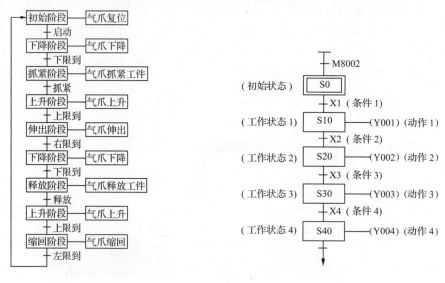

图 3-2 工业机械手单循环流程图   图 3-3 SFC

(1)步

在 SFC 中,步用矩形框表示,框内用 PLC 专设的状态继电器表示。在控制过程中,步被激活时,称此步为活动步;反之,称为非活动步。步的激活需要转换条件,控制过程开始阶段的活动步与初始状态相对应,称为初始步,它表示动作的预备状态。初始步用双线矩形框表示,每一个 SFC 至少应该有一个初始步。

(2)动作或命令

在 SFC 中,每一步都有对应要完成的动作或命令。当该步为活动步时,与该步相应的动作就被执行;反之,则不被执行。动作一般用 PLC 的线圈指令或功能指令来表示。

(3)有向连线

在 SFC 中,有向连线表示步与步之间的转移方向或转移顺序,一般自上而下的方向箭头可省略不画。

（4）转换条件

在 SFC 中，步的转换条件用一根与有向连线相垂直的短画线表示，步与步之间由转换条件分隔。每一步必须有转移到自身的转移条件，同时要有指向其他状态的转移条件，即每一步相当于"既有输入也有输出"。如果某步当前为活动步，且它后面的转移条件满足，则上一步的活动结束，下一步的活动开始。因此，不会出现活动步重叠的现象。

4. SFC 的编写原则

（1）在 SFC 中必须有初始步，且在 PLC 顺控执行时必须首先将其激活。

（2）步与步之间不能直接相连，必须由转移条件将它们隔开。

（3）转换与转换之间不能直接相连，必须由步将它们隔开。

（4）汇合到分支时，可通过插入一个空步将转换分开。

5. 绘制 SFC 的方法和步骤

那么，如何将流程图转化为 SFC 呢？

其实很简单，只要进行如下的变换：将流程图中的每一个工序或阶段用 PLC 的一个状态继电器来替代；将流程图中的每个阶段要完成的工作或动作用 PLC 的线圈指令或功能指令来替代；将流程图中各个阶段之间的转移条件用 PLC 的触点或回路块来替代；流程图中的箭头方向就是 SFC 中的转移方向。按照此种转换方法即可将图 3-2 所示工业机械手单循环流程图转换成 SFC，如图 3-4 所示。

由此可归纳出绘制 SFC 的方法和步骤：

（1）将整个控制过程按任务要求分解，其中的每一个工序都对应一步，并分配状态继电器。工业机械手控制的状态继电器分配如图 3-4 所示。

（2）搞清楚每步的功能、作用。步的功能是通过 PLC 驱动各种负载来完成的，负载可由状态元件直接驱动，也可由其他软触点的逻辑组合驱动。

（3）找出每步的转移条件和方向，即在什么条件下将下一步激活。步的转移条件可以是单一的触点，也可以是多个触点的串、并联电路的组合，如图 3-4 所示。

（4）根据控制要求或工艺要求，画出 SFC。

经过以上步骤和方法，可画出工业机械手一个工作循环的 SFC，如图 3-4 所示。

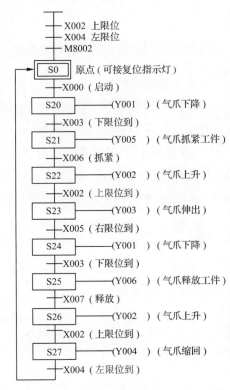

图 3-4　工业机械手单循环 SFC

由上可知，SFC 就是由步和转移条件及转移方向构成的流程图。步进顺控的编程过程就是设计 SFC 的过程，其一般思想为：将一个复杂的控制过程分解为若干个工作状态，搞清楚各状态的工作细节（各状态的功能、转移条件和转移方向），再依据总的控制顺序要求，将这些状态联系起来，就形成了 SFC。

6. 状态继电器

状态继电器是构成 SFC 的基本元素，是 PLC 的软元件之一。状态继电器除了在 SFC 中使用以外,也可以作为一般的辅助继电器使用。状态继电器的触点在 PLC 内部可以自由使用,次数不受限制。FX 系列 PLC 的状态继电器的分类、编号、数量及用途见表 3-1。

表 3-1 FX 系列 PLC 的状态继电器

类 别	FX$_{1S}$系列	FX$_{1N}$系列	FX$_{2N}$、FX$_{2NC}$系列	用 途
初始状态	S0～S9 10 点	S0～S9 10 点	S0～S9 10 点	用于 SFC 的初始状态
返回状态	S10～S19 10 点	S10～S19 10 点	S10～S19 10 点	用于返回原点状态
一般状态	S20～S127 108 点	S20～S999 980 点	S20～S499 480 点	用于 SFC 的中间状态
停电保持状态	S0～S127 128 点	S0～S999 1 000 点	S500～S899 400 点	用于保持停电前状态
信号报警状态	—	—	S900～S999 100 点	作为报警组件

注:1. 状态的编号必须在指定的范围内选择。

2. 通过改变参数设置,可改变一般状态继电器和停电保持状态继电器的地址分配。

二、步进顺控指令及其编程方法

1. 步进顺控指令

如何将 SFC 转换成梯形图呢?为了将 SFC 转换成梯形图,FX 系列 PLC 专门设置了步进顺控指令。

FX 系列 PLC 的步进顺控指令有两条:一条是步进触点(步进开始)指令 STL,一条是步进返回(步进结束)指令 RET。

STL 表示状态开始,用于启动(激活)某个状态。其梯形图符号为—[STL S□]—,独立占一行,操作组件 S□ 为状态继电器 S0～S899。

RET 指令用于返回主母线,其梯形图符号为—[RET],表示状态(S)流程的结束。

如图 3-5(a)所示,每个状态继电器有三个功能:驱动有关负载、指定转换目标和指定转移条件。状态继电器 S40 驱动输出 Y000,其转换条件为 X001,当 X001 的常开触点闭合时,状态 S40 向 S41 转换。如图 3-5(b)所示是对应的梯形图。

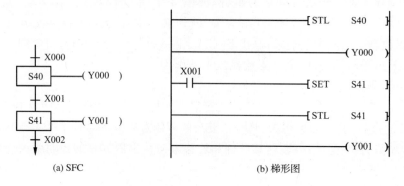

图 3-5 利用步进顺控指令将 SFC 转换成梯形图的说明

STL 指令独立占梯形图一行,与它相关的动作和转移需放在它的状态下方,表示只有当该状态活动(激活)时,与它相关的工作才执行,且仅当它下面的转移条件满足时,状态发生转移。在 STL 状态下的起始触点要用 LD/LDI 指令。使用 STL 指令使新的状态置位,前一状态自动复位。

STL 指令和 RET 指令是一对步进(开始和结束)指令。在一系列步进指令 STL 后,即所有状态结束后,必须用 RET 指令,表明步进顺控指令功能的结束。

2. 步进顺控的编程方法及注意事项

(1)SFC 的编程方法

SFC 中的状态有驱动负载、指定转移方向和转移条件三个要素。其中指定转移方向和转移条件是必不可少的,驱动负载则要看具体情况,也可能不进行实际负载的驱动。

SFC 的编程原则:先进行负载的驱动处理,然后进行状态的转移处理。

SFC 的编程方法和步骤:

①根据控制要求,列出 PLC 的 I/O 分配。

②将整个工作过程按工序进行分解,每个工序对应一个状态,将其分解为若干个状态。

③理解每个状态的功能和作用,设计驱动程序。

④找出每个状态的转移条件和转移方向。

⑤根据以上分析,画出控制系统的 SFC。

⑥根据 SFC 写出指令表。

(2)SFC 的编程注意事项

①与 STL 步进触点相连的触点应使用 LD/LDI 指令。

②初始状态可由其他状态驱动,但运行开始时,必须用其他方法预先驱动,否则流程不可能向下进行。

③STL 触点可以直接驱动或通过别的触点驱动 Y、M、S、T 等组件的线圈和应用指令。

④由于 CPU 只执行活动步对应的回路块,因此,使用 STL 指令时允许双线圈输出。

⑤在步的活动状态的转移过程中,相邻两步的状态继电器会同时 ON 一个扫描周期,可能会引发瞬时的双线圈问题。

⑥并行流程或选择流程中每一分支状态的支路数不能超过 8 条,总的支路数不能超过16 条。

⑦若为顺序不连续转移即跳转,不能使用 SET 指令进行状态转移,应改用 OUT 指令进行状态转移。

⑧STL 触点右边不能紧跟着使用 MPS 指令。STL 指令不能与 MC、MCR 指令一起使用。在 FOR-NEXT 结构中,子程序和中断程序中,不能有 STL 程序块,但 STL 程序块中可允许使用最多 4 级嵌套的 FOR、NEXT 指令。

⑨需要在停电恢复后继续维持停电前的运行状态时,可使用 S500~S899 停电保持状态继电器。

任务实施

一、实施内容

根据工业机械手的工作过程及控制要求,用 FX_{2N} 系列 PLC 实现工业机械手的控制。具体内容如下:

(1)分析控制要求,设计工业机械手 PLC 控制电路。

(2)编写工业机械手 PLC 控制程序。

(3)安装并调试工业机械手 PLC 控制系统。

(4)编制控制系统技术文件及说明书。

二、实施步骤

1. 系统控制电路设计

(1)PLC 的 I/O 地址分配

分析工业机械手的控制要求可知:系统有 8 个输入设备和 6 个输出设备。本任务选用 FX_{2N}-32MR PLC 来实现工业机械手的控制,其 I/O 地址分配见表 3-2。

表 3-2 工业机械手 PLC 控制 I/O 地址分配

输入设备	PLC 输入点	输出设备	PLC 输出点
启动按钮 SB_1	X000	升降气缸下降控制 KV_1	Y001
停止按钮 SB_2	X001	升降气缸上升控制 KV_2	Y002
升降气缸上限位检测开关 SQ_1	X002	伸缩气缸伸出控制 KV_3	Y003
升降气缸下限位检测开关 SQ_2	X003	伸缩气缸缩回控制 KV_4	Y004
伸缩气缸左限位检测开关 SQ_3	X004	气爪抓紧控制 KV_5	Y005
伸缩气缸右限位检测开关 SQ_4	X005	气爪释放控制 KV_6	Y006
气爪抓紧检测开关 SQ_5	X006		
气爪释放检测开关 SQ_6	X007		

(2)绘制系统控制电路

依据表 3-2 绘制工业机械手 PLC 控制电路,如图 3-6 所示。

2. 编写 PLC 控制程序

(1)绘制 SFC

根据控制要求和表 3-2,绘制工业机械手 PLC 控制 SFC,如图 3-7 所示。

(2)绘制梯形图

应用 PLC 步进指令将图 3-7 所示 SFC 转换成梯形图,如图 3-8 所示。

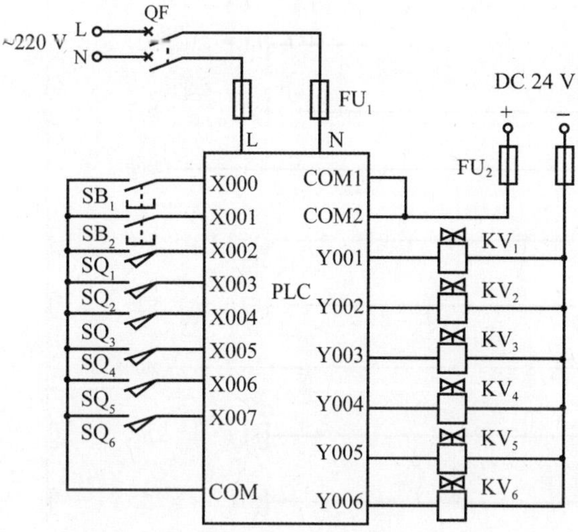

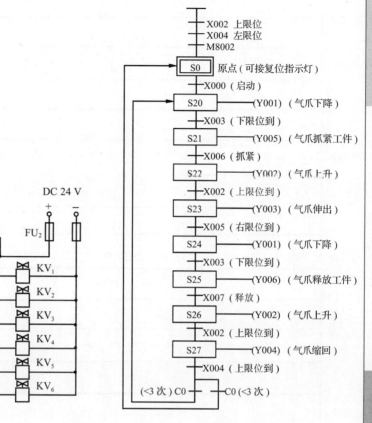

图 3-6 工业机械手 PLC 控制电路

图 3-7 工业机械手 PLC 控制 SFC

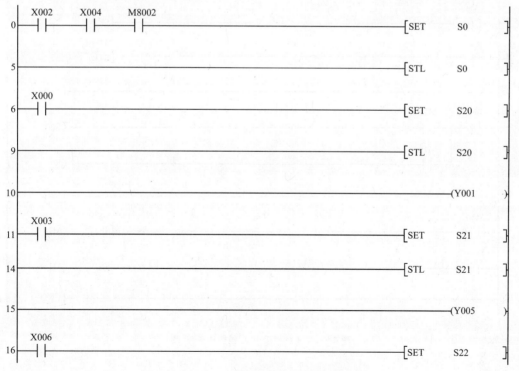

图 3-8 工业机械手 PLC 控制梯形图

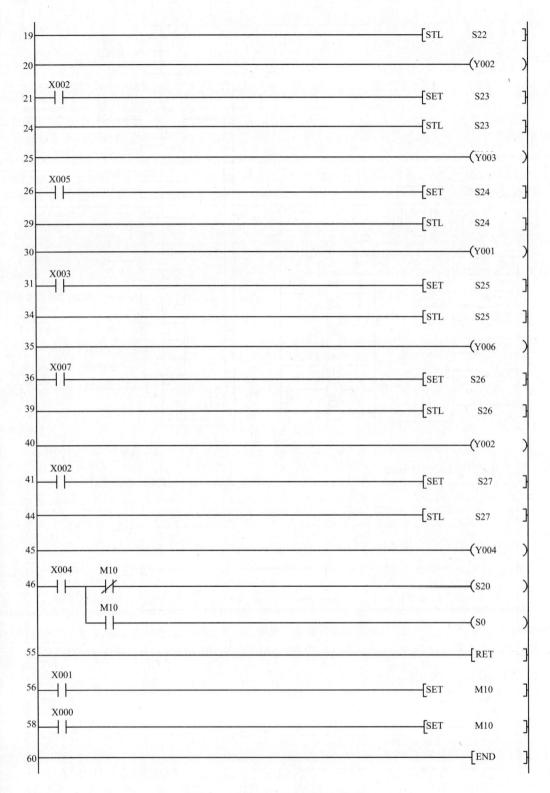

图 3-8 工业机械手 PLC 控制梯形图（续）

3. 安装接线

（1）工具、设备及材料

本任务所需工具、设备及材料见表3-3。

表 3-3　　　　　　　　　　　　　工具、设备及材料

序　号	分　类	名　称	型号规格	数 量	单 位	备 注
1	工具	常用电工工具	尖嘴钳、试电笔、剥线钳、螺钉旋具	1	套	
2		万用表	MF47	1	块	
3	设备	工业机械手实训装置	定制	1	台	
4		电源	AC 220 V	1	个	
5	材料	走线槽	TC3025	若干	m	
6		导线	BVR 1.5 mm²/BVR 1.0 mm²	若干	m	

（2）安装步骤

①检查元器件　按表3-3将元器件配齐，并检查元器件的规格是否符合要求、质量是否完好。

②固定元器件　按照安装接线图固定元器件。

③安装接线　根据配线原则及工艺要求，按照图3-6进行安装接线。

4. 输入程序

通过装有 GX Works 2 软件的计算机传送 PLC 程序。其主要步骤如下：

（1）PLC 在断电状态下，连接好 PC/PPI 电缆。

（2）打开 PLC 的前盖，将运行模式选择开关拨到"STOP"位置，此时 PLC 处于停止状态，可以进行程序编写。

（3）在用作编程器的计算机上，运行 GX Works 2 软件。

（4）选择"工程"→"创建新工程"选项，生成一个新项目；或者选择"工程"→"打开工程"选项，打开已有的项目。可以选择"工程"→"另存工程为"选项，修改工程的名称。

（5）将图 3-8 所示梯形图输入计算机，并进行转换。

（6）闭合电源开关，给 PLC 通电。

（7）单击 GX Works 2 软件导航窗口底部的"连接目标"按钮，设置通信参数。

（8）选择"在线"→"PLC 写入"选项，下载程序文件到 PLC 中。

（9）选择"在线"→"远程操作"选项，调整 PLC 为 RUN 状态。

（10）选择"在线"→"监视"→"监视模式"选项，进入监视模式。

（11）如果在实时监控中，发现 PLC 程序有错误需要修改，则必须关闭监视模式，在写入模式下才能修改程序。修改好的 PLC 程序必须重新写入 PLC，重新运行。

5. 通电调试

经自检、教师检查确认电路正常且无安全隐患后，就可以给整个控制系统通电调试了。

按下启动按钮 SB₁，系统应启动运行。按照控制要求，逐步调试，观察系统的运行情况是否符合控制要求。如果出现故障，应独立检修。电路检修完毕且梯形图修改完毕后应重新调试，直到系统能够正常工作。

任务 2 　十字路口交通信号灯 PLC 控制系统设计与调试

任务描述

图 3-9　十字路口交通信号灯

十字路口交通信号灯是现代道路交通中必不可少的交通指挥系统。本任务中的十字路口交通信号灯是一种简易的车辆交通信号灯,如图 3-9 所示。在十字路口的东、南、西、北方向装设红、绿、黄灯,要求控制系统具有手动和自动两种控制方式。

(1)手动控制时,东西、南北方向的黄灯同时闪烁,周期是 1 s。

(2)自动控制时,按下启动按钮,系统按照如图 3-10 所示要求开始工作(灯闪烁的周期均为 1 s),一直循环,直到按下停止按钮,所有灯熄灭。

图 3-10　十字路口交通信号灯自动控制时序

相关知识

一、SFC 的类型

1. 单流程

单流程指整个流程从头到尾只有一条路可走,中间没有分支。它的特点是每个状态的后面只有一个转移,而每个转移的后面只有一个状态,并按照顺序依次执行。

如图 3-4 所示工业机械手单循环 SFC 就是典型的单流程顺序控制实例。

2. 选择性流程及其编程

选择性流程指整个流程中有两个或两个以上分支,但只能从中选择一个分支执行,如图 3-11 所示。选择性流程中,分支处和汇合处用水平线表示。选择性流程中的分支选择条件不能同时成立,如图 3-11 所示,分支选择条件 X000、X010 不能同时接通。在状态 S20,根据 X000 和 X010 的状态决定执行哪一条分支。一旦 X000 接通,动作

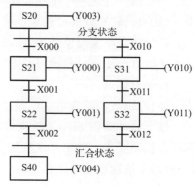

图 3-11　选择性流程

状态就向 S21 转移，S20 复位置 0。因此即使以后 X010 动作，S31 也不会被驱动。汇合状态 S40 可由 S22、S32 中任意一个驱动。如图 3-11 所示选择性流程在分支处和汇合处的编程处理方法如图 3-12 所示。

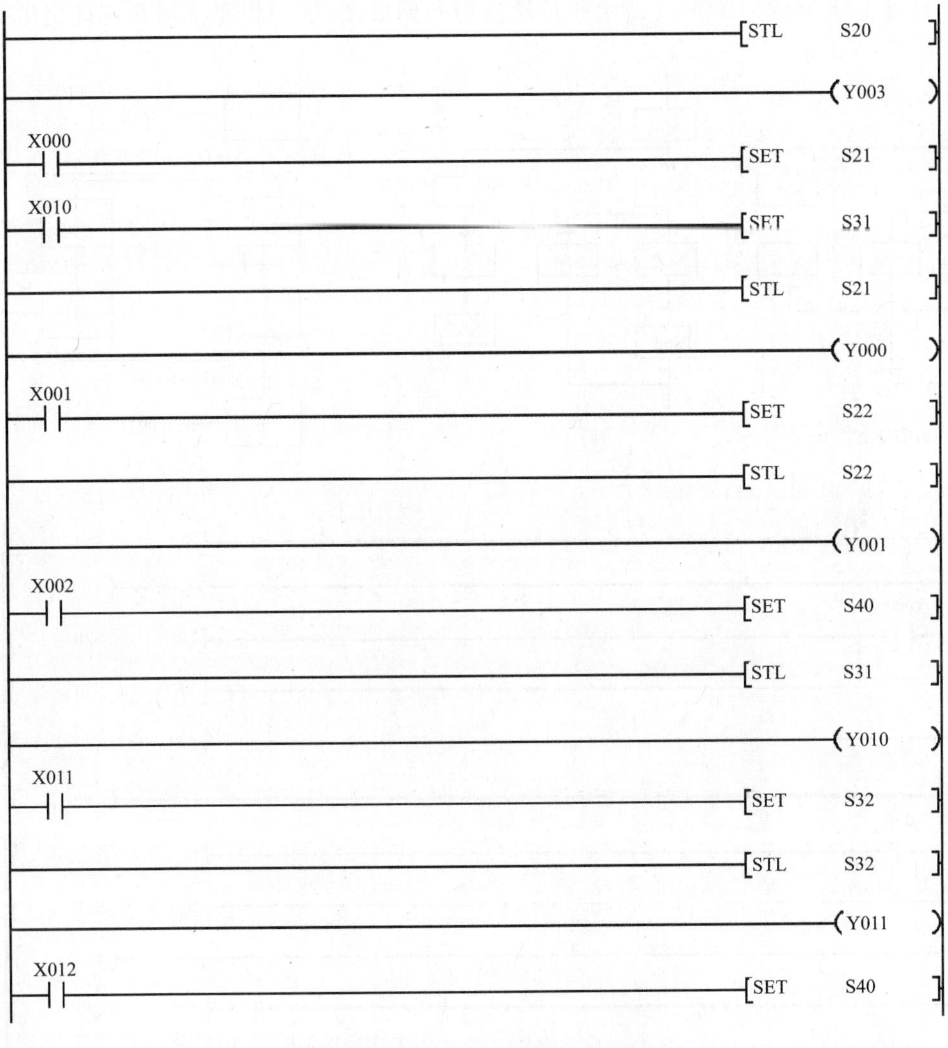

图 3-12　图 3-11 所示选择性流程的梯形图

与一般状态的编程一样，选择性流程编程时，先进行驱动处理，然后进行转移处理。所有的转移处理都按照从左到右的顺序进行。

注意　在分支与汇合的转移处理程序中，不能用 MPS、MRD、MPP、ANB、ORB 指令。此外，选择性流程中各分支不能交叉，如图 3-13(a) 所示流程必须按如图 3-13(b) 所示流程进行修改。

3. 并行性流程及其编程

并行性分支指整个流程中有两个或两个以上分支，各分支可同时执行，如图 3-14 所示。并行性流程中，分支处和汇合处用双水平线表示，用以表示实现同步转换。并行性流程中只允许有一个分支转换条件，并标在双水平线上。如图 3-14 所示，在状态 S10，当分支转换条件 X000 为 ON 时，状态 S20 和 S30 同时被激活。并行性流程中只允许有一个汇合转换条件，标在双水平线下。当 S21 和 S31 同时为活动状态时，汇合转换条件 X003 为 ON，状态 S40 才被激活。如图 3-15 所示为图 3-14 所示并行性流程的梯形图，这种程序结构在自动化生产线的控制程序中常用到。

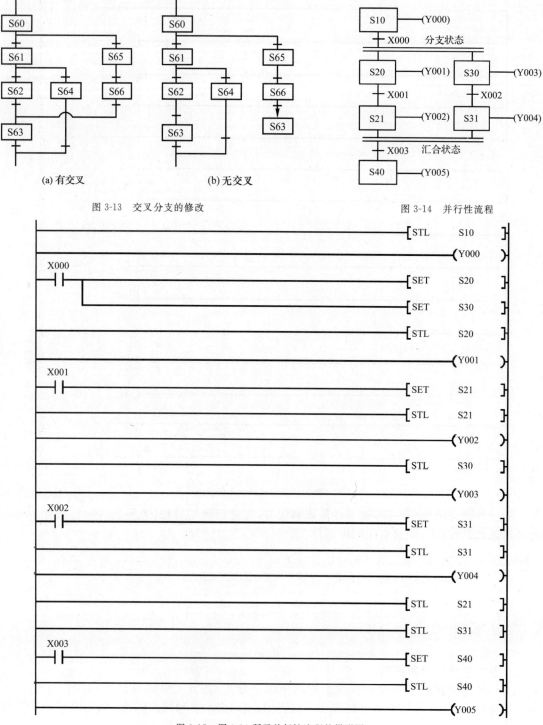

(a) 有交叉　　　　　　(b) 无交叉

图 3-13　交叉分支的修改　　　　　　　图 3-14　并行性流程

图 3-15　图 3-14 所示并行性流程的梯形图

4. 复杂流程的处理

有的流程中会出现多个分支汇合后，紧接着又出现分支与汇合组合的复杂情况。如图 3-16(a)和图 3-17(a)所示，从汇合转移到分支直接连接，而没有中间状态。对于这样的情况，一般在汇合线与分支线之间插入一个空状态，如图 3-16(b)和图 3-17(b)所示。

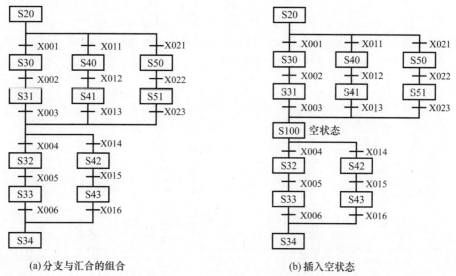

(a)分支与汇合的组合　　　　　　(b)插入空状态

图 3-16　选择性流程分支与汇合组合的处理

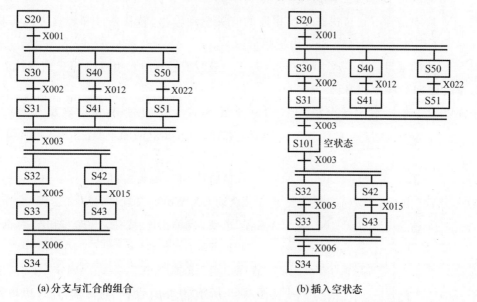

(a)分支与汇合的组合　　　　　　(b)插入空状态

图 3-17　并行性流程分支与汇合组合的处理

二、GX Works 2 软件的 SFC 编程

1. GX Works 2 软件的 SFC 编程说明

在 GX Works 2 软件中，可以直接用 SFC 进行编程。首先简单介绍一下 SFC 程序的基本结构。如图 3-18 所示为简单的 SFC 程序，它可分成梯形图块和 SFC 块两大块。

（1）梯形图块

梯形图块是在 SFC 程序中与主母线相连的程序段，如在程序开始时用于激活初始状态的程序段、用于紧急停止的程序段或是在 RET 指令后的用户程序段。它们的编辑方法与普通梯形图程序相同。

（2）SFC 块

如图 3-19 所示为用矩形框、连线、横线和箭头等表示的 SFC 块。在 SFC 程序中，一个 SFC 块表示一个 SFC 流程，一般以其初始状态的状态元件命名。一个 SFC 程序最多只能有 10 个 SFC 块。

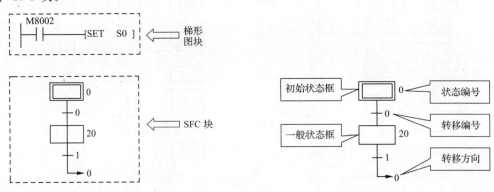

图 3-18 简单的 SFC 程序　　　　　　　　　　图 3-19 SFC 块

在 SFC 块中是看不到与状态母线相连的有关驱动输出、转移条件和转移方向等梯形图的。这些看不到的梯形图称为 SFC 内置梯形图。

对 SFC 块的编辑就是生成 SFC 图形，对它们进行编号及输入相应的 SFC 内置梯形图。

2. 单流程 SFC 程序的编制

下面以图 3-20 所示闪烁控制 SFC 为例介绍 SFC 程序的编制，该图表示 Y000、Y001、Y002 轮流循环闪烁（间隔 1 s），按下 X000，程序停止运行。

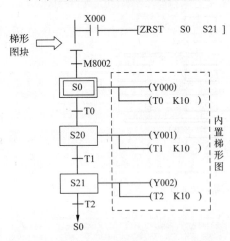

图 3-20 闪烁控制 SFC

（1）启动 SFC 编辑窗口

启动 GX Works 2 软件，选择"工程"→"创建新工程"选项，或单击 ⬜ 按钮，出现"新建"对话框，如图 3-21 所示。"系列"和"机型"按实际 PLC 选择，"程序语言"选择"SFC"。单击"确定"按钮，出现如图 3-22 所示"块信息设置"对话框，在这里填写初始梯形图块的标题，"标题"可以根据需要填写，也可以不填写。"块类型"选择"梯形图块"，表示首先要输入是的激活初始状态 S0 的梯形图块。单击"执行"按钮，出现编辑初始梯形图块的 SFC 编辑窗口，如图 3-23 所示。

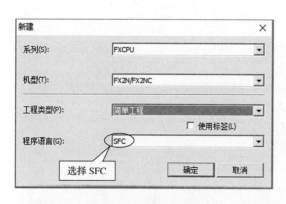

图 3-21 "新建"对话框

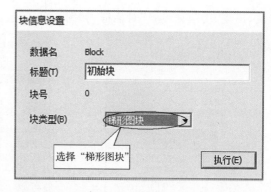

图 3-22 "块信息设置"对话框(1)

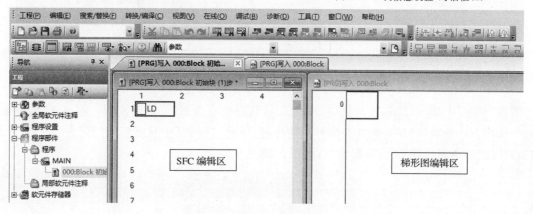

图 3-23 SFC 编辑窗口(1)

如图 3-23 所示,SFC 编辑窗口有两个区,一个是 SFC 编辑区,另一个是梯形图编辑区。不管是主母线相连的梯形图块,还是 SFC 内置梯形图,都在梯形图编辑区内编辑。

(2)输入初始梯形图块

将光标移入梯形图编辑区,编辑激活初始状态的梯形图块。编辑完毕后,发现该梯形图块为灰色,说明该程序还未编译。单击"程序变换"按钮，梯形图块将变成蓝色,说明程序编译完成,如图 3-24 所示。在梯形图编辑区中编辑的梯形图块输入完后都要进行"程序变换"操作。

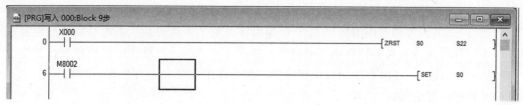

图 3-24 输入初始梯形图块

(3)SFC 块编辑

SFC 块编辑包括驱动输出程序编辑、转移条件编辑和程序转移编辑。

①SFC 块信息设置 鼠标右键单击导航窗口中"程序"文件夹中的"MAIN"文件,在打开的列表中选择"打开 SFC 块列表",如图 3-25 所示,出现如图 3-26 所示块列表窗口。双击第一

块,出现"块信息设置"对话框,如图 3-27 所示。

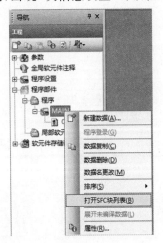
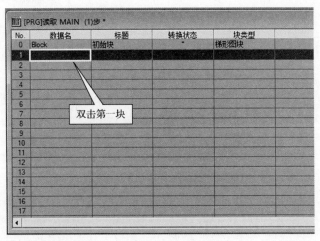

图 3-25　打开 SFC 块列表　　　　　　　　　　图 3-26　块列表窗口

在"标题"中填入"S0",表示是以 S0 为初始状态的一个 SFC 控制流程。在 SFC 编辑中,一个流程为一个块,以其初始状态编号为块标题,因此,"标题"中只能填入"S0"~"S9"。单击"执行"按钮,重新出现 SFC 编辑窗口,如图 3-28 所示。

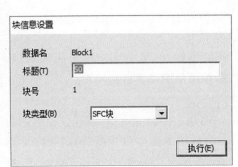
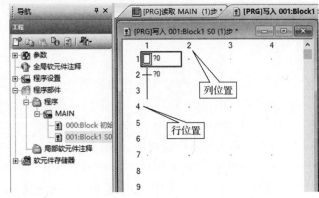

图 3-27　"块信息设置"对话框(2)　　　　　　图 3-28　SFC 编辑窗口(2)

②状态 S0 的内置梯形图编辑　在 SFC 编辑区出现了表示初始状态的双线矩形框及表示状态相连的有向连线和表示转移条件的横线。如图 3-28 所示,若双线矩形框和横线旁边显示"?"符号,表示状态 S0 还没有驱动输出梯形图。梯形图的左侧和上方各有一列数字,分别为行位置编号和列位置编号。

现对状态 S0 进行驱动输出梯形图编辑。双击双线矩形框,出现"SFC 符号输入"对话框,如图 3-29 所示。这是 SFC 编号输入对话框。其中,"图形符号"选择"STEP",表示对状态框进行编号,要求编号与状态框所用状态元件编号相同。现状态为 S0,则其编号为 0(注意:不是S0),单击"确定"按钮完成编号。

单击双线矩形框,将鼠标移入梯形图编辑区内单击,输入如图 3-30 所示状态 S0 的驱动输出梯形图块,再单击"程序变换"按钮，这时双线矩形框旁的"?"符号消失,表示状态 S0 的驱动输出梯形图已经内置。

图 3-29 "SFC 符号输入"对话框(1)

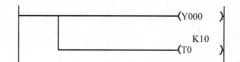

图 3-30 状态 S0 的驱动输出梯形图块

如果状态为空操作,即无内置梯形图,则仍然保留"?"符号,继续往下编辑,并不影响 SFC 程序整体转换。

③状态 S0 的转移条件编辑 双击横线,出现"SFC 符号输入"对话框,如图 3-31 所示。这是对转移条件(横线)进行编号设置的对话框。其中,"图形符号"选择"TR",表示对转移条件进行编号。转移条件不能像 SFC 一样,在横线边上标注"X000"等符号,而是按顺序标注"0""1""2"……其中"0"表示第 0 个转移条件。单击"确定"按钮,进行转移条件梯形图的编辑。

单击横线,将鼠标移入梯形图编辑区内单击,输入如图 3-32 所示状态 S0 的转移梯形图块,再单击"程序变换"按钮,这时横线旁的"?"符号消失,表示转移条件输入已经完成。

在 GX Works 2 软件里,用"TRAN"代替"SET S20"进行编辑,如图 3-32 所示。可以把"TRAN"看成编辑软件的转移指令,转移方向由软件自动完成。

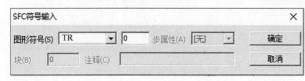

图 3-31 "SFC 符号输入"对话框(2)

图 3-32 状态 S0 的转移梯形图块

④状态 S20 的内置梯形图及转移方向的编辑 将鼠标移到 SFC 编辑区位置(4,1)处,单击鼠标左键,出现光标。再单击"状态"按钮,出现"SFC 符号输入"对话框,将"STEP"编号改为"20",如图 3-33 所示。单击"确定"按钮,出现状态 S20 矩形框及"?"符号,单击矩形框,将鼠标移入梯形图编辑区内单击,输入如图 3-34 所示状态 S20 的内置驱动输出梯形图块,再单击"程序变换"按钮。

图 3-33 "SFC 符号输入"对话框(3)

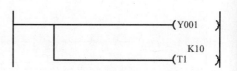

图 3-34 状态 S20 的内置驱动输出梯形图块

双击位置(5,1)处,出现如图 3-35 所示"SFC 符号输入"对话框,按顺序填入编号"1",单击"确定"按钮,出现转移条件横线及"?"符号。单击横线,在梯形图编辑区编辑如图 3-36 所示状态 S20 的转移梯形图块并转换。

图 3-35 "SFC 符号输入"对话框(4)

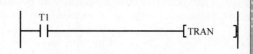

图 3-36 状态 S20 的转移梯形图块

⑤状态 S21 的内置梯形图及转移方向的编辑　将鼠标移到 SFC 编辑区位置(7,1)处,单击鼠标左键,出现光标。再单击"状态"按钮，出现"SFC 符号输入"对话框,将"STEP"编号改为"21",如图 3-37 所示。单击"确定"按钮,出现状态 S21 矩形框及"?"符号,单击矩形框,将鼠标移入梯形图编辑区内单击,输入如图 3-38 所示状态 S21 的内置驱动输出梯形图块,再单击"程序变换"按钮。

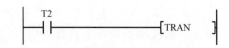

图 3-37　"SFC 符号输入"对话框(5)　　　　图 3-38　状态 S21 的内置驱动输出梯形图块

双击位置(8,1)处,出现如图 3-39 所示"SFC 符号输入"对话框,按顺序填入编号"2",单击"确定"按钮,出现转移条件横线及"?"符号。单击横线,在梯形图编辑区编辑如图 3-40 所示状态 S21 的转移梯形图块并转换。

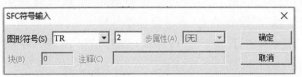

图 3-39　"SFC 符号输入"对话框(6)　　　　图 3-40　状态 S21 的转移梯形图块

⑥循环跳转的编辑　将鼠标移到 SFC 编辑区位置(10,1)处,单击鼠标左键,出现光标。再单击"跳转"按钮，出现"SFC 符号输入"对话框,如图 3-41 所示。"图形符号"选择"JUMP",表示跳转,其编号应填入跳转到的状态的编号。这里跳转到初始状态 S0,其编号为"0",所以填入"0",而不是"S0"。单击"确定"按钮,这时,会看到位置(10,1)处有一转向箭头指向 0,如图 3-42 所示。同时,在初始状态 S0 的双线矩形框内多了一个小黑点,这说明该状态为跳转的目标状态。至此,图 3-20 所示闪烁控制 SFC 程序编辑完毕。

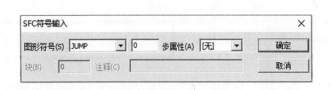

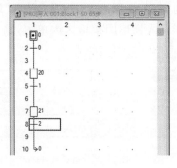

图 3-41　"SFC 符号输入"对话框(7)　　　　图 3-42　编辑完的闪烁控制 SFC 程序

(4)SFC 整体转换

上面的操作是将梯形图块和 SFC 块分别编制,而整体 SFC 及其内置梯形图并未串接在一起,因此,需要在 SFC 中进行 SFC 程序整体转换操作。操作方法:在 GX Works 2 软件中单击"转换(所有程序)"按钮或在键盘上按"Shift＋Alt＋F4"键,这样 SFC 编程才算全部完成。

注　意

　　如果 SFC 程序编辑完成,但未进行整体转换,一旦离开 SFC 编辑窗口,那 SFC 及其内置梯形图会丢失。

（5）SFC 程序编辑要点

上面是按照单流程 SFC 程序的顺序进行编辑操作的,即画出一个 SFC 图形,进行一次内置梯形图操作,但实际上不一定按顺序操作。也可以先画出全部 SFC 图形,再逐个图形地输入内置梯形图。还可以先画几个 SFC 图形,输入几个内置梯形图,再画几个 SFC 图形,输入几个内置梯形图,直至完成。具体操作因人而异,但基本操作是一致的,必须熟练掌握。

（6）SFC 程序与梯形图程序之间的转换

编辑好的 SFC 程序 PLC 不能执行,必须把它转换成梯形图程序才能执行。其操作过程如下:选择"工程"→"工程类型更改"选项,出现如图 3-43 所示"工程类型更改"对话框,"更改类型"选择"更改程序语言类型",单击"确定"按钮,出现如图 3-44 所示对话框,单击"确定"按钮,选择"程序"→"MAIN"选项,出现如图 3-45 所示梯形图程序。软件会自动生成 RET 和 END 指令。

如果想从梯形图程序转换成 SFC 程序,操作方法一致。

图 3-43　"工程类型更改"对话框　　　　图 3-44　工程类型更改确定对话框

图 3-45　由 SFC 程序转换成的梯形图程序

3. SFC 仿真

SFC 程序编辑完毕,和普通的梯形图程序一样也可以在仿真软件上进行仿真。

在导航窗口中,双击如图 3-46 所示块"001:MAIN-……",进入 SFC 编辑窗口,单击"模拟开始/停止"按钮▣,可以在 SFC 编辑区看到一个蓝色的方块在状态 S0、S20、S21 之间轮流跳跃,跳至的状态为有效状态,即正在执行中的状态。如果用鼠标单击某个状态,则该状态内置梯形图会同步显示在梯形图编辑区。当该状态为有效状态时,状态内各元件输出情况一目了然。如欲退出仿真,单击按钮▣。

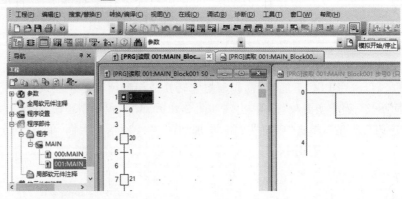

图 3-46　SFC 程序仿真

4. 选择性和并行性流程 SFC 程序的编制

选择性和并行性流程 SFC 程序的编制与单流程 SFC 程序的编制是相同的。只是选择性和并行性流程 SFC 程序的编制要用到分支图形工具。如图 3-47 所示为生成线输入按钮,如图 3-48 所示为画线输入按钮。利用这些工具按钮可编制出各种各样的 SFC 程序。

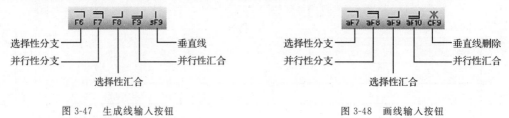

图 3-47　生成线输入按钮　　　　　　　图 3-48　画线输入按钮

 任务实施

一、实施内容

根据十字路口交通信号灯的工作过程及控制要求,用 FX$_{2N}$ 系列 PLC 实现交通信号灯的控制。具体内容如下:

(1)分析控制要求,设计十字路口交通信号灯 PLC 控制电路。

(2)编写十字路口交通信号灯 PLC 控制程序。

(3)安装并调试十字路口交通信号灯 PLC 控制系统。

(4)编制控制系统技术文件及说明书。

二、实施步骤

1. 系统控制电路设计

（1）PLC 的 I/O 地址分配

分析十字路口交通信号灯的控制要求可知：系统有 4 个输入设备和 6 个输出设备。本任务选用 FX$_{2N}$-32MR PLC 来实现十字路口交通信号灯的控制，其 I/O 地址分配见表 3-4。

交通灯控制

表 3-4　　　　　十字路口交通信号灯 PLC 控制 I/O 地址分配

输入设备	PLC 输入点	输出设备	PLC 输出点
选择开关手动挡 K	X000	南北方向绿灯 EL$_1$	Y000
选择开关自动挡 K	X001	南北方向黄灯 EL$_2$	Y001
启动按钮 SB$_1$	X002	南北方向红灯 EL$_3$	Y002
停止按钮 SB$_2$	X003	东西方向绿灯 EL$_4$	Y003
		东西方向黄灯 EL$_5$	Y004
		东西方向红灯 EL$_6$	Y005

（2）绘制系统控制电路

依据表 3-4 绘制十字路口交通信号灯 PLC 控制电路，如图 3-49 所示。所有灯电压均为 DC 24 V。

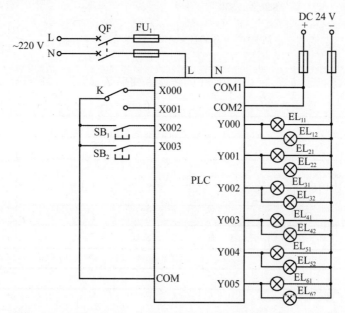

图 3-49　十字路口交通信号灯 PLC 控制电路

2. 编写 PLC 控制程序

（1）绘制 SFC

根据控制要求和表 3-4，按照并行性流程结构绘制十字路口交通信号灯 PLC 控制 SFC，如图 3-50 所示。

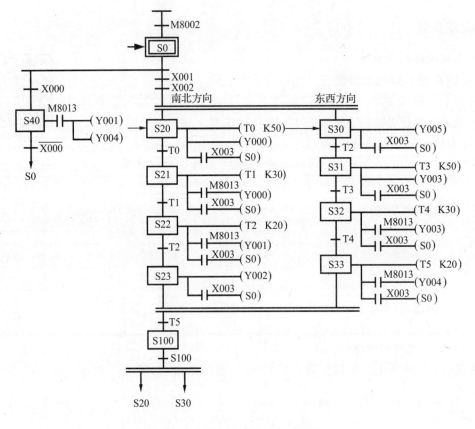

图 3-50　十字路口交通信号灯 PLC 控制 SFC

（2）控制梯形图

应用 PLC 步进指令将图 3-50 所示 SFC 转换成梯形图，如图 3-51 所示。

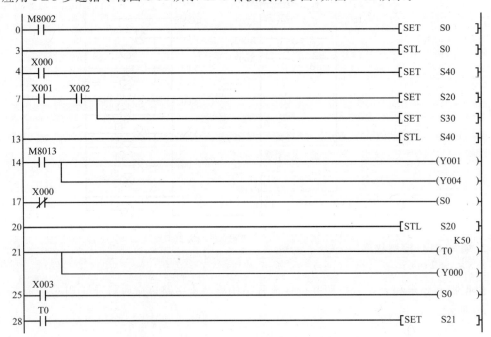

图 3-51　十字路口交通信号灯 PLC 控制梯形图

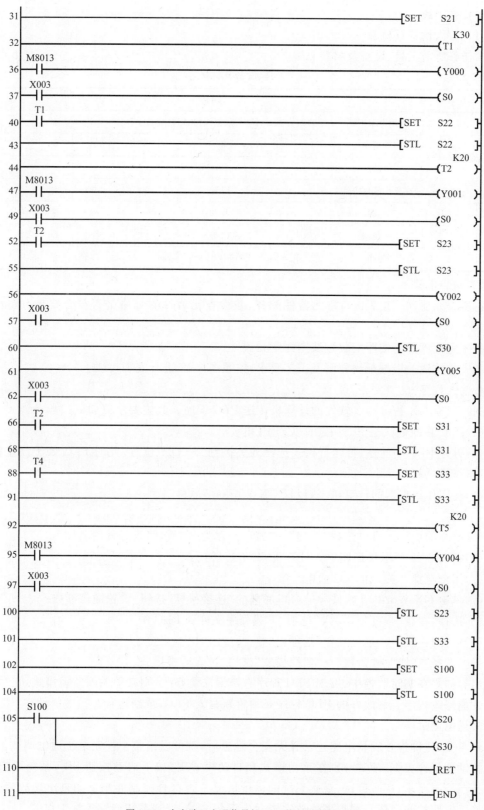

图 3-51　十字路口交通信号灯 PLC 控制梯形图(续)

3. 安装接线

（1）工具、设备及材料

本任务所需工具、设备及材料见表 3-5。

表 3-5 工具、设备及材料

序 号	分 类	名 称	型号规格	数 量	单 位	备 注
1	工具	常用电工工具	尖嘴钳、试电笔、剥线钳、螺钉旋具	1	套	
2		万用表	MF47	1	块	
3	设备	PLC	FX$_{2N}$-32MR	1	台	
4		交通信号灯组件	定制	1	台	
5		电源	AC 220 V	1	个	
6	材料	走线槽	TC3025	若干	m	
7		导线	BVR 1.5 mm^2/BVR 1.0 mm^2	若干	m	

（2）安装步骤

①检查元器件　按表 3-5 将元器件配齐，并检查元器件的规格是否符合要求、质量是否完好。

②固定元器件　按照安装接线图固定元器件。

③安装接线　根据配线原则及工艺要求，按照图 3-49 进行安装接线。

4. 输入程序

通过装有 GX Works 2 软件的计算机传送 PLC 程序。其主要步骤如下：

（1）PLC 在断电状态下，连接好 PC/PPI 电缆。

（2）打开 PLC 的前盖，将运行模式选择开关拨到"STOP"位置，此时 PLC 处于停止状态，可以进行程序编写。

（3）在用作编程器的计算机上，运行 GX Works 2 软件。

（4）选择"工程"→"创建新工程"选项，生成一个新项目；或者选择"工程"→"打开工程"选项，打开已有的项目。可以选择"工程"→"另存工程为"选项，修改工程的名称。

（5）将图 3-51 所示梯形图输入计算机，并进行转换。

（6）闭合电源开关，给 PLC 通电。

（7）单击 GX Works 2 软件导航窗口底部的"连接目标"按钮，设置通信参数。

（8）选择"在线"→"PLC 写入"选项，下载程序文件到 PLC 中。

（9）选择"在线"→"远程操作"选项，调整 PLC 为 RUN 状态。

（10）选择"在线"→"监视"→"监视模式"选项，进入监视模式。

（11）如果在实时监控中，发现 PLC 程序有错误需要修改，则必须关闭监视模式，在写入模式下才能修改程序。修改好的 PLC 程序必须重新写入 PLC，重新运行。

5. 通电调试

经自检、教师检查确认电路正常且无安全隐患后，就可以给整个控制系统通电调试了。

拨动选择开关 K，使其分别在手动模式和自动模式下，按下启动按钮 SB$_1$，系统应启动运行。按照控制要求，逐步调试，观察系统的运行情况是否符合控制要求。如果出现故障，应独立检修。电路检修完毕且梯形图修改完毕后应重新调试，直到系统能够正常工作。

思考与练习

1. 冲床机械手的运动如图 3-52 所示, 其控制要求如下: 初始状态时, 机械手在最左边, X004 为 ON; 冲头在最上面, X003 为 ON; 机械手释放工件, Y000 为 OFF。按下启动按钮, Y000 变为 ON, 工件被抓紧并保持, 2 s 后, Y001 被置位, 机械手右行, 直到碰到 X001, 以后将顺序完成以下动作: 冲头下行→冲头上行→机械手左行→机械手释放工件。延时 1 s 后, 系统返回初始状态, 各限位开关和定时器提供的信号是各步之间的转换条件。设计 PLC 控制电路和控制系统的程序(包括 SFC、梯形图)。

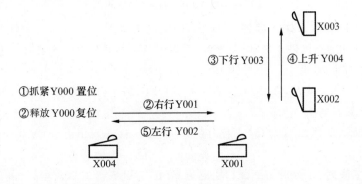

图 3-52 冲床机械手的运动

2. 如图 3-53 所示, 初始状态时, 压钳和剪刀在上限位置, X000 和 X001 为 1 状态。按下启动按钮, 工作过程如下: 首先板料右行(Y000 为 1 状态)至限位开关 X003 为 1 状态, 然后压钳下行(Y001 为 1 状态并保持)。压紧板料后, 压力继电器为 1 状态, 压钳保持压紧, 剪刀开始下行(Y002 为 1 状态)。剪断板料后, X002 变为 1 状态, 压钳和剪刀同时上行, 均停止后, 又开始下一周期的工作, 剪完 5 块板料后停止工作并停在初始状态。试设计 PLC 控制电路和系统的程序(包括 SFC、梯形图)。

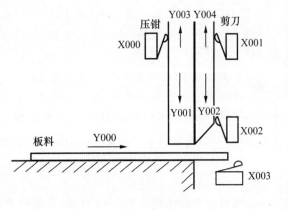

图 3-53 压钳和剪刀的运动

3. 液体混合装置的结构如图 3-54 所示。图中, L_1、L_2、L_3 为液面传感器, 液面淹没时接通; 两种液体的进液和混合液体的放液阀门分别由电磁阀 YV_1、YV_2、YV_3 控制; M 为搅拌电动机, 用于将液体搅拌均匀。

控制要求如下:

(1)初始状态: 当装置投入运行时, 液体 A、液体 B 进液阀门关闭($YV_1 = YV_2 = $ OFF), 放液阀门关闭, 容器是空的。

(2)启动操作: 按下启动按钮 SB_1, 液体混合装置开始按下列过程动作:

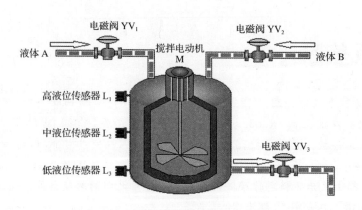

图 3-54　液体混合装置的结构

①YV_1＝ON，液体 A 流入容器，液面上升；当液面达到 L_2 处时，L_2＝ON，使 YV_1＝OFF，即液体 A 进液阀门关闭，停止液体 A 流入；同时，YV_2＝ON，即打开液体 B 进液阀门，液体 B 开始流入，液面上升。

②当液面达到 L_1 处时，L_1＝ON，使 YV_2＝OFF，M＝ON，即关闭液体 B 进液阀门，停止液体 B 流入，开始搅拌。

③搅拌电动机工作 20 s 后，停止搅拌（M＝OFF），放液阀门打开（YV_3＝ON），开始放液，液面开始下降。

④当液面下降到 L_3 处时，L_3 由 ON 变为 OFF，再过 5 s，容器放空，放液阀门关闭，开始下一循环周期。

（3）停止操作：在工作过程中，按下停止按钮 SB_2，搅拌电动机并不立即停止工作，而要将当前的混合工作处理完毕（当前周期循环到底）后，才停止操作，即停在初始位置上，否则会造成浪费。

设计并调试 PLC 控制的液体混合装置。

4.设计调试工业洗衣机的 PLC 控制系统。其控制要求如下：启动后，洗衣机进水，高水位开关动作时，开始洗涤。正转洗涤 20 s，暂停 3 s 后，反转洗涤 20 s，暂停 3 s 后，再正转洗涤，如此循环 3 次，洗涤结束。然后排水，当水位下降到低水位时进行脱水（同时排水），脱水时间为 10 s。这样完成一个大循环，经过 3 次大循环后洗衣结束，并且报警，报警 10 s 后全过程结束，自动停机。

5.配料小车的工作如图 3-55 所示，其控制要求如下：初始状态时，小车停止在原点（SQ_1 被压）。按启动按钮 SB_1，运料小车从原点开始右行，当到达 A 处（碰 SQ_2）时停止，装料斗 A 打开装料 5 s，然后小车继续右行到达 B 处（碰 SQ_3）停止，装料斗 B 打开装料 3 s，随后小车开始左行返回原点（碰 SQ_1）停止，开始卸料 5 s，完成一次循环。

试分别按以下四种情况进行设计，并调试运行：

（1）小车连续与单次循环可按 SB_3 自锁按钮进行选择：当 SB_3＝0 时，小车连续循环；当 SB_3＝1 时，小车单次循环。根据要求画出 SFC，列出 I/O 地址分配，写出梯形图或语句表程序。

（2）小车连续循环，按停止按钮 SB_2，小车完成当前运行环节后，立即返回原点，直到碰到 SQ_1 停止；再按启动按钮 SB_1，小车重新运行。根据要求画出 SFC，列出 I/O 地址分配，写出梯

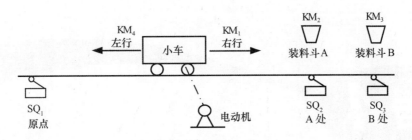

图 3-55　配料小车的工作

形图或语句表程序。

（3）小车连续做 3 次循环后自动停止，中途按停止按钮 SB₂，小车完成当前循环后才能停止。根据要求画出 SFC，列出 I/O 地址分配，写出梯形图或语句表程序。

（4）按启动按钮 SB₁，小车从原点启动，小车右行至 A 处，装料斗 A 装料 5 s，随后小车左行返回原点卸料 5 s，然后小车再次右行到达 B 处装料 3 s，随后小车左行返回原点停止，同时卸料 5 s，完成一次循环。启动后，小车连续做 3 次循环后自动停止。中途按下停止按钮 SB₂，小车立即停止（装料斗装料及小车卸料均不受此限制）。当再按启动按钮 SB₁ 时，小车继续运行。根据要求画出 SFC，列出 I/O 地址分配，写出梯形图或语句表程序。

6. 小球自动化生产线包装单元控制系统如图 3-56 所示，其控制要求如下：系统启动前，按下数量选择按钮 SB₁、SB₂、SB₃，可选择每盒装入 5 个、10 个或 15 个小球，而且面板对应的指示灯 H₁（5 个）、H₂（10 个）或 H₃（15 个）亮。按启停按钮 K，传送带电动机运转，延时 5 s 后包装筒到位，传送带停止。电磁阀 YV 打开，自动化生产线上装有小球的漏斗形装置中的小球落下，通过光电传感器 S 对装入包装盒的小球进行计数。包装盒中的小球达到预定数量后，电磁阀关闭，传送带自动启动，使包装过程自动连续进行。

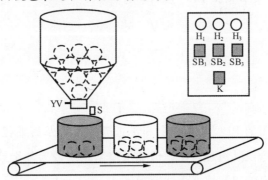

图 3-56　某小球自动化生产线包装单元控制系统

如果当前包装过程正在进行，需要改变装入小球的数量（如由 5 个改为 10 个），只能在当前包装盒装满后，从下一个包装盒开始改变装入小球的数量。如果在包装进行过程中断开按钮 K，系统必须完成当前包装后才可以停止。

试设计小球自动化生产线包装单元的 PLC 控制系统。

项目4

PLC功能指令及应用

学习目标

(1)熟悉 FX 系列 PLC 功能指令的基本规则。

(2)掌握 PLC 常用功能指令的作用及应用。

(3)掌握使用 FX_{2N} 系列 PLC 功能指令编写程序的方法和技巧。

(4)能用 PLC 功能指令编写简单 PLC 控制程序。

(5)掌握 PLC 程序调试的基本流程。

(6)会安装和调试 PLC 控制系统。

 项目综述

在前面的项目中学习的 PLC 基本指令和步进顺控指令及其编程方法是 PLC 最基本、也是最常用的逻辑控制指令及其编程方法。但如果控制系统较为复杂或有特殊功能处理要求，用基本指令编写的程序可能很长或者无法实现。

本项目通过旋转刀盘 PLC 控制系统设计与调试、霓虹灯广告屏 PLC 控制系统设计与调试和自动化生产线配料小车 PLC 控制系统设计与调试三个工作任务，学习 PLC 功能指令的基本规则、常用功能指令及其编程方法。这三个任务都是较为复杂的逻辑控制系统，用基本指令编程比较困难，而采用 PLC 功能指令编程较易实现。通过学习，读者会对 PLC 功能指令的基本规则和常用功能指令的作用及应用有初步的了解，并可掌握常用功能指令及其编程方法，提高自己的编程能力和水平。

任务 1　旋转刀盘 PLC 控制系统设计与调试

 任务描述

刀盘是加工机床中的一个重要组成部分。某组合加工机床的旋转刀盘上有 6 把均匀分布的刀,每把刀对应位置都安装有一个接近开关,如图 4-1 所示。当某把刀到达机械手位置时,对应的接近开关发出信号(ON),表示该刀到达换刀位置。$SQ_1 \sim SQ_6$ 分别为 6 把刀到位接近开关,按钮 $SB_1 \sim SB_6$ 分别为 6 把刀选择按钮。

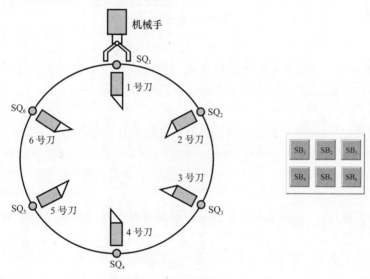

图 4-1　旋转刀盘

(1)初始状态时,PLC 记录并显示当前刀号。

(2)当按下按钮 $SB_1 \sim SB_6$ 中的任何一个时,PLC 记录该刀号,然后旋转刀盘向离请求刀号最近的方向转动。旋转刀盘转动到请求刀位置时,到位指示灯亮,机械手开始换刀,同时显示该刀号,换刀指示灯闪烁。5 s 后换刀结束。

(3)换刀过程中,其他换刀请求信号均无效。换刀完毕,记录当前刀号,等待下一次换刀请求。

 相关知识

不同系列、不同型号的 PLC 具有不同数量和不同格式的功能指令,但是其功能大同小异。下面以三菱 FX_{2N} 系列 PLC 为例介绍本任务相关的部分功能指令。

功能指令(Functional Instruction)主要用于数据的运算、转换及其他控制功能。许多功能指令有强大的功能,往往一条指令就可以实现几十条基本指令才能实现的功能,还有许多功能指令具有基本指令难以实现的功能。实际上，功能指令是许多功能不同的子程序。

一、FX_{2N}系列 PLC 功能指令的基本规则

1. 功能指令的表示形式

与基本指令不同，功能指令并不表达梯形图符号间的相互关系，而是直接表达该指令的功能。FX_{2N}系列 PLC 功能指令都按功能编号（FNC00～FNC□□□）编排，在梯形图中用方括号表示，功能指令的格式及要素如图 4-2 所示，一般由助记符加操作数两部分构成，有的功能指令只有助记符而没有操作数。

源操作数[S·]
目标操作数[D·]
其他操作数[n]
X000
MEAN D0 D4Z0 K3
操作数
助记符

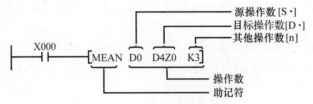

图 4-2　功能指令的格式及要素

如图 4-2 所示为一条取平均值的功能指令，其功能是将 D0 开始的 3 个数据寄存器（D0、D1、D2）数据求平均值，运算结果存放到 D4Z0 中。图 4-2 中[S・]、[D・]、[n]所表示的意义如下：

[S・]表示源操作数，其内容不随指令执行而变化。在源操作数多时，用[S1・][S2・]等表示。

[D・]表示目标操作数，其内容随指令执行而变化。在目标操作数多时，用[D1・][D2・]等表示。

[n]表示其他操作数，常用来表示常数或者作为源操作数或目标操作数的补充说明，可用十进制的 K、十六进制的 H 和数据寄存器 D 来表示。在需要表示多个这类操作数时，可用[n1]、[n2]等表示。此外，其他操作数还可用[m]来表示。

功能指令的功能号和指令助记符占 1 个程序步，操作数占 2 个或者 4 个程序步（16 位操作数占 2 个程序步，32 位操作数占 4 个程序步）。

2. 功能指令的数据长度

功能指令可处理 16 位数据和 32 位数据。在处理 32 位数据时，可在助记符前加 D 表示，如图 4-3 所示。MOV 处理的是 16 位数据，而 DMOV 处理的是 32 位数据。32 位数据用组件号相邻的两个组件组成组件对存放，指令中只写组件对的首地址，末地址系统会自动占用，一般首地址用偶数编号，以免在编程时搞错。

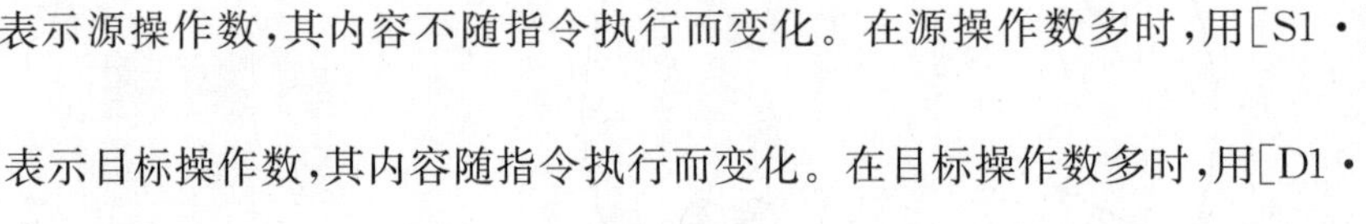

X000
MOV D10 D12
（将D10中的16位数据传送到D12中）
X001
DMOV D20 D22
（将D21和D20中的32位数据传送到D23和D22中）

图 4-3　16 位和 32 位数据处理

3. 功能指令的执行方式

FX_{2N}系列 PLC 功能指令有连续执行和脉冲执行两种方式。如果是脉冲执行方式，可在助记符后加 P 表示，如图 4-4 所示。

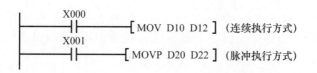

图 4-4　脉冲执行方式和连续执行方式

如图 4-4 所示,第一行表示连续执行方式,即当 X000 为 ON 时,上述指令在每个扫描周期都被重复执行一次。第二行表示脉冲执行方式,即当 X001 由 OFF 转为 ON 时的第一个扫描周期执行一次。

D 和 P 可同时使用,如 DMOVP 表示 32 位数据的脉冲执行方式。注意,某些指令如 XCH、INC、DEC 和 ALT 等,用连续执行方式时要特别留心。

4. 功能指令操作数

(1) 数据寄存器(D)

数据寄存器是用于存储数值型数据的,这些寄存器都是 16 位(最高位为符号位),可处理的数值范围为 $-32\ 768 \sim +32\ 767$,两个相邻的数据寄存器可组成 32 位数据寄存器(最高位为符号位),可处理的数据范围为 $-2\ 147\ 483\ 648 \sim +2\ 147\ 483\ 647$。FX$_{2N}$ 系列 PLC 数据寄存器有如下几类:

① 通用数据寄存器(D0 ~ D199)　共 200 点。通用数据寄存器一旦写入数据,只要不再写入其他数据,其内容就不会变化。但是,在 PLC 从运行到停止或停电时,所有数据将被清零(如果驱动保持特殊辅助继电器 M8033,则可以保持)。

② 断电保持数据寄存器(D200 ~ D7999)　共 7 800 点。只要不改写,无论 PLC 从运行到停止,还是停电时,断电保持数据寄存器将保持原有的数据。

如果采用并联通信功能,从主站到从站时,D490 ~ D499 作为通信占用;从从站到主站时,D500 ~ D509 作为通信占用。

③ 特殊数据寄存器(D8000 ~ D8255)　共 256 点。特殊数据寄存器用于监控机内组件的运行方式。在电源接通时,利用系统只读存储器写入初值。例如,在 D8000 中,存有监视定时器的时间设定值,它的初始值由系统只读存储器在通电时写入,要改变时可利用传送指令写入。

④ 文件寄存器(D1000 ~ D7999)　以 500 点为单位,可被外围设备存取。文件寄存器实际上被设置为 PLC 的参数区,它与断电保持数据寄存器是重叠的,以保证数据不丢失。

(2) 位组合数据

只处理 OFF/ON 状态的组件称为位组件,例如前面介绍的输入继电器 X、输出继电器 Y、辅助继电器 M 和状态继电器 S 等都是位组件。而处理大量数据信息的 16 位数据存储器 D 以及存储定时器 T、计数器 C 等当前值寄存器等均属于字符件。

位组件可以组合成为多位数据单元,称为位组合数据,一般由 4 个位组件为 1 个基本单元组。在功能指令中,常常用 KnX□、KnY□、KnM□、KnS□ 这种位组合数据形式表示 1 个基本单元组数据,其中 n 表示单元组数,X□ 表示首地址,例如:

K1X000 表示 X000 为起始位的 1 个基本单元组数据,即表示由 X003 ~ X000 4 个输入继电器组成 4 位数。

K2X010 表示 X010 为起始位的 2 个基本单元组数据,即表示由 X017 ~ X010 8 个输入继电器组成 8 位数。

K3Y000 表示 Y000 为起始位的 3 个基本单元组数据,即表示由 Y011～Y000 12 个输出继电器组成 12 位数。

K4Y000 表示 Y000 为起始位的 4 个基本单元组数据,即表示由 Y015～Y000 16 个输出继电器组成 16 位数。

(3)变址寄存器

变址寄存器在传送、比较指令中用来修改操作对象的组件号,其操作方式与普通数据寄存器一样。对于 32 位指令,V、Z 自动组对使用,V 表示高 16 位,Z 表示低 16 位。

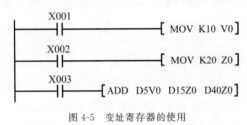

图 4-5　变址寄存器的使用

如图 4-5 所示,K10 传送到 V0,K20 传送到 Z0,所以 V0、Z0 的内容为 10、20。执行(D5V0)+(D15Z0)→(D40Z0),即执行(D15)+(D35)→(D60)。若改变 Z0、V0 的值,则可完成不同数据寄存器的求和运算。这样,使用变址寄存器可以使编程简化。

(4)指针(P、I)

在 FX$_{2N}$ 系列 PLC 中,指针用来指示分支指令的跳转目标和中断程序的入口标号,分为分支用指针和中断用指针。

①分支用指针(P0～P127)　FX$_{2N}$ 系列 PLC 有 P0～P127 共 128 点分支用指针。分支用指针用来指示跳转指令(CJ)的跳转目标或子程序调用指令(CALL)调用子程序的入口地址。

如图 4-6 所示,当 X000 常开接通时,执行跳转指令 CJ P0,PLC 跳到标号为 P0 处之后的程序去执行。

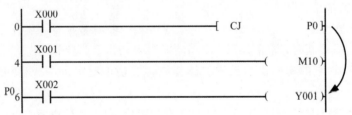

图 4-6　分支用指针

②中断用指针(I0□□～I8□□)　中断用指针用来指示某一中断程序的入口地址。执行中断后遇到 IRET(中断返回)指令,则返回主程序。中断指针有以下三种类型:

● 输入中断用指针(I00□～I50□)　共 6 点,用来指示由特定输入端的输入信号而产生中断的中断服务程序的入口地址。这类中断不受 PLC 扫描周期的影响,可以及时处理外界信息。输入中断用指针的编号格式如图 4-7 所示。

例如,I101 为当输入 X001 OFF→ON 变化时,执行以 I101 为标号的中断程序,并根据 IRET 指令返回。

● 定时器中断用指针(I6□□～I8□□)　共 3 点,用来指示周期定时中断的中断服务程序的入口地址。这类中断的作用是 PLC 以指定的周期定时执行中断服务程序,定时循环处理某些任务,处理的时间也不受 PLC 扫描周期的限制。□□表示定时范围,可在 10～99 ms 中选取。定时器中断用指针的编号格式如图 4-8 所示。

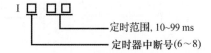

图 4-7　输入中断用指针的编号格式　　　　图 4-8　定时器中断用指针的编号格式

● 计数器中断用指针(I010～I060)　共 6 点,用在 PLC 内置的高速计数器中。根据高速计数器的计数当前值与计数设定值之间的关系确定是否执行中断服务程序,常用于利用高速计数器优先处理计数结果的场合。计数器中断用指针的编号格式如图 4-9 所示。

图 4-9　计数器中断指针的编号格式

(5)常数(K、H)

K 表示十进制整数,用来指定定时器/计数器的设定值及应用功能指令的操作数值;H 表示十六进制数,用来表示应用功能指令的操作数值。例如,30 用十进制表示为 K30,用十六进制则表示为 H1E。

二、本任务相关的功能指令

FX$_{2N}$系列 PLC 的功能指令较多,为了便于更好地应用和记忆,根据其功能,可分为过程控制、传送与比较、算术与逻辑运算、循环与移位、数据处理、高速处理、方便、外围设备 I/O、外围设备通信、浮点数等功能指令。目前 FX$_{2N}$系列 PLC 的功能指令已有 128 条。随着应用领域的扩展,制造技术的提高,功能指令的数量还将不断地增加,功能也将不断地增强。本任务编程中所涉及的功能指令主要有传送与比较和四则逻辑运算类功能指令。

1. 传送与比较指令

FX$_{2N}$系列 PLC 传送与比较指令共有 10 条。这里只介绍与本任务相关的及常用的几个传送与比较指令,其他指令请读者参考 FX$_{2N}$系列 PLC 编程手册。

(1)传送指令

①指令格式　传送指令的名称、功能号、助记符、操作数及程序步数见表 4-1。

表 4-1　　　　　　　　　　　　　　　　传送指令

名　称	功能号/助记符	操作数		程序步数
		[S·]	[D·]	
传送	FNC12/(D)MOV(P)	K、H	K、H	16 位:5 32 位:9
		KnX、KnY、KnM、KnS	KnY、KnM、KnS	
		T、C、D、V、Z	T、C、D、V、Z	

②指令说明　传送指令的功能是当执行条件成立时,将源操作数送到目标操作数中,如图 4-10(a)所示,即当 X000 为 ON 时,将常数 100 送入 D10 中。

● MOV 指令可以进行(D)和(P)操作,如图 4-10(b)所示。

- 如果[S·]为十进制常数,则执行该指令时系统自动转换成二进制数后进行数据传送。
- 当 X000 变为 OFF 时,MOV 指令不执行,[D·]内的数值保持不变。

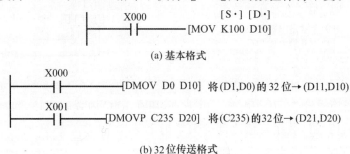

(a) 基本格式

(b) 32 位传送格式

图 4-10　传送指令的使用

(2)块传送指令

①指令格式　块传送指令的名称、功能号、助记符、操作数及程序步数见表 4-2。

表 4-2　　　　　　　　　　　　　　块传送指令

名　称	功能号/ 助记符	操作数			程序步数
		[S·]	[D·]	n	
块传送	FNC15/ BMOV(P)	KnX、KnY、KnM、KnS、T、C、D	KnY、KnM、KnS、 T、C、D	K、H	16 位:7

②指令说明　块传送指令的功能是成批传送数据,将操作数中的源操作数[S·]传送到目标操作数[D·]中,传送的长度由 n 指定。[S·]为存放被传送的数据块的首地址;[D·]为存放传送来的数据块的首地址。该指令的使用如图 4-11 所示。

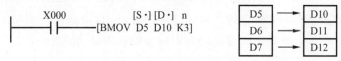

图 4-11　块传送指令的使用

- 在位组件中进行传送时,源操作数和目标操作数要有相同的位数,如图 4-12(a)所示。
- 在传送地址号重叠时,为防止在传送过程中数据丢失(被覆盖),要先把重叠地址号中的内容送出,再送入数据。如图 4-12(b)所示,采用 1～3 的顺序自动传送。

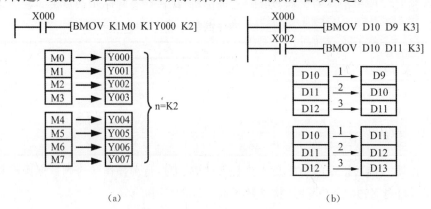

（a）　　　　　　　　　　　　　　（b）

图 4-12　块传送指令的应用程序

（3）多点传送指令

①指令格式　多点传送指令的名称、功能号、助记符、操作数及程序步数见表4-3。

表4-3 多点传送指令

名　称	功能号/ 助记符	操作数			程序步数
		[S·]	[D·]	n	
多点传送	FNC16/ (D)FMOV(P)	KnX、KnY、KnM、KnS、T、C、D	KnY、KnM、KnS、T、C、D	K、H	16位：7 32位：13

②指令说明　多点传送指令的功能为数据多点传送，即把[S·]中的数据传送到[D·]为首位地址的 n 个组件中去，如图4-13所示。

```
      X000          [S·][D·] n
  ───┤ ├───────[FMOV K0 D10 K10]（把K0传送到D10～D19中）
```

图4-13　多点传送指令的使用

【例4-1】　4路7段数显控制程序。

（1）控制要求

有4位BCD码数据，分别存放于数据寄存器D0～D3中。其中，D0为千位，D1为百位，D2为十位，D3为个位。试设计程序通过PLC的输出端进行显示。

（2）梯形图

为节省PLC输出点数，可利用功能指令实现，达到多位显示的目的。如图4-14所示，Y000～Y003为BCD码，Y004～Y007为片选信号，X000为运行、停止开关。

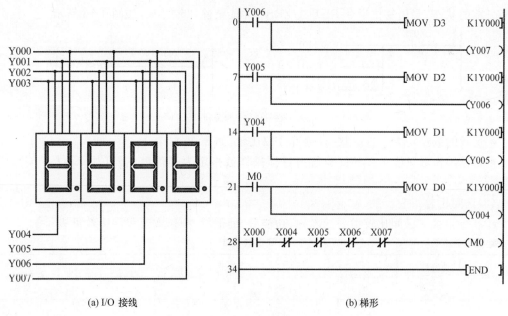

(a) I/O 接线　　　　　(b) 梯形

图4-14　4位7段数显控制程序

（4）比较指令

①指令格式　比较指令的名称、功能号、助记符、操作数及程序步数见表4-4。

表 4-4　　　　　　　　　　　　　　　　　　　比较指令

名　称	功能号/助记符	操作数			程序步数
		[S1·]	[S2·]	[D·]	
比较	FNC10/ (D)CMP(P)	K、H KnX、KnY、KnM、KnS T、C、D、V、Z		Y、M、S	16位：7 32位：13

②指令说明　比较指令的功能是将源操作数[S1·]、[S2·]的数据进行比较,比较结果送到目标操作数[D·],[D·]由 3 个连续组件组成,指令[D·]中只给出首地址,其他 2 位为后面的相邻组件。比较指令的使用如图 4-15 所示。

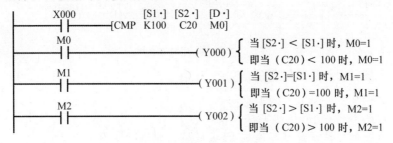

图 4-15　比较指令的使用

● 当 X000 为 ON 时,执行 CMP 指令,即 C20 计数器值与 K100(十进制数 100)比较,比较的结果有如图 4-15 所示的三种结果。当 X000 ON→OFF 时,不执行 CMP 指令,M0～M2 保持断开前的状态,要用复位指令 RST 或 ZRST 才能清除比较结果,如图 4-16 所示。

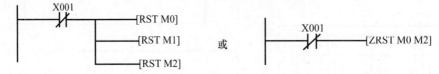

图 4-16　比较结果复位

● 比较的数据均为二进制数,且带符号位比较,如 $-5 < 2$。

● 目标操作数只能是 Y、M、S,若把目标操作数指定为其他继电器(如 X、D、T、C),则会出错。

(5)区间比较指令

①指令格式　区间比较指令的名称、功能号、助记符、操作数及程序步数见表 4-5。

表 4-5　　　　　　　　　　　　　　　　　　　区间比较指令

名　称	功能号/助记符	操作数				程序步数
		[S1·]	[S2·]	[S·]	[D·]	
区间比较	FNC11/ (D)ZCP(P)	K、H KnX、KnY、KnM、KnS T、C、D、V、Z			Y、M、S	16位：7 32位：13

②指令说明　区间比较指令的功能是将一个数据[S·]与两个源操作数[S1·]、[S2·]的数据进行代数比较,比较结果送到目标操作数[D·]中,[D·]为 3 个相邻组件的首地址。

区间比较指令的使用如图 4-17 所示。

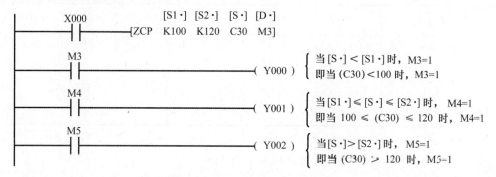

图 4-17　区间比较指令的使用

● 当 X000 为 ON 时,C30 当前值与 K100 和 K120 比较,比较的结果有如图 4-17 所示的三种结果。

● ZCP 指令为二进制代数比较,且源操作数[S1·]的值不能大于[S2·]的值,若[S1·]的值大于[S2·]的值,则执行 ZCP 指令时,将[S2·]视为等于[S1·]。

● 当 X000 ON→OFF 时,不执行 ZCP 指令,M3～M5 保持断开前的状态,要用复位指令 RST 或 ZRST 才能清除比较结果。

● ZCP 指令可以进行 16/32 位数据处理和连续/脉冲执行方式。

想一想 试一试

　　设计程序实现下列功能:当 X001 接通时,计数器每隔 1 s 计数。当计数值小于 50 时,Y010 为 ON;当计数值大于 50 时,Y012 为 ON;当计数值等于 50 时,Y011 为 ON。当 X001 为 OFF 时,计数器及 Y010～Y012 均复位。

【例 4-2】　试设计 24 h 可设定定时时间的住宅控制器,具体要求如下:

● 6:30,闹钟每秒响一次,10 s 后自动停止。

● 9:00～17:00,启动住宅报警监控。

● 18:00,打开住宅照明。

● 22:00,关闭住宅照明。

(1)设计思路

用计数器和比较指令编制本程序。设 X000 为启停开关,使用时,0:00 时启动定时器。为使时间计数单位变小,设 15 min 为 1 个时间计数单位,共 96 个时间计数单位。C0 为 15 min 计数器,当按下 X000 时,C0 当前值每过 1 s 加 1,当 C0 当前值等于设定值 K900 时,为 15 min。C1 为 96 格计数器,它的当前值每过 15 min 加 1,当 C1 当前值等于设定值 K96 时,为 24 h。按照这样的计数办法,(6:30)=K26,(9:00)=K36,(17:00)=K68,(18:00)=K72,(22:00)=K88。为了快速调整时间,设 X001 为 15 min 快速调整与试验开关,它通过 M8011 每过 10 ms 快速加 1 来调整时间;X002 为格数快速调整与试验开关,它通过 M8012 每过 100 ms 快速加 1 来调整格数(时间)。

(2)I/O 地址分配

I/O 地址分配见表 4-6。

表 4-6		例 4-2 I/O 地址分配	
输入设备	PLC 输入点	输出设备	PLC 输出点
启停开关	X000	闹钟	Y000
15 min 快速调整与试验开关	X001	住宅报警监控	Y001
格数快速调整与试验开关	X002	住宅照明	Y002

（3）梯形图

用计数器和比较指令编制的梯形图如图 4-18 所示。

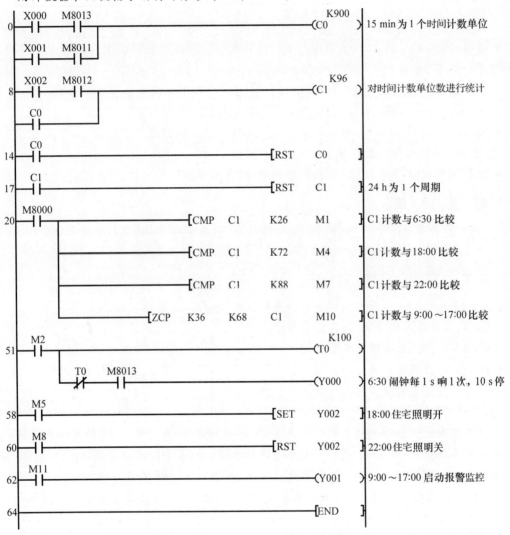

图 4-18　例 4-2 梯形图

（6）数据交换指令

①指令格式　数据交换指令的名称、功能号、助记符、操作数及程序步数见表 4-7。

表 4-7　　　　　　　　　　　　　　　　数据交换指令

名　称	功能号/助记符	操作数		程序步数
		[D1·]	[D2·]	
数据交换指令	FNC17/(D)XCH(P)	KnY、KnM、KnS、T、C、D、V、Z		16 位:7 32 位:9

②指令说明　数据交换指令的功能是将两个指定的目标操作数进行交换,如图 4-19(a)所示,当 X000 为 ON 时,将 D10 与 D11 的内容进行交换。若执行前(D10)=100,(D11)=150,则执行该指令后,(D10)=150,(D11)=100。

● 数据交换指令的执行一般采用脉冲执行方式,即 X000 从 OFF 变为 ON 时只执行一次。若采用连续执行方式,则每个扫描周期均要交换数据,这样最后的结果就无法确定。

● 当特殊继电器 M8160 接通时,若[D1·]与[D2·]为同一地址号,则该指令的功能变为低 8 位与高 8 位进行交换,如图 4-19(b)所示。

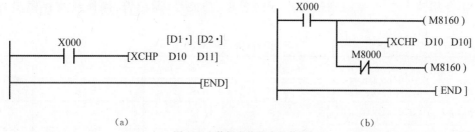

（a）　　　　　　　　　　　　　　　　　　　　（b）

图 4-19　数据交换指令的使用

(7)BCD 码变换指令

①指令格式　BCD 码变换指令的名称、功能号、助记符、操作数及程序步数见表 4-8。

表 4-8　　　　　　　　　　　　　　　　BCD 码变换指令

名　称	功能号/助记符	操作数		程序步数
		[S·]	[D·]	
BCD 码变换	FNC18/(D)BCD(P)	KnX、KnY、KnM、KnS、T、C、D、V、Z	KnY、KnM、KnS、T、C、D、V、Z	16 位:5 32 位:9

②指令说明　BCD 码变换指令的功能是将源操作数中的二进制数变换成 BCD 码送到目标操作数中,如图 4-20 所示。当 X000 为 ON 时,将 D12 中的二进制数转换成 BCD 码送到输出口 Y007～Y000 中。

(8)二进制变换指令

①指令格式　二进制变换指令的名称、功能号、助记符、操作数及程序步数见表 4-9。

表 4-9　　　　　　　　　　　　　　　　二进制变换指令

名　称	功能号/助记符	操作数		程序步数
		[S·]	[D·]	
二进制变换指令	FNC19/(D)BIN(P)	KnX、KnY、KnM、KnS、T、C、D、V、Z	KnY、KnM、KnS、T、C、D、V、Z	16 位:5 32 位:9

②指令说明　BIN 指令与 BCD 指令相反,它是将 BCD 码变换成二进制数,即源操作数[S·]中的 BCD 码转换成二进制数存入目标操作数[D·]中。当 X010 为 ON 时,源操作数 K2X000

中的 BCD 码转换成二进制数送到目标操作单元 D10 中,如图 4-21 所示。

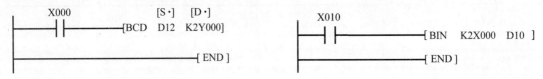

图 4-20 BCD 码变换指令的使用   图 4-21 二进制变换指令的使用

● 如果源操作数不是 BCD 码,则 M8067 为 1,指示运算错误,同时,运算错误锁存特殊辅助继电器 M8068 不工作。

● 常数 K 自动进行二进制变换处理。

2. 算术与逻辑运算指令

算术与逻辑运算指令包括二进制四则运算,二进制自动加 1、减 1,逻辑字与、或、异或指令等。

(1)二进制四则运算指令

①指令格式 二进制四则运算指令的名称、功能号、助记符、操作数及程序步数见表 4-10。

表 4-10   二进制四则运算指令

名　称	功能号/助记符	操作数			程序步数
		[S1·]	[S2·]	[D·]	
二进制加法	FNC20/(D)ADD(P)				
二进制减法	FNC21/(D)SUB(P)	K、H、KnX、KnY、KnM、KnS、T、C、		KnY、KnM、KnS、T、	16 位:7
二进制乘法	FNC22/(D)MUL(P)	D、V、Z		C、D、V、Z	32 位:13
二进制除法	FNC23/(D)DIV(P)				

②指令说明 二进制四则运算指令的使用如图 4-22 所示。

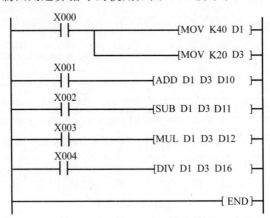

图 4-22 二进制四则运算指令的使用

● ADD 指令的功能是 D1+D3→D10,代数运算。源[S1·]、源[S2·]和目标[D·]必须为同一组件。若计算结果为 0,则 M8020 置 ON。若结果超过 32 767(16 位)或 2 147 483 647(32 位),则借位标志 M8022 置 ON。若结果小于−32 767(16 位)或−2 147 483 647(32 位),则 M8021 置 ON。如果目标组件的位数小于计算结果的位数,则仅写入相应的目标组件的位。

● SUB 指令的功能是 D1－D3→D11,代数运算。其运算结果的借位情况与 ADD 指令情况相同。

● MUL 指令的功能是 D1×D3→D12,代数运算。若 D1、D3 为 16 位,则其运算结果为 32 位,目标组件 D12 存放低 16 位地址,D13 存放高 16 位地址。若为 32 位运算,则其运算结果为 64 位,即(D2,D1)×(D4,D3)→(D15,D14,D13,D12)。

● DIV 指令的功能是 D1/D3→D16,代数运算。若 D1、D3 为 16 位,则商存放在 D16,余数存放在 D17。若为 32 位运算,则商存放在(D17,D16)中,余数存放在(D19,D18)中。

● 如图 4-22 所示,执行运算结果后,D10 为 60,D11 为 20,D12 为 800,D16 为 2。

【例 4-3】 计算风扇转速梯形图如图 4-23 所示。由于风扇转速较高,必须选用 PLC 内置的高速计数器才能满足要求,这里选高速计数器 C235。

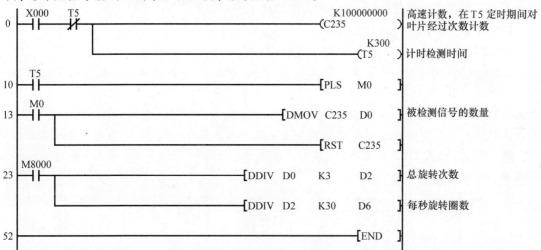

图 4-23　计算风扇转速梯形图

程序说明:风扇有 3 个叶片,当它们各自经过接近开关 PK 时被检测到。此开关与驱动高速计数器 C235 的输入 X000 相连。因为要计算速度,计数过程必须在一个定时段内实现,所以,自关断定时器 T5 用来触发 C235 中的当前数据到数据寄存器 D1、D0(C235 是一个 32 位寄存器)。当数据转移结束时,计数器复位,并且定时计数过程再次开始。期间,存于 D0 的新数据除以 3。这是因为有 3 个叶片,而速度是要求整圈的圈数。除法运算后的结果存在 D3、D2 中,余数部分保存在 D5、D4 中。为了得到每秒旋转圈数,存在 D3、D2 中的结果必须要再除以 30,这是因为 T5 是 300 个 100 ms,即 30 s。接着将结果存在 D7、D6 中,余数部分存在 D9、D8 中。

(2)二进制自动加 1、减 1 指令

①指令格式　二进制自动加 1、减 1 指令的名称、功能号、助记符、操作数及程序步数见表 4-11。

表 4-11　　　　　　　　　　　　二进制自动加 1、减 1 指令

名　　称	功能号/助记符	操作数 [D·]	程序步数
二进制自动加 1	FNC24/(D)INC(P)	KnY、KnM、KnS、T、C、D、V、Z	16 位:3
二进制自动减 1	FNC25/(D)DEC(P)		32 位:5

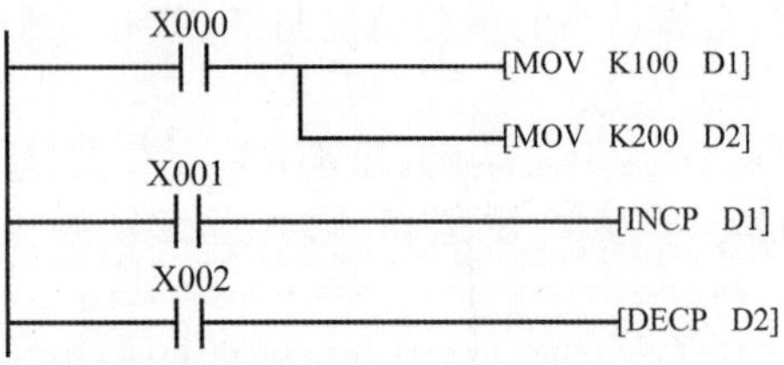

```
     X000
──────┤├─────────────────────────[MOV  K100  D1]

                                 ─[MOV  K200  D2]
     X001
──────┤├───────────────────────────────[INCP  D1]
     X002
──────┤├───────────────────────────────[DECP  D2]
```

图 4-24 二进制自动加 1、减 1 指令的使用

②指令说明 二进制自动加 1、减 1 指令的使用如图 4-24 所示。

● INC 指令的功能是(D1)+1→(D1)。在 16 位运算中，+32 767 加 1 则成为−32 768；在 32 位运算中，+2 147 483 647 加 1 则成为−2 147 483 648。

● DEC 指令的功能是(D2)−1→(D2)，其运算情况与 INC 指令情况相同。

● 若用连续指令,则要特别注意:INC 和 DEC 指令在每个扫描周期都自动加 1 和减 1,为避免出错,一般采用脉冲执行方式 INCP 和 DECP,即每次 X001 或 X002 闭合时,INC 或 DEC 指令只执行 1 次,D1 当前值加 1 或 D2 当前值减 1。

【例 4-4】 彩灯亮、灭循环控制。

(1)控制要求

12 只彩灯一字排列,要求正序亮至全亮,反序灭至全灭,如此循环。状态的变化间隔为 1 s。试设计 PLC 控制程序。

(2)梯形图

本程序可用二进制自动加 1、减 1 指令及变址寄存器实现。设 X000 为启停开关,X000 为 ON 时启动,X000 为 OFF 时停止,12 只彩灯分别接于 Y000～Y013,M1 为逆序标志。PLC 梯形图如图 4-25 所示。

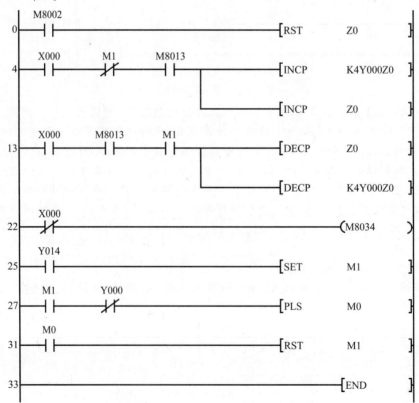

图 4-25 彩灯亮、灭循环控制梯形图

（3）逻辑字与、或、异或指令

①指令格式　逻辑字与、或、异或指令的名称、功能号、助记符、操作数及程序步数见表4-12。

表 4-12　　　　　　　　　　逻辑字与、或、异或运算指令

名　称	功能号/助记符	操作数			程序步数
		[S1·]	[S2·]	[D·]	
逻辑字与	FNC26/(D)WAND(P)	K、H、KnX、KnY、KnM、KnS、T、C、D、V、Z		KnY、KnM、KnS、T、C、D、V、Z	16 位:7 32 位:13
逻辑字或	FNC27/(D)WOR(P)				
逻辑字异或	FNC28/(D)WXOR(P)				

②指令说明

● WAND 指令的功能是(S1)∧(S2)→(D)，即取小运算。该指令常用在将某些位复位、其他位保持不变的场合，方法是用 0 与该位相与。若要将 D1 的高 8 位复位，低 8 位保持不变，则应按如图 4-26 所示程序运行。

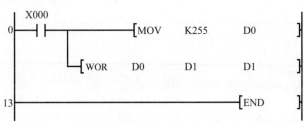

图 4-26　WAND 指令的使用

● WOR 指令的功能是(S1)∨(S2)→(D)，即取大运算。该指令常用在将某些位置 1、其他位保持不变的场合，方法是用 1 与该位相或。若要将 D1 的中间 8 位置 1，其他各位保持不变，则应按如图 4-27 所示程序运行。

```
      X000
0 ─┤├──────────────[MOV    K255    D0 ]
      │
      └──────────[WOR    D0    D1    D1 ]

13 ─────────────────────────────[END ]
```

图 4-27　WOR 指令的使用

● WXOR 指令的功能是(S1)⊕(S2)→(D)。该指令常用在将某些位取反、其他位保持不变的场合，方法是用 1 与该位相异或。若要将 D1 的低 4 位和高 4 位取反，中间 8 位保持不变，则应按如图 4-28 所示程序运行。

143

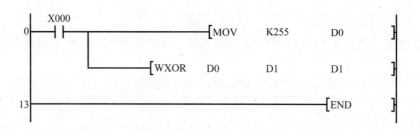

图 4-28   WXOR 指令的使用

? 想一想 试一试

(1)若要将 D10 中的偶数(0,2,…,14)位全部变成 0,而奇数(1,3,…,15)位保持不变,应怎么办?

(2)若要将 D10 中的偶数(0,2,…,14)位全部变成 1,而奇数(1,3,…,15)位保持不变,应怎么办?

(3)若要将 D10 中的偶数(0,2,…,14)位全部取反,而奇数(1,3,…,15)位保持不变,应怎么办?

3.7 段码译码指令

(1)7 段码译码指令

①指令格式   7 段码译码指令的名称、功能号、助记符、操作数及程序步数见表 4-13。

表 4-13   7 段码译码指令

名 称	功能号/助记符	操作数		程序步数
		[S·]	[D·]	
7 段码译码	FNC73/SEGD(P)	K、H、KnX、KnY、KnM、KnS、T、C、D、V、Z	KnY、KnM、KnS、T、C、D、V、Z	16 位:5

②指令说明   7 段码译码指令的使用如图 4-29 所示。

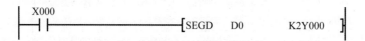

图 4-29   7 段码译码指令的使用

[S·]指定组件的低 4 位(只用低 4 位)所确定的十六进制数(0~F)经译码驱动 7 段码显示器,译码数据存于[D·]指定的组件中,[D·]的高 8 位保持不变。7 段码译码真值见表 4-14,表中 B0 代表位组件的首位(本例中为 Y000)和字符件的最低位。

表 4-14　　　　　　　　　　　　7 段码译码真值

[S·]		7 段码显示器	[D·]								显示数据
十六进制	二进制		B7	B6	B5	B4	B3	B2	B1	B0	
0	0000		0	0	1	1	1	1	1	1	0
1	0001		0	0	0	0	0	1	1	0	1
2	0010		0	1	0	1	1	0	1	1	2
3	0011		0	1	0	0	1	1	1	1	3
4	0100		0	1	1	0	0	1	1	0	4
5	0101		0	1	1	0	1	1	0	1	5
6	0110		0	1	1	1	1	1	0	1	6
7	0111		0	0	1	0	0	1	1	1	7
8	1000		0	1	1	1	1	1	1	1	8
9	1001		0	1	1	0	1	1	1	1	9
A	1010		0	1	1	1	0	1	1	1	A
B	1011		0	1	1	1	1	1	0	0	B
C	1100		0	0	1	1	1	0	0	1	C
D	1101		0	1	0	1	1	1	1	0	D
E	1110		0	1	1	1	1	0	0	1	E
F	1111		0	1	1	1	0	0	0	1	F

（2）带锁存 7 段码译码指令

①指令格式　带锁存 7 段码译码指令的名称、功能号、助记符、操作数及程序步数见表 4-15。

表 4-15　　　　　　　　　　　　带锁存 7 段码译码指令

名　称	功能号/助记符	操作数			程序步数
		[S·]	[D·]	n	
带锁存 7 段码译码	FNC73/SEGL	K、H、KnX、KnY、KnM、KnS、T、C、D、V、Z	D	K、H	16 位:7

②指令说明　带锁存 7 段码译码指令是用于控制一组或两组带锁存的 7 段码显示器的指令，其使用如图 4-30 所示。

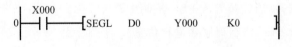

图 4-30　带锁存 7 段码译码指令的使用

带锁存 7 段码显示器与 PLC 的连接如图 4-31 所示。

● SEGL 指令用 12 个扫描周期显示 4 位数据（1 组或 2 组），完成 4 位显示后，标志位 M8029 置 1。

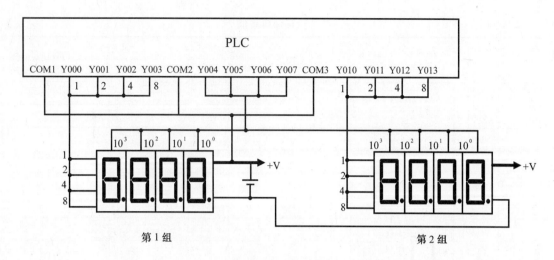

图 4-31 带锁存 7 段码显示器与 PLC 的连接

● 当 X000 为 ON 时,SEGL 指令则反复连续执行。若 X000 由 ON 变为 OFF,则指令停止执行。当执行条件 X000 再为 ON 时,程序从头开始反复执行。

● SEGL 指令只能用一次。

● 要显示的数据放在 D0(1 组)或 D0、D1(2 组)中。数据的传送和选通在 1 组或 2 组的情况下不同。

在 1 组($n=0\sim3$)时,D0 中的数据 BIN 码转换成 BCD 码($0\sim9\ 999$)顺次送到 Y000~Y003。Y004~Y007 为选通信号。

在 2 组($n=4\sim7$)时,与 1 组情况类似,D0 的数据送 Y000~Y003,D1 的数据送 Y010~Y013。D0、D1 中的数据范围为 $0\sim9\ 999$,选通信号仍使用 Y004~Y007。

参数 n 的选择与 PLC 的逻辑性质、7 段码显示逻辑以及显示组数有关。

 任务实施

一、实施内容

根据旋转刀盘的工作过程及控制要求,用 FX$_{2N}$ 系列 PLC 实现旋转刀盘的控制。具体内容如下:

(1)分析控制要求,设计旋转刀盘 PLC 控制电路。

(2)编写旋转刀盘 PLC 控制程序并进行仿真。

(3)安装并调试旋转刀盘 PLC 控制系统。

(4)编制控制系统技术文件及说明书。

二、实施步骤

1. 系统控制电路设计

（1）PLC 的 I/O 地址分配

分析旋转刀盘的控制要求可知：系统有 14 个输入设备和 11 个输出设备。本任务选用 FX$_{2N}$-32MR PLC 来实现旋转刀盘的控制，其 I/O 地址分配见表 4-16。

表 4-16 　　　　　　　旋转刀盘 PLC 控制 I/O 地址分配

输入设备	PLC 输入点	输出设备	PLC 输出点
启动按钮 SB$_0$	X000	刀盘逆转输出 KM$_1$	Y000
1～6 号刀选择按钮 SB$_1$～SB$_6$	X001～X006	刀盘顺转输出 KM$_2$	Y001
停止按钮 SB$_7$	X007	到位指示灯 HL$_1$	Y004
1～6 号刀到位接近开关 SQ$_1$～SQ$_6$	X011～X016	换刀指示灯 HL$_2$	Y005
		刀号显示	Y016～Y010

（2）绘制系统控制电路

本任务控制对象旋转刀盘是由异步电动机通过传动机构驱动的，旋转刀盘的顺/逆转实际上就是电动机的正/反转控制，其主电路如图 4-32（a）所示。依据表 4-16 绘制的 PLC 的 I/O 电路如图 4-32（b）所示。

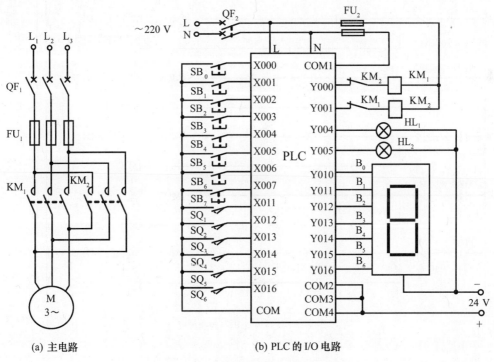

(a) 主电路　　　　　　　　　　　　(b) PLC 的 I/O 电路

图 4-32　旋转刀盘 PLC 控制电路

2. 编写 PLC 控制程序

应用 PLC 功能指令编制旋转刀盘 PLC 控制梯形图，如图 4-33 所示。

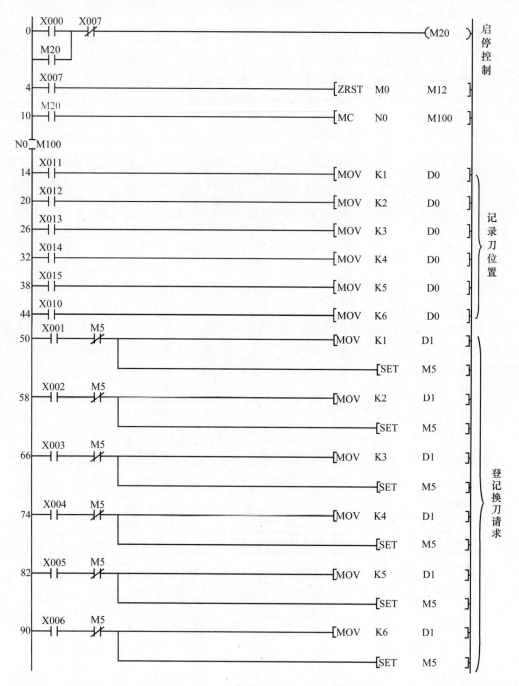

图 4-33　旋转刀盘 PLC 控制梯形图

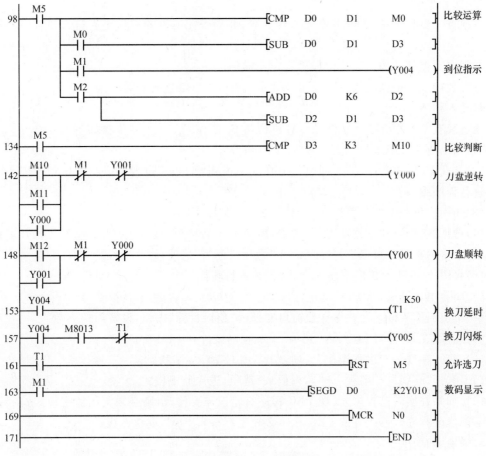

图 4-33　旋转刀盘 PLC 梯形图(续)

3. 系统安装接线

（1）工具、设备及材料

本任务所需工具、设备及材料见表 4-17。

表 4-17　　　　　　　　　　　　工具、设备及材料

序号	分类	名 称	型号规格	数量	单位	备 注
1	工具	常用电工工具	尖嘴钳、试电笔、剥线钳、螺钉旋具	1	套	
2		万用表	MF47	1	块	
3	设备	PLC	FX$_{2N}$-32MR	1	个	
4		断路器	DZ47LE C16/3P，DZ47LE C10/2P	各1	只	
5		熔断器(熔体)	15A/3P、5A/2P	各1	个	
6		按钮	LA39-E11D	8	个	
7		接触器	CJX2-12	2	个	
8		旋转刀盘组件	自制	1	套	含接近开关
9		网孔板	600 mm×700 mm	1	块	
10		接线端	TD1515	1	组	
11	材料	走线槽	TC3025	若干	m	
12		导线	BVR 1.5 mm² / BVR 1.0 mm²	若干	m	

（2）安装步骤

①检查元器件　按表 4-17 将元器件配齐，并检查元器件的规格是否符合要求、质量是否完好。

②固定元器件　按照安装接线图固定元器件。

③安装接线　根据配线原则及工艺要求，按照图 4-32 进行安装接线。

4.输入程序

通过装有 GX Works 2 软件的计算机传送 PLC 程序。其主要步骤如下：

（1）PLC 在断电状态下，连接好 PC/PPI 电缆。

（2）打开 PLC 的前盖，将运行模式选择开关拨到"STOP"位置，此时 PLC 处于停止状态，可以进行程序编写。

（3）在用作编程器的计算机上，运行 GX Works 2 软件。

（4）选择"工程"→"创建新工程"选项，生成一个新项目；或者选择"工程"→"打开工程"选项，打开已有的项目。可以选择"工程"→"另存工程为"选项，修改工程的名称。

（5）将图 4-33 所示梯形图输入计算机，并进行转换。

（6）闭合电源开关，给 PLC 通电。

（7）单击 GX Works 2 软件导航窗口底部的"连接目标"按钮，设置通信参数。

（8）选择"在线"→"PLC 写入"选项，下载程序文件到 PLC 中。

（9）选择"在线"→"远程操作"选项，调整 PLC 为 RUN 状态。

（10）选择"在线"→"监视"→"监视模式"选项，进入监视模式。

（11）如果在实时监控中，发现 PLC 程序有错误需要修改，则必须关闭监视模式，在写入模式下才能修改程序。修改好的 PLC 程序必须重新写入 PLC，重新运行。

5.通电调试

经自检、教师检查确认电路正常且无安全隐患后，在教师的监护下通电调试。

（1）闭合开关 QF_2，给 PLC 通电。

（2）调整 PLC 为 RUN 状态。

（3）按下启动按钮 SB_0，然后按任一换刀请求按钮，再按对应的到位接近开关，按照控制要求逐步调试，观察系统的运行情况是否符合控制要求。

（4）如果出现故障，学生应独立检修。电路检修完毕且梯形图修改完毕后应重新调试，直到系统能够正常工作。

任务 2　霓虹灯广告屏 PLC 控制系统设计与调试

　任务描述

某霓虹灯广告屏由扇形分布的 8 根彩色灯管和四周矩形分布的 24 只流水彩灯组成，每 4 只灯为一组，如图 4-34 所示。用 PLC 对霓虹灯广告屏实现控制，其具体要求如下：

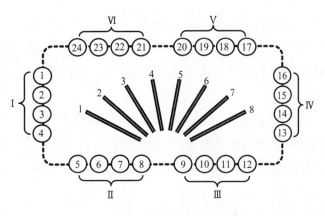

图 4-34 霓虹灯广告屏

（1）按下启动按钮，中间扇形分布的 8 根彩色灯管和四周矩形分布的 24 只流水彩灯同时分别按以下规律点亮：

①中间扇形分布的 8 根彩色灯管亮灭的顺序为 1→2→3→……→8 亮，时间间隔为 1 s，全亮后，保持 5 s，再按 8→7→……→1 顺序灭。全灭后，保持 2 s，再按 8→7→……→1 顺序亮，时间间隔为 1 s，保持 5 s，再按 1→2→……→8 顺序灭。全灭后，保持 2 s，再从头开始运行，如此循环往复。

②四周矩形分布的 24 只流水彩灯，每 4 只为 1 组，共分 6 组，每组灯间隔 1 s 沿逆时针方向移动一次，且Ⅰ～Ⅵ每隔 1 组灯为亮，即Ⅰ、Ⅲ亮→Ⅱ、Ⅳ亮→Ⅲ、Ⅴ亮→Ⅳ、Ⅵ亮→Ⅴ、Ⅰ亮→Ⅵ、Ⅱ亮，移动 2 周即 12 s 后，全灭 1 s，再沿顺时针方向移动，即Ⅵ、Ⅳ亮→Ⅴ、Ⅲ亮→Ⅳ、Ⅱ亮→Ⅲ、Ⅰ亮→Ⅱ、Ⅵ亮→Ⅰ、Ⅴ亮，全灭 1 s，再反方向移动，如此循环往复。

（2）按下停止按钮所有灯全部熄灭。

 相关知识

与本任务有关的功能指令主要有程序流控制和循环与移位指令，下面来学习这两类功能指令的作用及其用法。

一、程序流控制指令

1. 跳转指令

为了提高设备的可靠性，在工业控制中许多设备要建立多种工作方式，跳转（CJ）指令是实现这种控制要求的常用方法之一，如图 4-35 所示。

（1）指令说明

跳转指令执行时，如果跳转条件满足，PLC 将不再扫描执行跳转指令与指针之间的程序，即跳到以指针为入口的程序段中执行，直到跳转的条件不再满足时，跳转才会停止进行。如图 4-35 所示，当 X000 置 1 时，执行跳转指令，程序将从 CJ P1 处跳

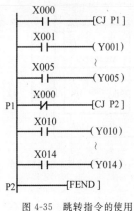

图 4-35　跳转指令的使用

至标号 P1 处,仅执行该梯形图中标号 P1 之后的程序。

①被跳过的程序段中输出继电器 Y、辅助继电器 M、状态继电器 S 由于该段程序不再执行,即使梯形图中涉及的工作条件发生变化,它们的工作状态也将保持跳转发生前的状态不变。

②被跳过的程序段中的定时器及计数器,无论其是否具有断电保持功能,跳转发生后其定时值、计数值都将保持不变,但在跳转中止,程序继续执行时,定时、计数将继续进行。另外,定时、计数器的复位指令具有优先权,即使复位指令位于被跳过的程序段中,当执行条件满足时,复位操作也将执行。

(2)注意事项

①跳转指令具有选择程序段的功能。在同一程序中,位于不同程序段的程序不会被同时执行,所以不同程序段中的同一线圈不能视为双线圈。

②可以有多条跳转指令使用同一指针,但不允许一个跳转指令对应两个指针。

③指针一般设在相关的跳转指令之后,也可以设在跳转指令之前。但要注意从程序执行顺序来看,如果指针在前造成该程序的执行时间超过了警戒时钟设定值,则程序就会出错。

④执行跳转指令时,跳转只执行一个扫描周期,但若用辅助继电器 M8000 作为跳转指令的工作条件,跳转就会成为无条件跳转。

(3)跳转与主控区的关系

跳转与主控区的关系如图 4-36 所示。

①对跳过整个主控区(MC～MCR)的跳转不受限制。

②从主控区外跳到主控区内时,跳转独立于主控操作,CJ P1 执行时,不论 M0 状态如何,均作为 ON 处理。

③在主控区内跳转时,若 M0 为 OFF,则跳转不会执行。

④从主控区内跳到主控区外时,若 M0 为 OFF,跳转不可执行;若 M0 为 ON,满足跳转条件可以跳转,这时 MCR 无效,但不会出错。

⑤从一个主控区内跳到另一个主控区内时,若 M1 为 ON,可以跳转。执行跳转时,无论 M2 的实际状态如何,均视为 ON。MCR N0 无效。

⑥在编写跳转指令表时,指针需占一行。

2. 主程序结束指令

FEND 为主程序结束指令,其用法与 END 指令一样。

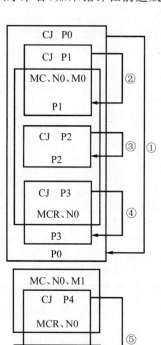

图 4-36 跳转与主控区的关系

【例 4-5】 利用跳转指令设计带有手动/自动切换两种工作模式的三相异步电动机 Y/△ 降压启动控制程序。

（1）控制要求

系统设有启动、停止按钮各一个，手动/自动选择开关一个。为防止 Y/△ 连接可能出现的短路故障，系统必须设有 Y/△ 互锁措施。

（2）I/O 地址分配

I/O 地址分配见表 4-18。

表 4-18　　　　　　　　　　　　例 4-5 I/O 地址分配

输入设备	PLC 输入点	输出设备	PLC 输出点
启动按钮（兼作为手动按钮时，用于 Y/△ 切换控制）SB₁	X000	电源接触器 KM₀	Y000
停止按钮 SB₂	X001	Y 接触器 KM₁	Y001
手动/自动选择开关 SA	X002	△接触器 KM₂	Y002

（3）梯形图

应用跳转指令设计梯形图，如图 4-37 所示。

3. 子程序调用和返回指令

（1）子程序调用指令

子程序调用（CALL）指令的使用如图 4-38 所示。

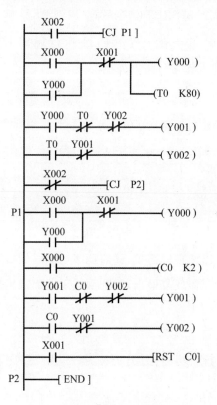

图 4-37　例 4-5 梯形图

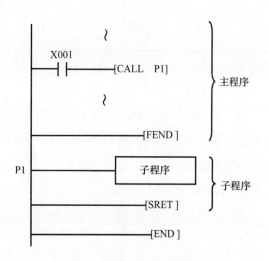

图 4-38　子程序调用指令的使用

子程序调用指令是为一些特定的控制目的编制的相对独立的程序。为了区别于主程序，规定在程序编排时，将主程序写在前边，以 FEND 指令结束主程序，子程序写在 FEND 指令后边。当主程序带有多个子程序时，子程序可依次列在 FEND 指令之后。子程序调用指令安排在主程序段中。如图 4-38 所示，X001 是子程序 P1 执行的控制开关，X001 为 ON 时，子程序 P1 执行。

(2)子程序返回指令

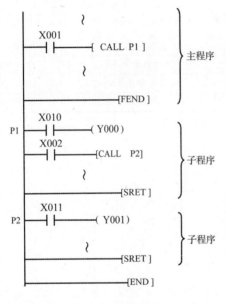

图 4-39　子程序的嵌套

子程序返回(SRET)指令是不需要触点驱动的单独指令。子程序的范围从它的指针标号开始，到 SRET 指令结束。每当程序执行到子程序调用指令时，都转去执行相应的子程序；当遇到子程序返回指令时，则返回原断点继续向后顺序执行原程序。

子程序可以实现 5 级嵌套，如图 4-39 所示为 1 级嵌套的例子。子程序 P1 是脉冲执行方式，即 X001 接通一次，则子程序 P1 执行一次。当子程序 P1 开始执行且 X002 接通时，程序将转去执行子程序 P2，在子程序 P2 中执行到 SRET 指令后，又回到 P1 原断点处执行子程序 P1。当在子程序 P1 中执行到 SRET 指令时，则返回主程序原断点处执行。

想一想 试一试

利用子程序调用指令设计 1 s、2 s、3 s、4 s 四个频率的方波信号发生器。

提示：设 X000 为启动开关，X000 为 ON 时启动，X000 为 OFF 时停止。X001、X002 为频率选择开关，当(X001X002)＝00 时为 1 s；当(X001X002)＝01 时为 2 s；当(X001X002)＝10 时为 3 s；当(X001X002)＝11 时为 4 s。

4. 循环指令

在某种操作需反复进行的场合，使用循环程序可以使程序简单，提高程序功能。如对某一取样数据做一定次数的运算，控制输出端子按一定的规律反复输出，或利用反复的加减运算完成一定量的增减等。

(1)指令格式

循环指令由 FOR 和 NEXT 两条指令构成，其名称、功能号、助记符、操作数及程序步数见表 4-19。

名 称	功能号/助记符	操作数	程序步数
循环开始	FNC08/FOR	K、H、KnX、KnY、KnM、KnS、T、C、D	3
循环结束	FNC09/NEXT	无	1

表 4-19 　循环指令

(2)指令说明

FOR 和 NEXT 指令总是成对出现,如图 4-40 所示,3 条 FOR 指令和 3 条 NEXT 指令相互对应。在梯形图中相距最近的 FOR 指令和 NEXT 指令是一对,其次是距离稍远一些的,再是距离更远一些的组成一对。如图 4-40 所示为 3 级循环嵌套的情况。从图中还可看出,每一对 FOR 指令和 NEXT 指令间的程序就是执行过程中需要按一定的次数进行循环的部分。循环的次数由 FOR 指令后的源数据给出。该程序最中心的循环内容为向数据存储器 D10 中加 1,它一共执行了 $2 \times 2 \times 3 = 12$ 次。

循环可以 5 层嵌套,循环嵌套时,循环次数计算说明如图 4-41 所示。外层循环 A 嵌套了内层循环 B,循环 A 执行 5 次,每执行一次循环 A,就要执行 10 次循环 B,因此循环 B 一共要执行 $10 \times 5 = 50$ 次。利用循环中的 CJ 指令可跳出 FOR、NEXT 指令之间的循环区。

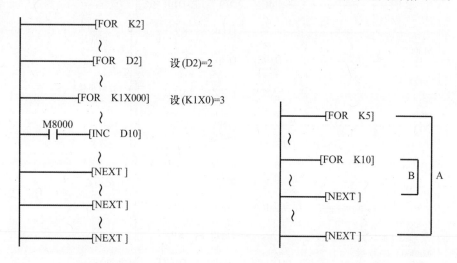

图 4-40　循环指令的使用　　　　　图 4-41　循环次数计算说明

【例 4-6】 有 10 个数据存于 D10～D19,要求找出其中的最大数和最小数,然后求出其余数据的平均值。设计 PLC 程序。

设 X000 为启停开关,最大数存入 D20 中,最小数存入 D21 中,平均值存入 D22 中,应用循环指令设计的梯形图如图 4-42 所示。

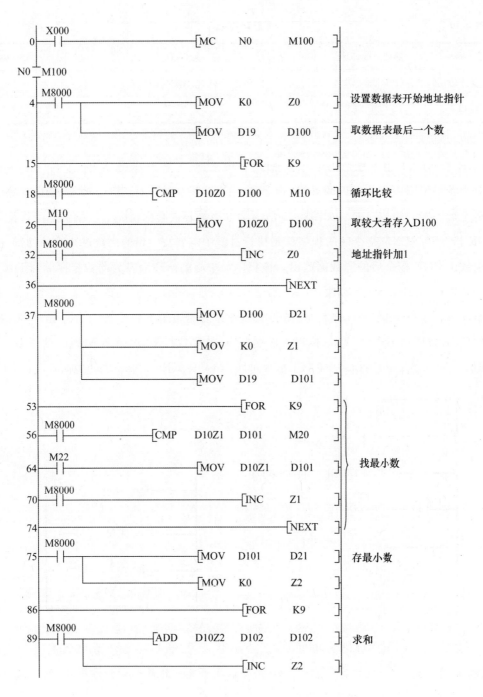

图 4-42 求最大数、最小数和平均值梯形图

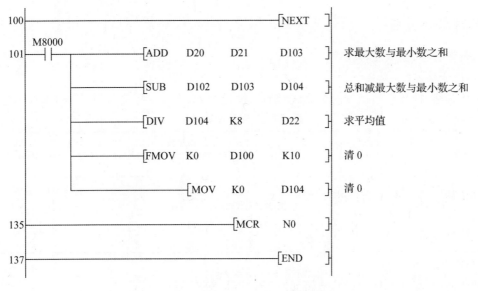

图 4-42　求最大值、最小值和平均值梯形图(续)

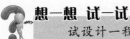 **想一想 试一试**

　　试设计一程序,找出存储在 D0～D9 中的最大值,存储到 D10。

5. 监控定时器指令

　　为保证 PLC 运行安全,PLC 设有监控定时器。监控定时器(WDT)指令无操作数。PLC 正常工作时扫描周期(从 0 步到 FEND 或 END 指令的执行时间)小于它的定时时间(如 FX_{2N} 系列 PLC 为 100 ms,FX_{2N} 系列 PLC 为 200 ms,均为默认值),在执行 FEND 和 END 指令时,监控定时器被刷新(复位),如果因某种干扰使 PLC 偏离正常的程序执行路线,那么,监控定时器不再复位,定时时间到时,PLC 将停止运行,它上面的 CPU-E 指示灯亮。监控定时器定时时间可通过修改 D8000 来重新设定。如果正常的控制程序执行时间较长,使扫描周期大于定时时间,可将 WDT 指令插入合适的程序步中刷新监控定时器。如图 4-43 所示,将240 ms 程序一分为二并在它们中间加入 WDT 指令,则前半部分和后半部分都在 200 ms 以下。如果 FOR-NEXT 循环程序的执行时间可能超过监控定时器的定时时间,可将 WDT 指令插入循环程序中。CJ 指令若在它对应的指针之后(程序往回跳),则可能连续反复跳转,使它们之间的程序被反复执行,这样总的执行时间可能超过监控定时器的定时时间,所以为了避免出现这样的情况,可在 CJ 指令和对应的指针之间插入 WDT 指令。

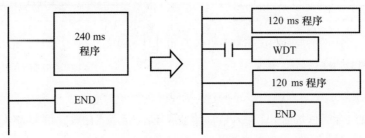

图 4-43　将 WDT 指令插入程序步中刷新监控定时器

二、循环与移位指令

1. 循环右移、循环左移指令

（1）指令格式

循环右移、循环左移指令的名称、功能号、助记符、操作数及程序步数见表 4-20。

表 4-20　　　　　　　　　　　　　　　循环右移、循环左移指令

名　称	功能号/助记符	操作数		程序步数
		[D·]	[n]	
循环右移	FNC30/(D)ROR(P)	KnY、KnM、KnS、T、C、D、V、Z	K、H 16 位：n≤16； 32 位：n≤32	16 位：5 32 位：9
循环左移	FNC31/(D)ROL(P)			

（2）指令说明

循环右移、循环左移指令的使用如图 4-44 所示。

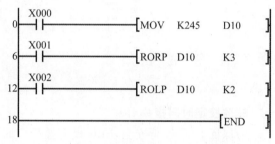

① 每执行一次 ROR 指令，目标组件中的各位循环右移 n 位，最后从最低位被移出的位同时存入进位标志 M8022 中。

② 每执行一次 ROL 指令，目标组件中的各位循环左移 n 位，最后从最高位被移出的位同时存入进位标志 M8022 中。

图 4-44　循环右移、循环左移指令的使用

③ 图 4-44 中第二行程序的运行情况如图 4-45（a）所示，当 X001 闭合时，执行 ROR 指令 1 次，D10 右移 3 位，同时进位标志 M8022 为 1。

图 4-44 中第三行程序的运行情况如图 4-45（b）所示，当 X002 闭合时，执行 ROL 指令 1 次，D10 左移 2 位，同时进位标志 M8022 为 0。

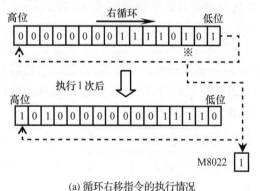

（a）循环右移指令的执行情况

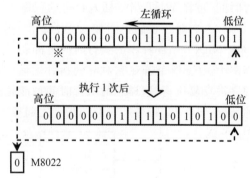

（b）循环左移指令的执行情况

图 4-45　循环右移、循环左移指令的执行情况

④ 在指定位组合组件场合，只有 K4（16 位）或 K8（32 位）有效。例如，K4Y000、K8M0 有效，而 K1Y000、K2M0 无效。

【例 4-7】 广告牌边框饰灯控制。

(1)控制要求

该广告牌有 16 个边框饰灯 $L_1 \sim L_{16}$。当广告牌开始工作时,饰灯每隔 1 s 从 L_1 到 L_{16} 依次正序亮,重复进行;循环两周后,又从 L_{16} 到 L_1 依次反序每隔 1 s 轮流亮,重复进行;循环两周后,再按正序轮流亮,重复上述过程。当按停止按钮时,停止工作。

(2)I/O 地址分配

I/O 地址分配见表 4-21。

表 4-21 例 4-7 I/O 地址分配

输入设备	PLC 输入点	输出设备	PLC 输出点
启动按钮 SB_1	X000	饰灯 $L_1 \sim L_8$	Y000~Y007
停止按钮 SB_2	X001	饰灯 $L_9 \sim L_{16}$	Y010~Y017

(3)梯形图

如图 4-46 所示,当 X000 为 ON 时,先置正序初值(Y000 为 ON),然后执行子程序调用程序,进入子程序 1,执行循环左移指令,输出继电器依次每隔 1 s 正序左移一位,左移一周结束,即 Y017 为 ON 时,C0 计数 1 次,重新左移;当 C0 计数 2 次后,停止左循环,返回主程序。

再置反序初值(Y017 为 ON),然后进入子程序 2,执行循环右移指令,输出继电器依次每隔 1 s 反序右移一位,左移一周结束,即 Y000 为 ON 时,C1 计数 1 次,重新右移;当 C1 计数 2 次后,停止右循环,返回主程序。同时使 M0 重新为 ON,进入子程序 1,重复上述过程。

当 X001 为 ON 时,使输出继电器全为 OFF,计数器复位,饰灯全部熄灭。

2. 带进位的循环右移、循环左移指令

(1)指令格式

带进位的循环右移、循环左移指令的名称、功能号、助记符、操作数及程序步数见表 4-22。

表 4-22 带进位的循环右移、循环左移指令

名 称	功能号/助记符	操作数		程序步数
		[D·]	n	
带进位的循环右移	FNC32/(D)RCR(P)	KnY、KnM、KnS、T、C、D、V、Z	K、H 16 位:n≤16	16 位:5 32 位:9
带进位的循环左移	FNC33/(D)RCL(P)		32 位:n≤32	

(2)指令说明

带进位的循环右移、循环左移指令的使用如图 4-47 所示。

①每执行一次 RCR 指令,目标组件中的各位和进位一起循环右移 n 位,最后被移出的位放入进位标志 M8022 中。在执行下一次 RCR 指令时,M8022 中的位首先进入目标组件中。

②每执行一次 RLR 指令,目标组件中的各位和进位一起循环左移 n 位,最后被移出的位放入进位标志 M8022 中。在执行下一次 RCL 指令时,M8022 中的位首先进入目标组件中。

③图 4-47 中第二行程序的运行情况如图 4-48(a)所示,当 X001 闭合时,执行 RCR 指令 1 次,D1 中的各位和进位一起右移 4 位。

图 4-47 中第三行程序的运行情况如图 4-48(b)所示,当 X002 闭合时,执行 RCL 指令 1 次,D1 中的各位和进位一起左移 3 位。

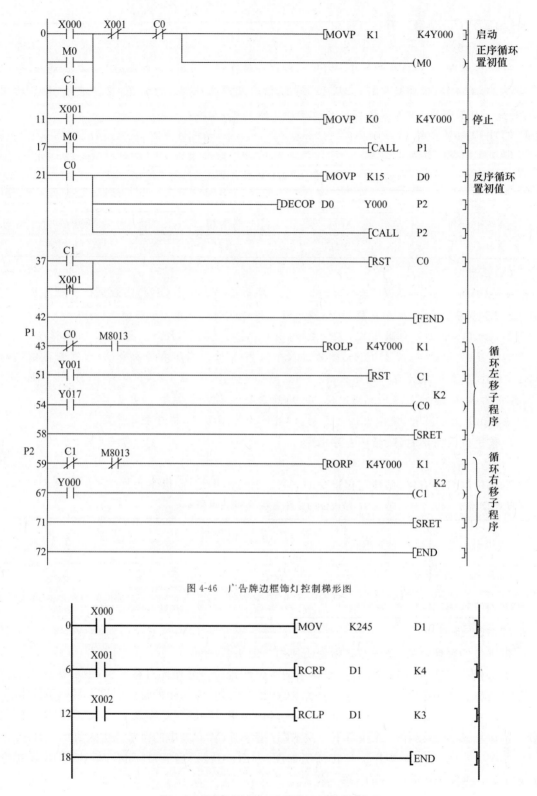

图 4-46 广告牌边框饰灯控制梯形图

图 4-47 带进位的循环右移、循环左移指令的使用

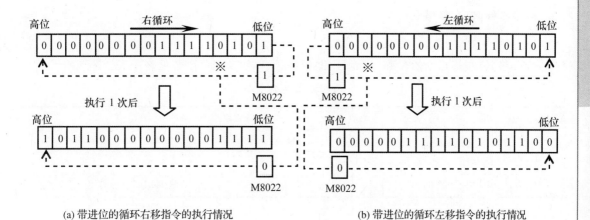

(a) 带进位的循环右移指令的执行情况　　　　(b) 带进位的循环左移指令的执行情况

图 4-48　带进位的循环右移、循环左移指令的执行情况

④在指定位组合组件场合,只有 K4(16 位)或 K8(32 位)有效。例如,K4Y000、K8M0 有效,而 K1Y000、K2M0 无效。

【例 4-8】　设计霓虹灯顺序控制程序。

(1)控制要求

有 8 只霓虹灯($L_1 \sim L_8$)接于 K2Y000。要求当 X000 为 ON 时,霓虹灯 $L_1 \sim L_8$ 以正序每隔 1 s 轮流亮,当 L_8 亮灭后,停 5 s;然后以反序每隔 1 s 轮流亮,当 L_1 再亮灭后,停 5 s,重复上述过程。当 X001 为 ON 时,霓虹灯停止工作。

(2)梯形图

编制梯形图,如图 4-49 所示。

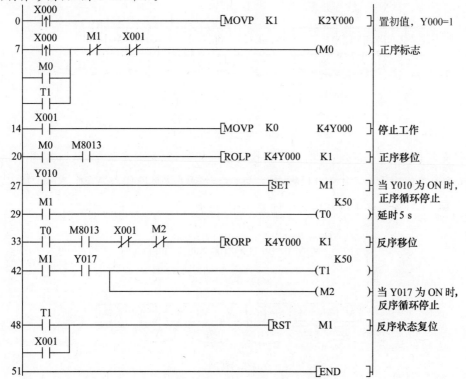

图 4-49　霓虹灯顺序控制梯形图

3. 位右移、位左移指令

（1）指令格式

位右移、位左移指令的名称、功能号、助记符、操作数及程序步数见表 4-23。

表 4-23　　　　　　　　　　　　　位右移、位左移指令

名　称	功能号/助记符	操作数			程序步数
		[S·]	[D·]	n1　n2	
位右移	FNC34/SFTR(P)	X、Y、M、S	Y、M、S	K、H	9
位左移	FNC35/SFTL(P)			n2≤n1≤1 024	

（2）指令说明

①如图 4-50（a）所示，位右移指令使位组件中的状态向右移位，n1 指定每次移动的位组件长度，n2 指定目标组件移位的位数。

如图 4-50（b）所示，当 X000 为 ON 时，执行一次 SFTR 指令，4 位（n2＝k4）源操作数 X003、X002、X001、X000 从目标组件的最高位移入，目标组件中的其他各位向右移位，每次 4 位为一组向右移，其中，X003～X000→M11～M8，M11～M8→M7～M4，M7～M4→M3～M0，M3～M0 移出。

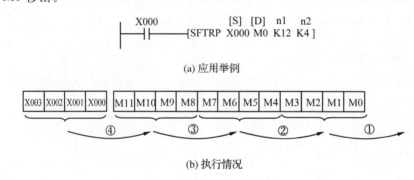

(a) 应用举例

(b) 执行情况

图 4-50　位右移指令的使用

②位左移指令与位右移指令的用法和执行情况相似，只是向左移位而已，如图 4-51 所示。当 X001 为 ON 时，执行一次 SFTL 指令，2 位（n2＝k2 位）源操作数 X001、X000 从目标组件的最低位移入，目标组件中的其他各位向左移位，每次 2 位为一组向左移。

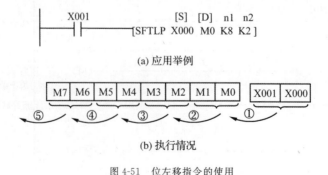

(a) 应用举例

(b) 执行情况

图 4-51　位左移指令的使用

【例4-9】 设计舞台灯光控制程序。

(1)控制要求

舞台彩灯共有 8 组,每组 6 只彩灯,彩灯布局如图 4-52 所示。按下按钮 SB,各组彩灯按如下规律显示:1→2→3→4→5→6→7→8→1,2→1,2,3,4→1,2,3,4,5,6→1,2,3,4,5,6,7,8→3,4,5,6,7,8→5,6,7,8→7,8→1,5→2,6→3,7→4,8→3,7→2,6→1,5→1,3,5,7→2,4,6,8→1……如此循环。各组彩灯亮度变化间隔时间为 2 s。

(2)I/O 地址分配

输入:启动按钮为 X000;停止按钮为 X001。

输出:1~8 组彩灯接于 Y000~Y007。

(3)梯形图

编制梯形图,如图 4-53 所示。

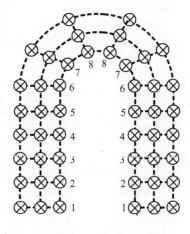

图 4-52 彩灯布局

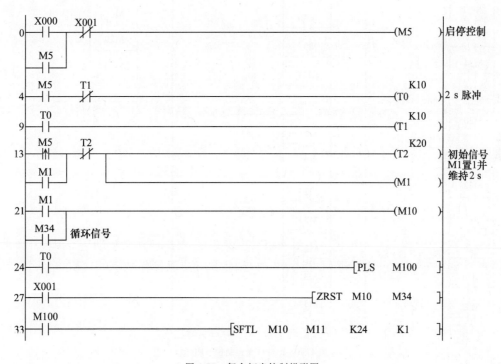

图 4-53 舞台灯光控制梯形图

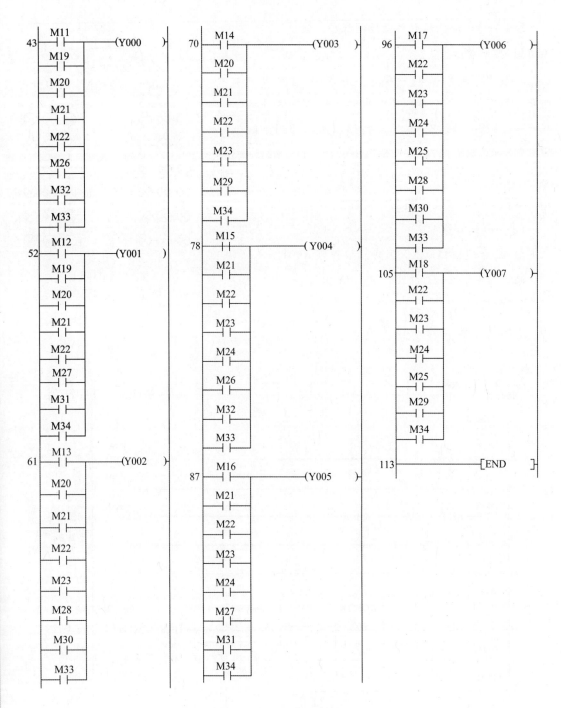

图 4-53　舞台灯光控制梯形图（续）

任务实施

一、实施内容

根据霓虹灯广告屏的工作过程及控制要求,用 FX_{2N} 系列 PLC 实现霓虹灯广告屏的控制。具体内容如下:

(1)分析控制要求,设计霓虹灯广告屏 PLC 控制电路。

(2)编写霓虹灯广告屏 PLC 控制程序并进行仿真。

(3)安装并调试霓虹灯广告屏 PLC 控制系统。

(4)编制控制系统技术文件及说明书。

二、实施步骤

1. 系统控制电路设计

(1)PLC 的 I/O 地址分配

霓虹灯广告屏 PLC 控制 I/O 地址分配见表 4-24。

表 4-24 霓虹灯广告屏 PLC 控制 I/O 地址分配

输入设备	PLC 输入点	输出设备	PLC 输出点
启动按钮 SB_1	X000	彩色灯管控制继电器 $KA_1 \sim KA_8$	Y000~Y007
停止按钮 SB_2	X001	流水彩灯控制继电器 $KA_9 \sim KA_{14}$	Y010~Y015

(2)绘制系统控制电路

设彩色灯管和流水彩灯工作额定电压为 220 V,则 PLC 控制电路如图 4-54 所示。

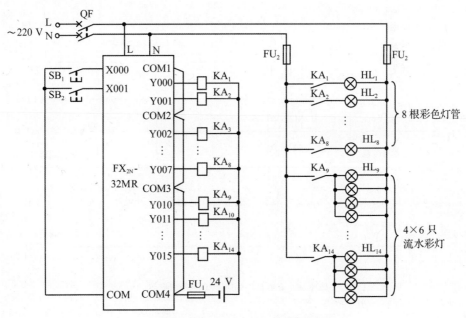

图 4-54 霓虹灯广告屏 PLC 控制电路

2. 编写 PLC 控制程序

根据工作过程和控制要求,采用位左移、位右移指令等编制霓虹灯广告屏 PLC 控制梯形图,如图 4-55 所示。

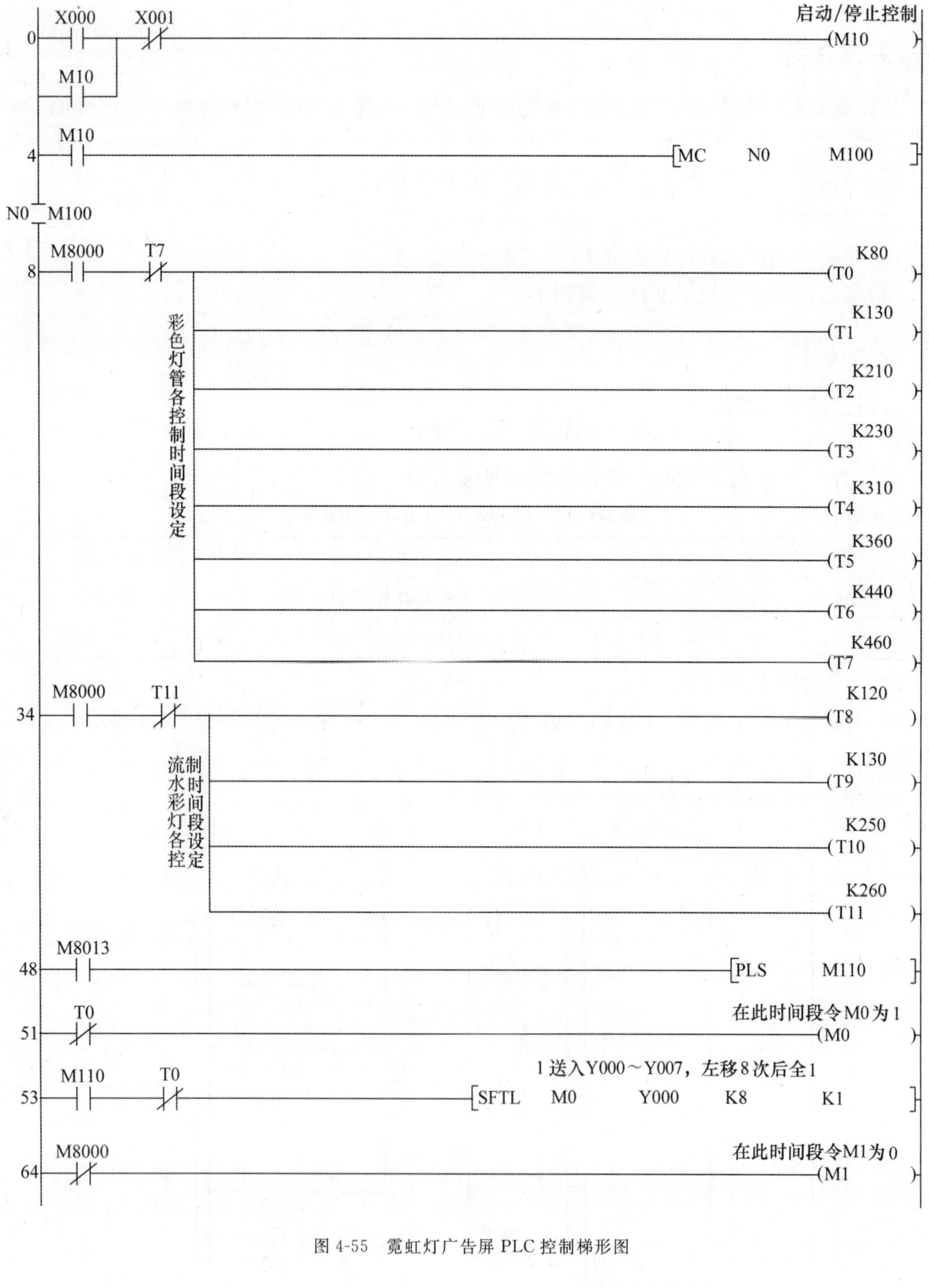

```
                                                           启动/停止控制
     X000  X001                                              (M10      )
  0 ──┤├───┤/├─────────────────────────────────────────────
     M10
     ──┤├──

     M10
  4 ──┤├────────────────────────────────[MC     N0      M100 ]

N0 ┌ M100
  │  M8000  T7                                           K80
  8 ─┤├───┤/├──┬─────────────────────────────────────────(T0       )
              │                                          K130
              ├─────────────────────────────────────────(T1       )
              │                                          K210
              ├─────────────────────────────────────────(T2       )
              │  彩色灯管各控制时间段设定                 K230
              ├─────────────────────────────────────────(T3       )
              │                                          K310
              ├─────────────────────────────────────────(T4       )
              │                                          K360
              ├─────────────────────────────────────────(T5       )
              │                                          K440
              ├─────────────────────────────────────────(T6       )
              │                                          K460
              └─────────────────────────────────────────(T7       )

     M8000  T11                                          K120
 34 ─┤├───┤/├──┬─────────────────────────────────────────(T8       )
              │                                          K130
              │  流水制彩灯各控制时间段设定             (T9       )
              ├─────────────────────────────────────────
              │                                          K250
              ├─────────────────────────────────────────(T10      )
              │                                          K260
              └─────────────────────────────────────────(T11      )

     M8013
 48 ──┤├──────────────────────────────────────[PLS      M110 ]

     T0                              在此时间段令 M0 为 1
 51 ──┤├──────────────────────────────────────────────────(M0       )

                              1 送入 Y000～Y007,左移 8 次后全 1
     M110   T0
 53 ──┤├───┤/├─────────────────────[SFTL  M0    Y000  K8    K1 ]

     M8000                          在此时间段令 M1 为 0
 64 ──┤/├─────────────────────────────────────────────────(M1       )
```

图 4-55 霓虹灯广告屏 PLC 控制梯形图

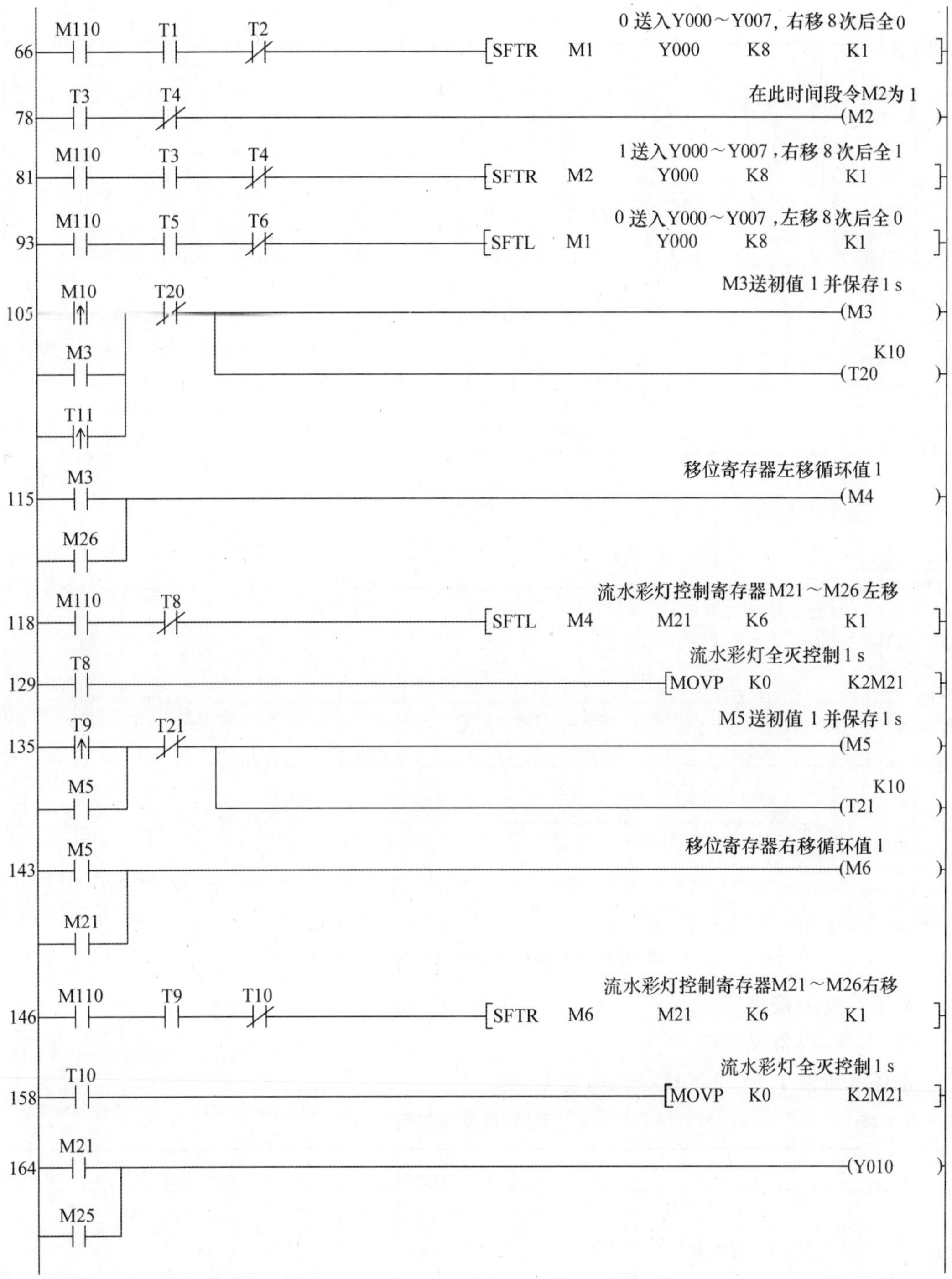

```
                                                      0 送入 Y000～Y007，右移 8 次后全 0
66   M110   T1    T2                    ─[ SFTR   M1      Y000      K8       K1 ]
      ┤├    ┤├    ┤/├

                                                      在此时间段令 M2 为 1
78   T3    T4                                                            ─( M2 )
      ┤├   ┤/├

                                                      1 送入 Y000～Y007，右移 8 次后全 1
81   M110   T3    T4                    ─[ SFTR   M2      Y000      K8       K1 ]
      ┤├    ┤├    ┤/├

                                                      0 送入 Y000～Y007，左移 8 次后全 0
93   M110   T5    T6                    ─[ SFTL   M1      Y000      K8       K1 ]
      ┤├    ┤├    ┤/├

                                                      M3 送初值 1 并保存 1 s
105   M10    T20                                                        ─( M3 )
      ┤↑├    ┤/├
      M3                                                                   K10
      ┤├                                                                ─( T20 )
      T11
      ┤↑├

                                                      移位寄存器左移循环值 1
115   M3                                                                ─( M4 )
      ┤├
      M26
      ┤├

                                                      流水彩灯控制寄存器 M21～M26 左移
118   M110   T8                         ─[ SFTL   M4      M21       K6       K1 ]
      ┤├    ┤/├

                                                      流水彩灯全灭控制 1 s
129   T8                                           ─[ MOVP   K0      K2M21 ]
      ┤├

                                                      M5 送初值 1 并保存 1 s
135   T9    T21                                                         ─( M5 )
      ┤↑├   ┤/├
      M5                                                                   K10
      ┤├                                                                ─( T21 )

                                                      移位寄存器右移循环值 1
143   M5                                                                ─( M6 )
      ┤├
      M21
      ┤├

                                                      流水彩灯控制寄存器 M21～M26 右移
146   M110   T9    T10                   ─[ SFTR   M6      M21       K6       K1 ]
      ┤├    ┤├    ┤/├

                                                      流水彩灯全灭控制 1 s
158   T10                                          ─[ MOVP   K0      K2M21 ]
      ┤├

164   M21                                                              ─( Y010 )
      ┤├
      M25
      ┤├
```

图 4-55　霓虹灯广告屏 PLC 控制梯形图（续 1）

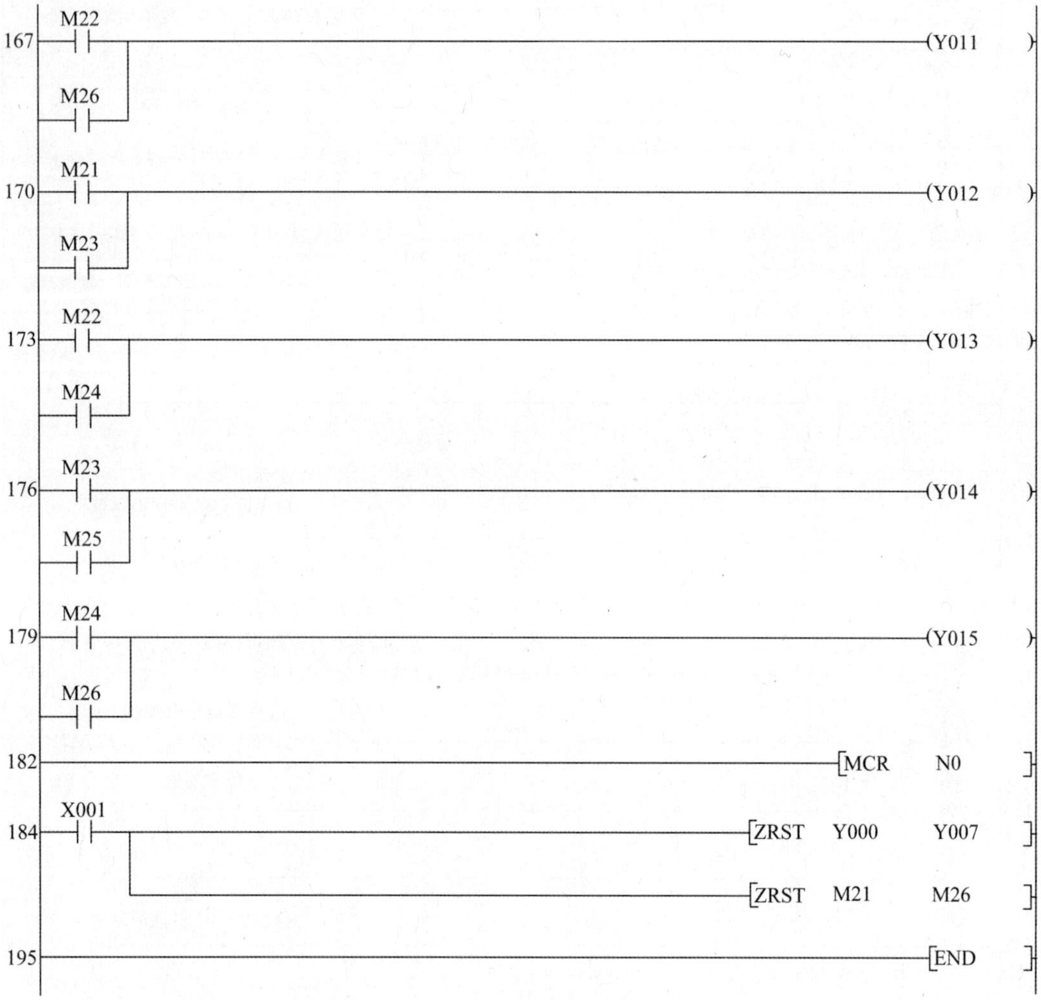

图 4-55　霓虹灯广告屏 PLC 控制梯形图（续 2）

3. 系统安装接线

（1）工具、设备及材料

本任务所需工具、设备及材料见表 4-25。

表 4-25　　　　　　　　　　　　　　工具、设备及材料

序号	分类	名称	型号规格	数量	单位	备注
1	工具	常用电工工具	尖嘴钳、试电笔、剥线钳、螺钉旋具	1	套	
2		万用表	MF47	1	块	
3	设备	PLC	FX_{2N}-32MR	1	台	
4		霓虹灯广告屏组件	定制	1	台	
5		电源	AC 220 V	1	个	
6	材料	走线槽	TC3025	若干	m	
7		导线	BVR 1.5 mm² / BVR 1.0 mm²	若干	m	

（2）安装步骤

①检查元器件　按表 4-25 将元器件配齐，并检查元器件的规格是否符合要求、质量是否完好。

②固定元器件　按照安装接线图固定元器件。

③安装接线　根据配线原则及工艺要求，按照图 4-54 进行安装接线。

4. 输入程序

通过装有 GX Works 2 软件的计算机传送 PLC 程序。其主要步骤如下：

（1）PLC 在断电状态下，连接好 PC/PPI 电缆。

（2）打开 PLC 的前盖，将运行模式选择开关拨到“STOP”位置，此时 PLC 处于停止状态，可以进行程序编写。

（3）在用作编程器的计算机上，运行 GX Works 2 软件。

（4）选择“工程”→“创建新工程”选项，生成一个新项目；或者选择“工程”→“打开工程”选项，打开已有的项目。可以选择“工程”→“另存工程为”选项，修改工程的名称。

（5）将图 4-55 所示梯形图输入计算机，并进行转换。

（6）闭合电源开关，给 PLC 通电。

（7）单击 GX Works 2 软件导航窗口底部的“连接目标”按钮，设置通信参数。

（8）选择“在线”→“PLC 写入”选项，下载程序文件到 PLC 中。

（9）选择“在线”→“远程操作”选项，调整 PLC 为 RUN 状态。

（10）选择“在线”→“监视”→“监视模式”选项，进入监视模式。

（11）如果在实时监控中，发现 PLC 程序有错误需要修改，则必须关闭监视模式，在写入模式下才能修改程序。修改好的 PLC 程序必须重新写入 PLC，重新运行。

5. 通电调试

经自检、教师检查确认电路正常且无安全隐患后，在教师的监护下通电调试。

（1）闭合开关 QF，给 PLC 通电。

（2）调整 PLC 为 RUN 状态。

（3）按下启动按钮 SB₁，按照控制要求。逐步调试，观察系统的运行情况是否符合控制要求。

（4）如果出现故障，学生应独立检修。电路检修完毕且梯形图修改完毕后应重新调试，直到系统能够正常工作。

任务 3　自动化生产线配料小车 PLC 控制系统设计与调试

 任务描述

配料小车在自动化生产线中应用非常广泛。某自动化生产线需要一辆配料小车给四个不同的地点配送材料，其运行如图 4-56 所示。小车由一台三相异步电动机通过传动机构驱动。

其运行过程要求如下：

初始状态下，小车停止在原点 O 处，且限位开关 SQ_0 被压合。第一次按下 SB_1，小车前进至 A 处碰压 SQ_1 后停止，20 s 后退回原点 O 处停止。第二次按下 SB_1，小车前进至 B 处碰压 SQ_2 后停止，25 s 后退回原点 O 处停止。第三次按下 SB_1，小车前进至 C 处碰压 SQ_3 后停止，30 s 后退回原点 O 处停止。第四次按下 SB_1，小车前进至 D 处碰压 SQ_4 后停止，35 s 后退回原点 O 处停止。再按下 SB_1，重复上述过程。任何时候按下停止按钮，小车立即返回原点停止。

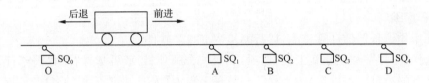

图 4-56　自动化生产线配料小车的运行

 相关知识

一、数据处理指令

1. 区间复位指令

（1）指令格式

区间复位指令（全部复位指令）的名称、功能号、助记符、操作数及程序步数见表 4-26。

表 4-26　　　　　　　　　　　　　　　　区间复位指令

名　称	功能号/助记符	操作数		程序步数
		[D1·]	[D2·]	
区间复位	FNC40/ZRST(P)	Y、M、S、T、C、D (D1≤D2)		5

（2）指令说明

区间复位指令的使用如图 4-57 所示。当 M8002 OFF→ON 时，区间复位指令执行。位元件 M500～M599、字元件 C235～C255、状态元件 S0～S100 全部复位。

目标操作数[D1·]和[D2·]指定的元件应为同类元件，[D1·]指定的元件号应小于或等于[D2·]指定的元件号。

2. 解码和编码指令

（1）指令格式

解码、编码指令的名称、功能号、助记符、操作数及程序步数见表 4-27。

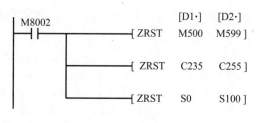

图 4-57　区间复位指令的使用

表 4-27　　　　　　　　　　　　　解码、编码指令

名　称	功能号/助记符	操作数			程序步数
		[S·]	[D·]	n	
解码	FNC41/DECO(P)	K,H,X,Y,M,S,T,C,D,V,Z	Y,M,S,T,C,D	K,H 对 Y、M、S,n=1～8	7
编码	FNC42/ENCO(P)			对 T、C、D,n=1～4	

（2）指令说明

①解码的意义是将源[S·]二进制操作数解成十进制操作数送入目标[D·]。当目标为位组件时,解码指令根据[S·]指定的起始地址的 n 位连续的位组件所表示的十进制码值 Q,对[D·]指定的 2^n 位目标组件的第 Q 位(不含目标组件本身)置 1,其他位置 0。如图 4-58(a)所示,若 X000 为 ON,置 Y000=1,Y001=1。当 X001 为 ON 时,执行解码指令,在以源 Y000 为首址的 3 位(K3)组件 Y002、Y001、Y000 中,Q=(Y002Y001Y000)=$(011)_2$=$(3)_{10}$,则对以 M0 为首址的 2^3(K3)=8 位目标组件的第 3 位(不含目标组件 M0)即 M3 置 1,其他位置 0,执行情况如图 4-58(b)所示。

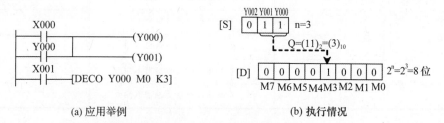

(a) 应用举例　　　　　　　　　　　　(b) 执行情况

图 4-58　位组件解码指令的使用

②当目标[D·]为字符件时,DECO 指令根据源[S·]指定的字符件的低 n 位所表示的十进制码 Q,对[D·]指定的目标字符件的第 Q 位(不含最低位)置 1,其他位置 0,如图 4-59 所示,当 X000 闭合时,K7 传送至 D0,D0 的 2^2、2^1 及 2^0 位为 1。当 X001 闭合时,将 D0 的解码在 D10 中表示出来,即从第 2^1 位起的第 7 位置 1,故 D10 的当前值为 128。

③编码 ENCO 的意义是将以源[S·]为首址、长度为 2^n 的位组件中,最高置 1 的位数存放到目标[D·]所指定的组件中去,[D·]的位数为 n。如图 4-60 所示,闭合 X000,M5 置 1。接通 X001,执行 ENCO 指令,将以 M0 为首址的 2^3=8 位组件中置 1 的最高位(图 4-59 中为

M5)放到目标 D0 中,因此 D0 的当前值为$(101)_2 = (5)_{10}$。当源内多个位为 1 时,低位忽略不计。

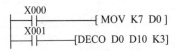

图 4-59　字符件解码指令的使用

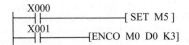

图 4-60　位组件编码指令的使用

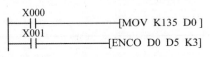

图 4-61　字符件编码指令的使用

④当源为字符件编码时,则将源中置 ON 的最高位的位数放到目标组件中。如图 4-61 所示,接通 X000,将 K135 送到 D0 中,则 D0 的当前值为$(10000111)_2$,最高置 1 位为二进制 7 位,故 D5 的值为 7。

【例 4-10】　用解码指令设计单按钮实现 5 台电动机顺序启停控制。

(1)控制要求

用单按钮控制 5 台电动机的启停。第 1 次按下按钮,1 号电动机启动;第 2 次按下按钮,1 号电动机停止;第 3 次按下按钮,2 号电动机启动;第 4 次按下按钮,2 号电动机停止……第 9 次按下按钮,5 号电动机启动;第 10 次按下按钮,5 号电动机停止。

(2)I/O 地址分配

I/O 地址分配见表 4-28。

表 4-28　　　　　　　　　　5 台电动机顺序启停控制 I/O 地址分配

输入设备	PLC 输入点	输出设备	PLC 输出点
启停按钮 SB_0	X000	1 号电动机驱动接触器 KM_1	Y000
		2 号电动机驱动接触器 KM_2	Y001
		3 号电动机驱动接触器 KM_3	Y002
		4 号电动机驱动接触器 KM_4	Y003
		5 号电动机驱动接触器 KM_5	Y004

(3)梯形图

应用解码等指令设计的梯形图如图 4-62 所示。输入电动机编号的按钮接于 X000,M101 是 X000 的二分频器,其脉冲数即电动机编号,被记录在 K1M10 中,这里使用二进制自动加 1 指令。解码指令则将 K1M10 中的数据解码,并令 M7～M0 和 K1M10 中数据(电动机编号)相同的位组件置 1。

3.求平均值指令

(1)指令格式

求平均值指令的名称、功能号、助记符、操作数及程序步数见表 4-29。

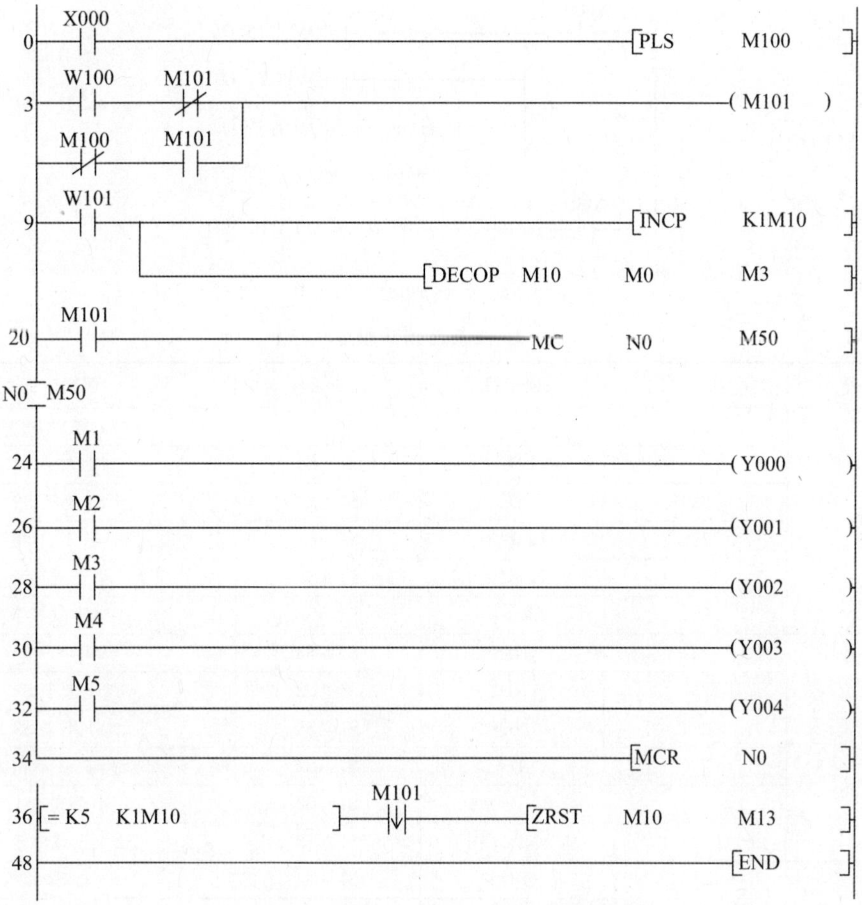

```
        X000
    0 ──┤├────────────────────────────────────[PLS    M100 ]

        W100    M101
    3 ──┤├──────┤/├──────────────────────────────( M101  )
        M100    M101
      ──┤/├──────┤├──┘

        W101
    9 ──┤├────────────────────────────────────[INCP   K1M10 ]
      └──────────────────────[DECOP  M10    M0    M3 ]

        M101
   20 ──┤├──────────────────────────────MC    N0    M50 ]

   N0  M50
        M1
   24 ──┤├────────────────────────────────────( Y000  )
        M2
   26 ──┤├────────────────────────────────────( Y001  )
        M3
   28 ──┤├────────────────────────────────────( Y002  )
        M4
   30 ──┤├────────────────────────────────────( Y003  )
        M5
   32 ──┤├────────────────────────────────────( Y004  )

   34 ────────────────────────────────────────[MCR    N0 ]

                                M101
   36 ──[= K5  K1M10 ]──────────┤↓├──────[ZRST   M10   M13 ]

   48 ────────────────────────────────────────[END ]
```

图 4-62　5 台电动机顺序启停控制梯形图

表 4-29　　　　　　　　　　　　　　　求平均值指令

名　称	功能号/助记符	操作数			程序步数
		[S]	[D]	n	
求平均值	FNC45/ MEAN(P)	KnX、KnY、KnM、 KnS、T、C、D	KnY、KnM、KnS、T、C、 D、V、Z	K、H n=1~64	16 位：7 32 位：13

（2）指令说明

求平均值指令的功能是求 D0 开始的 4 个位组件的代数平均值,送到目标组件 D10 中,即 $(D0+D1+D2+D3)/4 \rightarrow D10$,如图 4-63 所示。当 X000 和 X001 闭合时,(D10)=30。

二、条件判断指令

16 位条件判断指令的类别名称、功能号、助记符、比较条件、逻辑功能见表 4-30。

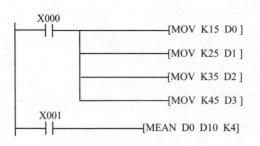

图 4-63 求平均值指令的使用

表 4-30   16 位条件判断指令

类别名称	功能号	助记符	比较条件	逻辑功能
取判断	224	LD=	S1＝S2	S1 与 S2 相等
	225	LD>	S1＞S2	S1 大于 S2
	226	LD<	S1＜S2	S1 小于 S2
	228	LD<>	S1≠S2	S1 与 S2 不相等
	229	LD<=	S1≤S2	S1 小于或等于 S2
	230	LD>=	S1≥S2	S1 大于或等于 S2
串联判断	232	AND=	S1＝S2	S1 与 S2 相等
	233	AND>	S1＞S2	S1 大于 S2
	234	AND<	S1＜S2	S1 小于 S2
	236	AND<>	S1≠S2	S1 与 S2 不相等
	237	AND<=	S1≤S2	S1 小于或等于 S2
	238	AND>=	S1≥S2	S1 大于或等于 S2
并联判断	240	OR=	S1＝S2	S1 与 S2 相等
	241	OR>	S1＞S2	S1 大于 S2
	242	OR<	S1＜S2	S1 小于 S2
	244	OR<>	S1≠S2	S1 与 S2 不相等
	245	OR<=	S1≤S2	S1 小于或等于 S2
	246	OR>=	S1≥S2	S1 大于或等于 S2

16 位条件判断指令的使用如图 4-64 所示。如图 4-64(a)所示,C0 的当前值等于 K10 时,线圈 Y000 被驱动;D10 的值大于 K－30 且 X000＝1 时,Y001 被置位。如图 4-64(b)所示,X000＝1 且 D20 的值小于 K50 时,Y000 被复位;X001＝1 或者 K10 大于或等于 C0 当前值时,Y001 被驱动。

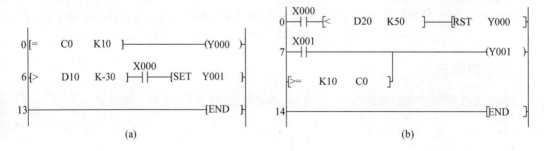

图 4-64　16 位条件判断指令的使用

想一想 试一试

试用条件判断指令和传送指令编写交替点亮 12 只彩灯的控制程序。要求如下：

12 只彩灯接在 Y013～Y000，当 X000 接通后，系统开始工作。小于或等于 2 s 时，第 1～6 只彩灯亮；2～4 s，第 7～12 只彩灯亮；大于或等于 4 s 时，12 只彩灯全亮；保持 6 s，再循环。当 X000 为 OFF 时，彩灯全部熄灭。

 任务实施

一、实施内容

根据自动化生产线配料小车的工作过程及控制要求，用 FX$_{2N}$ 系列 PLC 实现自动化生产线配料小车的控制。具体内容如下：

（1）分析控制要求，设计自动化生产线配料小车 PLC 控制电路。

（2）编写自动化生产线配料小车 PLC 控制程序并进行仿真。

（3）安装并调试自动化生产线配料小车 PLC 控制系统。

（4）编制控制系统技术文件及说明书。

二、实施步骤

1. 系统控制电路设计

（1）PLC 的 I/O 地址分配

I/O 地址分配见表 4-31。

表 4-31 　　　　　　　　自动化生产线配料小车 PLC 控制 I/O 地址分配

输入设备	PLC 输入点	输出设备	PLC 输出点
启动按钮 SB$_1$	X005	配料小车前进控制继电器 KM$_1$	Y001
停止按钮 SB$_2$	X006	配料小车后退控制继电器 KM$_2$	Y002
O 点限位开关 SQ$_0$	X000		
A 点限位开关 SQ$_1$	X001		
B 点限位开关 SQ$_2$	X002		
C 点限位开关 SQ$_3$	X003		
D 点限位开关 SQ$_4$	X004		

（2）绘制系统控制电路

依据表 4-31 绘制自动化生产线配料小车 PLC 控制电路，如图 4-65 所示。

2. 编写 PLC 控制程序

应用步进顺控法可绘制出 SFC，如图 4-66 所示。读者可将 SFC 直接输入编程软件或利用步进顺控指令将 SFC 转换成梯形图输入。

3. 系统安装接线

（1）工具、设备及材料

本任务所需工具、设备及材料见表 4-32。

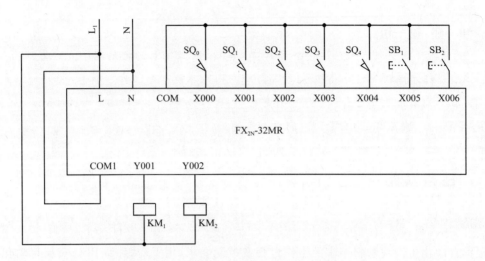

图 4-65　自动化生产线配料小车 PLC 控制电路

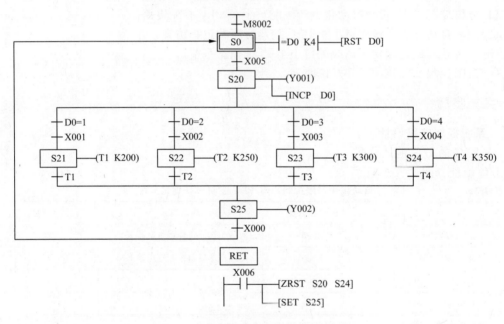

图 4-66　自动化生产线配料小车 PLC 控制 SFC

表 4-32　　　　　　　　　　　　　　工具、设备及材料

序号	分类	名　称	型号规格	数量	单位	备　注
1	工具	常用电工工具	尖嘴钳、试电笔、剥线钳、螺钉旋具	1	套	
2		万用表	MF47	1	块	
3	设备	PLC	FX_{2N}-32MR	1	台	
4		配料小车组件	定制	1	台	
5		电源	AC 220 V	1	个	
6	材料	走线槽	TC3025	若干	m	
7		导线	BVR 1.5 mm^2/BVR 1.0 mm^2	若干	m	

（2）安装步骤

①检查元器件　按表 4-32 将元器件配齐，并检查元器件的规格是否符合要求、质量是否完好。

②固定元器件　按照安装接线图固定元器件。

③安装接线　根据配线原则及工艺要求，按照图 4-65 进行安装接线。

4. 输入程序

通过装有 GX Works 2 软件的计算机传送 PLC 程序。其主要步骤如下：

（1）PLC 在断电状态下，连接好 PC/PPI 电缆。

（2）打开 PLC 的前盖，将运行模式选择开关拨到"STOP"位置，此时 PLC 处于停止状态，可以进行程序编写。

（3）在用作编程器的计算机上，运行 GX Works 2 软件。

（4）选择"工程"→"创建新工程"选项，生成一个新项目；或者选择"工程"→"打开工程"选项，打开已有的项目。可以选择"工程"→"另存工程为"选项，修改工程的名称。

（5）将图 4-66 所示 SFC 输入计算机，并进行转换。

（6）闭合电源开关，给 PLC 通电。

（7）单击 GX Works 2 软件导航窗口底部的"连接目标"按钮，设置通信参数。

（8）选择"在线"→"PLC 写入"选项，下载程序文件到 PLC 中。

（9）选择"在线"→"远程操作"选项，调整 PLC 为 RUN 状态。

（10）选择"在线"→"监视"→"监视模式"选项，进入监视模式。

（11）如果在实时监控中，发现 PLC 程序有错误需要修改，则必须关闭监视模式，在写入模式下才能修改程序。修改好的 PLC 程序必须重新写入 PLC，重新运行。

5. 通电调试

经自检、教师检查确认电路正常且无安全隐患后，在教师的监护下通电调试。

（1）闭合电源开关，给系统通电。

（2）调整 PLC 为 RUN 状态。

（3）按下启动按钮 SB$_1$，观察系统的运行情况是否符合控制要求。

（4）如果出现故障，学生应独立检修。电路检修完毕且梯形图修改完毕后应重新调试，直到系统能够正常工作。

思考与练习

1. 位软组件如何组成字软组件？举例说明。

2. 说明变址寄存器 V 和 Z 的作用。当 V＝10 时，说明下列符号的含义：K20V、D5V、Y010V、K4X005V。

3. 如下软组件为什么类型的软组件？由几位组成？
X004、D20、S30、K4Y000、X30、K2X000、M8002

4. 用两种不同类型的比较指令实现下列功能：对 X000 的脉冲进行计数，当脉冲数大于 5 时，Y001 为 ON；反之，Y000 为 ON 且 Y000 接通时间达到 10 s，Y002 为 ON。试编写此梯形图。

5. 设计一段程序，当输入条件满足时，依次将计数器的 C0～C9 的当前值转换成 BCD 码送到输出组件 K4Y000 中，试设计梯形图。（提示：用一个变址寄存器 Z，首先 $0→(Z)$，每次 $(C0Z)→K4Y000$，$(Z)+1→(Z)$；当 $(Z)=9$ 时，Z 复位，再从头开始）

6. 若要将 D10 中的偶数（0，2，…，14）位全部取反，而奇数（1，3，…，15）位保持不变，试编写程序实现之。

7. 如图 4-67 所示，若 $(D0)=00010110$，$(D2)=00111100$，在 X000 合上后，$(D4)$、$(D6)$、$(D8)$ 的结果分别为多少？

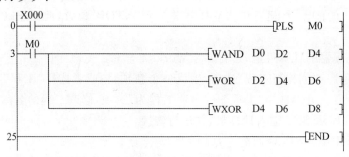

图 4-67　7 题图

8. 有 30 个数（16 位），存放在 D0～D29 中。求出最小值，存入 D30 中，设计梯形图。

9. 用循环指令求 $1+2+3+…+30$ 的和。

10. D0 的初始值为 H16B4，执行一次 ROLP D0 K3 指令后，D0 的值为多少？标志位 M8022 为多少？

11. 现有 5 台电动机，按下启动按钮后，每隔 6 s 正序启动运行，按下停止按钮后每隔 1 s 反序停止。编制控制程序。

12. 试用位左移指令构成移位寄存器，实现广告牌字闪耀控制。用 $HL_1～HL_6$ 6 只指示灯分别照亮"电气控制技术"6 个字，其控制流程见表 4-33。每步间隔 1 s。

表 4-33　　　　　　　　　　　广告牌字闪耀控制流程

指示灯	流　程												
	1	2	3	4	5	6	7	8	9	10	11	12	13
HL_1	√						√		√			√	
HL_2		√					√		√			√	
HL_3			√				√			√		√	
HL_4				√			√			√		√	
HL_5					√		√				√	√	
HL_6						√	√				√	√	

13. 试用 DECO 指令实现某喷水池花式喷水控制。控制要求：第一组喷嘴喷水 4 s→第二组喷嘴喷水 2 s→第一、二组喷嘴共同喷水 2 s→共同停 1 s→重复上述过程。

14. 编制程序完成三相六拍步进电动机的正/反转控制，并能进行调速控制，调速范围为 2～500 步/s。

15. 某车间生产线上有一自动送料的送料车运输系统，该系统有 6 个工位，送料车往返于

6个工位之间,如图 4-68 所示。每个工位设有一个到位开关(SQ_m)和一个呼叫按钮(SQ_n)。具体控制要求如下:

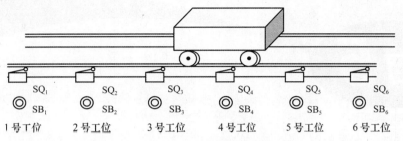

图 4-68 送料车运输系统

(1)送料车开始应能停留在 6 个工位中任意一个工位上。

(2)设送料车暂停于 m 号工位(SQ_m 闭合)处,这时 n 号工位呼叫(SQ_n 闭合),若:

①$m>n$,送料车左行,直至 SQ_n 动作,到位停车,即送料车停位置 SQ 的编号大于呼叫按钮 SB 的编号时,送料车往左行至呼叫位置后停止。

②$m<n$,送料车右行,直至 SQ_n 动作,到位停车,即送料车停位置 SQ 的编号小于呼叫按钮 SB 的编号时,送料车往右行至呼叫位置后停止。

③$m=n$,送料车原位不动,即送料车停位置 SQ 的编号等于呼叫按钮 SB 的编号时,送料车不动。

(3)先呼叫者有优先权,同时在送料车到达被呼叫工位且停止 30 s 后,其他工位才能呼叫。

试利用条件判断指令编制 PLC 控制程序。

项目 5

艾默生变频器技术及应用

学习目标

(1)熟悉艾默生变频器的外部结构和内部组成。

(2)掌握艾默生变频器的操作及参数调整方法。

(3)会对变频器进行正确接线。

(4)会设定变频器的功能参数。

(5)会利用 PLC 与变频器设计调速控制系统。

 项目综述

变频器是将固定频率的交流电变换为频率连续可调的交流电的装置。变频器的问世使电气传动领域发生了一场技术革命,即以交流调速取代了直流调速。通用变频器不仅在各个行业中广泛应用,而且在家电产品中也得到了普遍应用。

本项目通过小型货物提升机控制系统设计与调试、PLC 与变频器实现电动机多段速度运行和工业洗衣机 PLC 控制系统设计与调试三个任务,学习变频器的基本工作原理和操作方法、变频器接线方法及常用功能参数的设置方法。这三个任务为典型的变频调速控制系统。通过学习,读者对变频器的典型应用应有初步的了解,并掌握艾默生变频器的基本操作方法和参数设置方法,学会利用 PLC 结合变频器实现简单调速控制系统,提高综合能力。

任务 1　小型货物提升机控制系统设计与调试

任务描述

　　小型货物提升机广泛应用于机械制造、电子、建筑工程和物流输送等场合,其上升和下降是利用电动机正/反转卷绕钢丝绳带动罐笼来实现的。小型货物提升机控制系统一般由电动机、导向轮、罐笼、电磁抱闸和各种主令电器等组成,如图 5-1 所示。

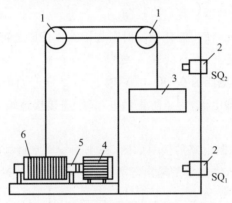

图 5-1　小型货物提升机控制系统
1—导向轮;2—限位开关;3—罐笼;4—电动机;5—电磁抱闸;6—提升机

　　本小型货物提升机控制系统用于两层楼房的货物运送。当罐笼停于一层时,按上升启动按钮,罐笼将上升。当罐笼到达二层时(SQ_2 检测),提升机立即抱闸停止。当罐笼停于二层时,按下降启动按钮,罐笼将下降。当罐笼到达一层时(SQ_1 检测),提升机立即抱闸停止。同时,当罐笼到达一层或二层时,数码显示相应的楼层号码。按停止按钮,小型货物提升机停止运行。系统要求具有异地控制和自动抱闸功能。提升机上升、下降初始运行频率为 30 Hz,变频器加/减速时间为 6 s。在运行中可根据货物的多少随时调节提升机的速度(频率),频率调节范围为 10~55 Hz。

相关知识

一、艾默生 EV1000 系列变频器的外部结构

1. EV1000 系列变频器的端子

(1)主回路接线端子

EV1000 系列变频器主电路的通用接线如图 5-2 所示。

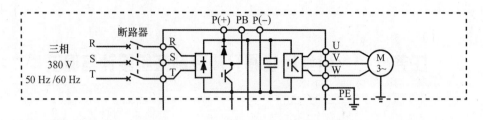

图 5-2　EV1000 系列变频器主电路的通用接线

①主电路接线时,应确保输入、输出端子不能接错,即变频器输入电源线必须连接至 R、S、T(没有必要考虑相序),绝对不能接 U、V、W,否则会损坏变频器。U、V、W 连接三相交流异步电动机。

②严禁在变频器输入侧使用接触器等开关器件进行直接频繁启停操作,否则会造成设备损坏,宜通过控制端子对变频器进行启停控制。

③变频器内含制动单元,使用能耗制动时需在 P(+)、PB 之间连接制动电阻。

④P(+)、P(−)为直流正、负母线输入端子,只有在确认变频器内部充电指示灯已经熄灭,即 P(+)、P(−)之间的电压值在 DC 36 V 以下后,才能开始内部配线工作。

⑤由于在变频器内有漏电流,为了防止触电,必须连接接地端子。

(2)控制回路接线端子

EV1000 系列变频器控制电路的接线如图 5-3 所示,其控制电路端子分为通信、模拟量输入、模拟量输出、数字量输入和数字量输出等类别,控制电路输入端子的功能说明见表 5-1。

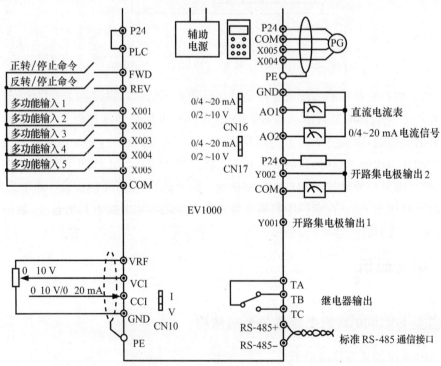

图 5-3　EV1000 系列变频器控制电路的接线

表 5-1　　　　　　　　　　　　　　控制电路输入端子的功能说明

类 别	标 号	名 称	功能说明	规 格
通信	RS-485＋	RS-485 通信接口	RS-485 差分信号正端	标准 RS-485 通信接口,使用双绞线或屏蔽线
	RS-485－		RS-485 差分信号负端	
模拟量输入	VCI	模拟量输入 VCI	接收模拟电压量输入(参考地:GND)	输入电压范围:0～10 V 输入阻抗:100 kΩ 分辨率:1/2 000
	CCI	模拟量输入 CCI	接收模拟电压/电流量输入,输入电压、电流由跳线 CN10 选择,默认为电压(参考地:GND)	输入电压范围:0～10 V(输入阻抗 100 kΩ) 输入电流范围:0～20 mA(输入阻抗 500 Ω) 分辨率:1/2 000
模拟量输出	AO1	模拟量输出 1	提供模拟电压/电流量输出,可以表示 12 种量,输出电压、电流由跳线 CN16 选择,默认为输出电压,见功能码 F7.26说明(参考地:GND)	电流输出范围:0/4～20 mA 电压输出范围:0/2～10 V
	AO2	模拟量输出 2	提供模拟电压/电流量输出,可以表示 12 种量,输出电压、电流由跳线 CN17 选择,默认为输出电压,见功能码 F7.27(参考地:GND)	
数字量输入	X001～X003	多功能输入端子 1～3	可编程定义为多功能的开关量输入端子,详见端子功能参数(F7 组功能码)输入端子介绍(参考地:COM)	光耦隔离双向输入 最高输入频率:200 Hz 输入电压范围:9～30 V 输入阻抗:2 kΩ
	X004～X005	多功能输入端子 4～5	除可作为普通多功能端子(同 X001～X003)使用外,还可编程作为高速脉冲输入端子,详见端子功能参数(F7 功能码)输入端子介绍(参考地:COM)	光耦隔离双向输入 单相测速最高输入频率:100 kHz 双相测速最高输入频率:50 kHz 脉冲频率给定最高输入频率:50 kHz 输入电压范围:9～30 V 输入阻抗:620 Ω
	FWD	正转/停止命令端子	可编程端子	光耦隔离双向输入 最高输入频率:200 Hz
	REV	反转/停止命令端子	可编程端子	光耦隔离双向输入 最高输入频率:200 Hz
	PLC	多功能输入端子公共端	多功能输入端子公共端	
	P24	＋24 V 电源	提供＋24 V 电源	输出电压:＋24 V 稳压精度:10% 最大输出电流:200 mA
	COM	＋24 V 电源公共端	内部与 GND 隔离	
数字量输出	Y001	开路集电极输出 1	可编程定义为多功能的开关量输出,详见端子功能参数(F7 组功能码)输出端子介绍	光耦隔离输出 DC 24 V/50 mA
	Y002	开路集电极输出 2	可编程定义为多功能的开关量输出,详见端子功能参数(F7 组功能码)输出端子介绍	光耦隔离输出 DC 24 V/50 mA Y002 可作为数字量输出 最高输出频率:50 kHz

类别	标号	名称	功能说明	规格
电源	VRF	+10 V 电源	对外提供+10 V 参考电源	输出电压：+10 V 稳压精度：10% 最大允许输出电流：100 mA
	GND	+10 V 电源地	模拟量信号和+10 V 电源的参考地	
其他	TA/TB/TC	继电器输出	可编程定义为多功能的开关量输出，详见端子功能参数（F7组功能码）输出端子介绍	TA—TB：常闭 TA—TC：常开 触点容量： AC 250 V/2 A(cos φ=1) AC 250 V/1 A(cos φ=0.4) DC 30 V/1 A

2. 艾默生变频器 LED 键盘显示单元

LED 键盘显示单元是变频器接收命令、显示参数的主要单元。在使用艾默生变频器之前，首先要熟悉它的 LED 键盘显示单元各按键功能及显示灯含义。LED 键盘显示单元如图 5-4 所示，其上半部分为数码显示屏，下半部分为电位计和各种按键，其具体功能分别见表 5-2～表 5-4。

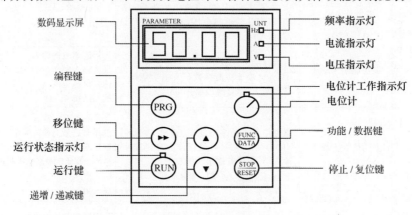

图 5-4 LED 键盘显示单元

表 5-2   **LED 键盘显示单元的键盘功能**

键	名称	功能
PRG	编程键	停机状态或运行状态与编程状态的切换
FUNC/DATA	功能/数据键	功能码菜单切换，修改参数
▲	递增键	数据或功能码的递增
▼	递减键	数据或功能码的递减
▶▶	移位键	可切换 LED 显示参数，如电压、频率等；在设定数据时，选择欲修改位
RUN	运行键	在键盘显示单元操作模式下，用于运行操作
STOP/RESET	停止/复位键	键盘模式下，按此键可停止运行，也可用来复位，结束故障报警状态 端子控制模式下，按此键可复位，结束故障报警状态
⏱	电位计	设定频率

表 5-3	LED 键盘显示单元的指示灯说明	
指示灯	含　义	指示灯颜色
频率指示灯	亮表示当前 LED 显示参数为频率	绿
电流指示灯	亮表示当前 LED 显示参数为电流	绿
电压指示灯	亮表示当前 LED 显示参数为电压	绿
电位计工作指示灯	亮表示变频器的频率可由电位计给定	绿
运行状态指示灯	亮表示变频器正在运行	绿

表 5-4	LED 键盘显示单元的指示灯组合
指示灯组合方式	含　义
频率+电流指示灯	转速/(r·min⁻¹)
电流+电压指示灯	线速度/(m·s⁻¹)
频率+电压指示灯	百分比/%

二、艾默生 EV1000 系列变频器功能码设置方法

1. 功能码体系

现代变频器中,往往有多达数百种功能可以使用。为了便于寻找、设定,变频器把所有功能进行了编号,此编号称为功能码。EV1000 系列变频器共有 17 组的功能码:F0～F9、FA、FF、FH、FL、Fn、FP、FU。每个功能码组内包括若干功能码。功能码采用功能码组号+功能码号的方式标识,如 F5.08 表示为第 5 组中第 8 号功能码。通过 LED 键盘显示单元设定功能码时,功能码组号对应一级菜单,功能码对应二级菜单,功能码参数对应三级菜单。

2. 功能码设定方法

EV1000 系列变频器功能码设置流程如图 5-5 所示。参数设定值分为十进制(DEC)和十六进制(HEX)两种。若参数采用十六进制表示,编辑时各位彼此独立,部分位的取值范围可以是十六进制的(0～F)。参数值有个、十、百、千位,使用 ▶▶ 键选定要修改的位,使用 ▲、▼ 键增大或减小数值。

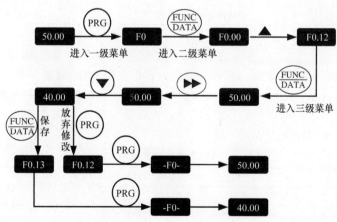

图 5-5　EV1000 系列变频器功能码设置流程

例如,将上限频率由50 Hz调到40 Hz(F0.12由50.00改为40.00),其设置方法如下:

(1)按PRG键进入编程状态,数码显示屏将显示当前功能代码F0。

(2)按FUNC/DATA键,显示功能代码F0.00,按▲键,直到显示F0.12。

(3)按FUNC/DATA键,将会看到F0.12对应的参数值(50.00)。

(4)按▶▶键将闪烁位移到改动位(5闪烁)。

(5)按▼键一次,将50.00改为40.00。

(6)按FUNC/DATA键,保存F0.12的值并自动显示下一个功能码(F0.13)。

(7)按PRG键退出编程状态。

> **注意**
>
> 在三级菜单下,若参数没有闪烁位,表示该功能码不能修改,可能原因如下:
>
> (1)该功能码为不可修改参数,如实际检测参数、运行记录参数等。
>
> (2)该功能码在运行状态下不可修改,需停机后才能进行修改。
>
> (3)参数被保护,当功能码FP.01=1或2时,功能码均不可修改,这是为避免误操作进行的参数保护,若要编辑功能码参数,需先将功能码FP.01设为0。

三、艾默生EV1000系列变频器基本功能码参数

变频器在应用前,一定要进行功能码参数设定。目的是使变频调速控制系统的各项指标尽可能地和生产机械的实际要求相吻合,以保证拖动系统运行在最佳状态。EV1000系列变频器有几百个功能码参数,实际使用时,只需要根据控制要求设定部分参数,其余按默认值即可。一些常用功能码参数的设定,则是应该熟悉的。

下面根据本任务对变频器的要求,介绍一些基本功能码参数及其设定方法。

1.参数保护(FP)功能码组

FP功能码组参数见表5-5。

表5-5　　　　　　　　　　　　　　FP功能码组参数

功能码号	名　称	参数范围
FP.01	参数写入保护	0～2【1】
FP.02	参数初始化	0～2【0】

注:【】内为默认值。下同。

(1)FP.01

为了防止已经设定好的功能码参数在运行过程中发生变化,或被好奇者随意更改,用户在功能码参数设定完之后,应通过参数写入保护功能将参数写保护,希望的保护等级可根据实际情况自行确定。参数一旦写保护后,变频器只有在参数允许改写状态下才可重新设定功能参数。FP.01参数功能说明见表5-6。

表5-6　　　　　　　　　　　　　FP.01参数功能说明

设定值	功能说明
0	全部参数允许被改写
1	除设定频率(F0.02)和本功能码外,其他功能码参数禁止被改写
2	除本功能码外,其他功能码参数禁止被改写

出厂时,本功能码参数为1,默认只允许修改频率,其他功能码参数均不可修改。若要修

改功能码设置,请先将本功能码参数设为 0。修改参数完毕,若要进行参数保护,再将 FP.01 设为希望的保护等级。将本功能码参数设为 0,恢复默认值时,本功能码参数保持不变。

(2)FP.02

大多数变频器参数初始化是指将所有功能码都恢复为默认值。变频器在运行过程中,由于功能码设置不当,其运行状况不能令人满意,或由于某种原因,各功能码设定的参数出现混乱时,用户应通过参数初始化功能使所有功能码恢复为默认值,然后根据控制要求重新进行设置。每次做变频器实验、实训时,都要进行参数初始化,防止之前设置的功能码参数对本次实验、实训造成影响。FP.02 参数功能说明见表 5-7。

表 5-7   **FP.02 参数功能说明**

设定值	功能说明
0	无操作
1	清除故障记录(FL.14~FL.19)
2	恢复默认值(FL.14 前、F0.08 和 FH.00 除外)

清除故障记录或恢复默认操作后,本功能码参数将自动恢复为 0。

2. 电动机参数(FH)功能码组

FH 功能码组参数见表 5-8。

表 5-8   **FH 功能码组参数**

功能码号	名 称	参数范围
FH.00	电动机极数	0~14【4】
FH.01	额定功率	0.4~999.9 kW【机型确定】
FH.02	额定电流	0.1~999.9 A【机型确定】

为了保证控制性能,请务必按照电动机的铭牌参数正确设置 FH.00~FH.02。电动机与变频器功率等级应匹配配置。

3. 基本运行参数(F0)功能码组

F0 功能码组参数见表 5-9。

表 5-9   **F0 功能码组参数**

功能码号	名 称	参数范围
F0.00	频率给定通道选择	0~6【6】
F0.01	数字频率控制	00~11【00】
F0.02	运行频率设定	下限频率~上限频率【50.00 Hz】
F0.03	运行命令通道选择	0、1、2【0】
F0.04	运转方向设定	0、1【0】
F0.05	最高输出频率	Max{50.00,F0.12 上限频率}~650.00 Hz【50.00 Hz】
F0.06	基本运行频率	1.00~650.00 Hz【50.00 Hz】
F0.07	最大输出电压	1~480 V【变频器额定】
F0.09	转矩提升	0.0%~30.0%【0.0%】
F0.10	加速时间 1	0.0~3 600.0 s(min)【6.0 s】
F0.11	减速时间 1	0.0~3 600.0 s(min)【6.0 s】
F0.12	上限频率	下限频率~最高输出频率【50.00 Hz】
F0.13	下限频率	0.00~上限频率【0.00 Hz】

（1）F0.00

用户要调节变频器的输出频率，首先必须向变频器提供改变频率的信号，这个信号称为频率给定信号。所谓频率给定通道，是指调节变频器输出频率的具体方法，也就是提供频率给定信号的方式。F0.00参数功能说明见表5-10。

表5-10   F0.00参数功能说明

设定值	功能说明
0	数字量给定1，由LED键盘显示单元▲、▼键调节（频率设置初值为F0.02）
1	数字量给定2，由端子UP/DN调节（频率设置初值为F0.02）
2	数字量给定3，由串行口给定（频率设置初值为F0.02）
3	由VCI模拟量给定（VCI-GND），输入电压范围：DC 0～10 V
4	由CCI模拟量给定（CCI-GND），输入电压范围：DC 0～10 V（CN10跳线选择V侧），DC 0～20 mA（CN10跳线选择I侧）
5	由端子脉冲（PULSE）给定，只能由X004或X005输入（见F7.03～F7.04定义），脉冲信号规格：电压15～30 V；频率0～50.0 kHz
6	由LED键盘显示单元电位计给定，调节频率范围固定为0至最高输出频率（F0.05）

选择给定方式的一般原则：

①面板给定与外接给定　优先选择面板给定，因为变频器的操作面板包括键盘和显示屏，而显示屏的显示功能相当齐全。例如，可显示变频器运行过程中的各种参数及故障代码等。但由于受连接线长度的限制，操作面板与变频器之间的距离不能过长。

②数字量给定与模拟量给定　优先选择数字量给定，因为数字量给定时频率精度较高；数字量给定通常用按键操作，不易损坏，而模拟量给定通常用电位计，容易磨损。

③电压信号给定与电流信号给定　优先选择电流信号，因为电流信号在传输过程中，不受电路电压降、接触电阻及其压降、杂散的热电效应以及感应噪声等的影响，抗干扰能力较强。但由于电流信号电路比较复杂，在距离不远的情况下，选用电压信号给定方式居多。

（2）F0.01

数字频率控制是变频器在停机或断电后，是否保持停机或断电前的运行频率的选择功能。F0.01参数功能说明见表5-11。

表5-11   F0.01参数功能说明

设定值		功能说明
LED个位	0	设定频率停电存储：变频器停电或欠压时，F0.02以当前实际频率设定值自动刷新
	1	设定频率停电不存储：变频器停电或欠压时，F0.02保持不变
LED十位	0	停机设定频率保持：变频器停机时，频率设定值为最终修改值
	1	停机设定频率恢复F0.02：变频器停机时，自动将频率设定值恢复到F0.02

此参数的设定仅对F0.00＝0、1、2有效。

（3）F0.02

当频率给定通道定义为数字量给定（F0.00＝0、1、2）时，F0.02参数为变频器的初始设定频率。

(4)F0.03

运行命令通道选择是指变频器控制电动机启停的方式选择。F0.03 参数功能说明见表 5-12。

表 5-12　F0.03 参数功能说明

设定值	功能说明
0	LED 键盘显示单元运行命令通道，用 RUN、STOP/RESET 键控制启停
1	端子运行命令通道，用外部端子 FWD、REV 等控制启停
2	串行口运行命令通道，通过串行口控制启停

①变频器的 LED 键盘显示单元可以取下，安置到操作方便的地方，操作面板和变频器之间用电缆相连接，从而实现远距离控制。

②选择端子运行命令通道时，键盘上的 STOP/RESET 键是否有效，可通过 F9.07 参数来设定。变频器实际运行时，STOP/RESET 键是否有效，要根据用户的具体情况来决定。

STOP/RESET 键有效：有利于在紧急情况下紧急停机，在操作面板进行复位操作也比较方便。

STOP/RESET 键无效：有的机械在运行过程中不允许随意停机，只能由现场操作人员进行停机控制。

(5)F0.04

一般情况下，人们习惯于通过改变电源相序来改变电动机的运转方向，但使用变频器控制电动机时，采用交换变频器输入电源相序是毫无意义的。因为变频器的中间环节是直流电路，所以变频器的输出电路的相序与输入电路的相序之间无任何关系。

交换变频器输出端的相序可以改变电动机的运转方向，但却不是最佳选择方案。因为从变频器输出端到电动机的导线通常比较粗，尤其是当电动机容量较大时，要交换变频器输出端的相序是比较困难的。因此，可通过设定 F0.04 参数或通过控制端子 FWD、REV 来改变运转方向。

F0.04 参数功能说明见表 5-13。

表 5-13　F0.04 参数功能说明

设定值	功能说明
0	正转
1	反转

该功能适用于 LED 键盘显示单元运行命令通道和串行口运行命令通道，对端子运行命令通道无效。

(6)F0.05～F0.07

①最高输出频率是变频器允许输出的最高频率，如图 5-6 中 f_{max} 所示。

②基本运行频率是变频器输出最大电压时对应的最低频率，一般是电动机的额定频率，如图 5-6 中 f_b 所示。

③最大输出电压是变频器输出基本运行频率时对应的输出电压，一般是电动机的额定电压，如图 5-6 中 V_{max} 所示。

④f_h、f_l 分别定义为上限频率(F0.12)和下限频率(F0.13)。

(7)F0.09

为了补偿低频转矩特性,可对输出电压做一些提升补偿。F0.09参数为0时,为自动转矩提升方式;F0.09参数非0时,为手动转矩提升方式,如图5-7所示。

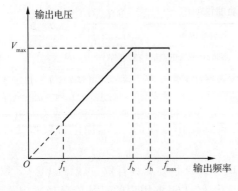

图5-6 特性参数定义

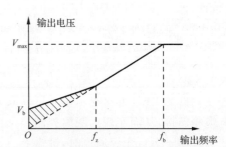

图5-7 转矩提升(阴影部分为提升量)

V_b—手动转矩提升电压;V_{max}—最大输出电压;

f_z—转矩提升的截止频率;f_b—基本运行频率

(8)F0.10和F0.11

加速时间是指变频器从0加速到最高输出频率(F0.05)所需的时间,如图5-8中t_1所示。

各种变频器都为用户提供了在一定范围内任意设定加速时间的功能。用户可以根据拖动系统的具体情况自行设定一个加速时间。加速时间设定越长,启动电流越小,启动过程也越平缓。对于某些频繁启动的机械设备来讲,加速时间过长将会影响实际工作效率。因此,设定加速时间的基本原则是在电动机的

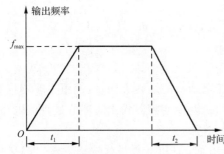

图5-8 加/减速时间定义

启动电流不超过允许值的前提下,尽量地缩短加速时间。由于影响加速过程的主要因素是拖动系统的惯性,故系统的惯性越大,加速越困难,加速时间应设定长一些。准确计算出拖动系统的加速时间是比较复杂的。因此,在实际调试时,可以将加速时间先设置得长一些,观察启动电流的大小,如启动电流不大,可以逐渐缩短加速时间。

减速时间是指变频器从最高输出频率(F0.05)减至0所需的时间,如图5-8中t_2所示。

在频率下降的过程中,电动机将处于再生制动状态。如果拖动系统的惯性较大,频率下降又很快,电动机将处于强烈的再生制动状态,从而产生过流和过压,使变频器跳闸。减速时间的设定同加速时间一样,其值的大小主要考虑系统的惯性。惯性越大,减速时间就越长。

EV1000系列变频器一共定义了四种加/减速时间,这里仅定义了加/减速时间1,加/减速时间2~4在F3.17~F3.22中定义。

加/减速时间1~4均可通过F9.09选择计时单位,默认值为秒。

(9)F0.12和F0.13

上限频率和下限频率是指变频器输出的最高、最低频率,用f_h、f_l来表示。根据拖动所带的负载不同,有时要对电动机的最大、最小转速给予限制,以保证拖动系统的安全和产品的质量。此外,由于操作面板的误操作以及外部指令信号的误动作会引起频率过高和过低,设置上限频率和下限频率可起到保护作用。常用的方法就是给定变频器的上限频率和下限频率。当变频器的

给定频率高于上限频率 f_h 或低于下限频率 f_l 时,变频器的输出频率将被限制为 f_h 或 f_l。

例如,设置 $f_h=60$ Hz,$f_l=10$ Hz。当给定频率为 50 Hz 或 20 Hz 时,输出频率与给定频率一致;当给定频率为 70 Hz 或 5 Hz 时,输出频率被限制为 60 Hz 或 10 Hz。

因此,一般上限频率与下限频率的设置是根据生产工艺的要求设定的。

上限频率 f_h 与最高输出频率 f_{max} 的关系如下:

(1)上限频率 f_h 的设定值不能超过最高输出频率 f_{max},如果希望提高上限频率,则首先应将最高频率设定得更高一些。

(2)当上限频率与最高输出频率不相等时,变频器的最高输出频率为上限频率。这是因为变频调速系统是为生产工艺服务的,生产工艺的要求具有最高优先权。

【例 5-1】 如图 5-9 所示,本机控制,频率调节采用模拟电压量信号(电源取自变频器 VRF 端子,使用电位计调节),其频率的变化为 10~45 Hz。操作步骤如下:

(1)按图 5-9 所示电路接线。

(2)打开电源开关 QS,给变频器通电,完成如下参数设置:

①FP.02=2(变频器参数初始化);

②F0.00=3(频率为 VCI 模拟量给定);

③F0.03=0(本机控制,即用 RUN、STOP/RESET 键控制启停);

④F0.12=45(上限频率为 45 Hz);

⑤F0.13=10(下限频率为 10 Hz);

⑥其他没有要求,使用变频器的默认设置。

(3)按下变频器操作面板上的 RUN 键,变频器运行,电动机旋转,变频器显示运行频率。调节变频器操作面板上的电位计旋钮,变频器的输出频率相应变化,变化范围为 10~45 Hz。按下变频器操作面板上的 STOP 键,变频器停止运行。

【例 5-2】 如图 5-10 所示,正/反转运行,SA_1 为正转运行开关,SA_2 为反转运行开关。频率采用 LED 键盘显示单元▲、▼键调节,初始运行频率为 25 Hz,最低频率为 5 Hz,最高频率为 40 Hz,加速时间为 10 s,减速时间为 5 s。操作步骤如下:

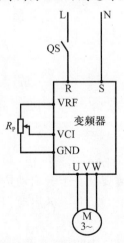 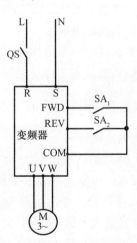

图 5-9 例 5-1 电路   图 5-10 例 5-2 电路

(1)按图5-10所示电路接线。

(2)打开电源开关QS,给变频器通电,完成如下参数设置:

①FP.02＝2(变频器参数初始化);

②F0.00＝0(频率采用LED键盘显示单元▲、▼键调节);

③F0.02＝25(初始运行频率为25 Hz);

④F0.03＝1(用外部端子FWD、REV控制启停);

⑤F0.10＝10(加速时间为10 s);

⑥F0.11＝5(减速时间为5 s);

⑦F0.12＝40(上限频率为40 Hz);

⑧F0.13＝5(下限频率为5 Hz);

⑨其他没有要求,使用变频器的默认设置。

(3)闭合开关SA_1,电动机正转,变频器显示运行频率。按LED键盘显示单元▲或▼键,变频器的输出频率相应变化,变化范围为10~45 Hz。断开SA_1,电动机停转。闭合SA_2,电动机反转。调节变频器操作面板上的电位计旋钮,变频器的输出频率相应变化,变化范围为10~45 Hz。断开SA_2,电动机停转。

变频器内部有自锁功能,如果SA_1先闭合,则电动机正转,再闭合SA_2,则不起作用。

任务实施

一、实施内容

根据小型货物提升机的工作过程及控制要求,用PLC和变频器实现小型货物提升机的控制。具体内容如下:

(1)分析控制要求,设计小型货物提升机控制电路。

(2)编制小型货物提升机PLC控制程序并进行仿真。

(3)设置变频器功能参数。

(4)安装并调试运行小型货物提升机电气控制系统。

(5)编制控制系统技术文件及说明书。

二、实施步骤

1. 系统控制电路设计

(1)PLC的I/O地址分配

①确定输入点 根据控制要求分析,采用两地控制,需要2个上升启动按钮、2个下降启动按钮、2个停止按钮和2个限位开关。为了节省PLC输入点,将上升启动、下降启动和停止按钮采用外接并联形式。因此,PLC需要5个输入点。

②确定输出点 提升机上升与下降通过变频器的FWD、REV端子来实现,需占用PLC 2个输出点;在上升与下降过程中,需要2个指示灯分别显示上升与下降过程,需占用PLC 2个输出点;当停机或停电时,需要进行电磁抱闸,占用PLC 1个输出点;还需要7个输出点用

于楼层号码显示。因此,PLC 需要 12 个输出点。

③PLC 的选择 选择 FX₂N-32MR PLC。

④I/O 地址分配 见表 5-14。

表 5-14 小型货物提升机控制系统 I/O 地址分配

输入设备	PLC 输入点	输出设备	PLC 输出点
上升启动按钮 SB_1、SB_2	X000	变频器端子 FWD	Y000
下降启动按钮 SB_3、SB_4	X001	变频器端子 REV	Y001
停止按钮 SB_5、SB_6	X002	上升指示灯 HL_1	Y004
限位开关 SQ_1	X003	下降指示灯 HL_2	Y005
限位开关 SQ_2	X004	电磁抱闸 YA	Y006
		楼层号码显示(7 段码)	Y010~Y016

(2)绘制系统控制电路

依据表 5-14 绘制小型货物提升机控制系统电路,如图 5-11 所示。主电路由变频器驱动三相异步电动机组成,三相异步电动机可带动提升机实现上升与下降动作。为了避免 DC 24 V 电压接到变频器 FWD、REV、COM 端子上,上升、下降指示灯与电磁抱闸分别由 Y004、Y005、Y006 驱动。

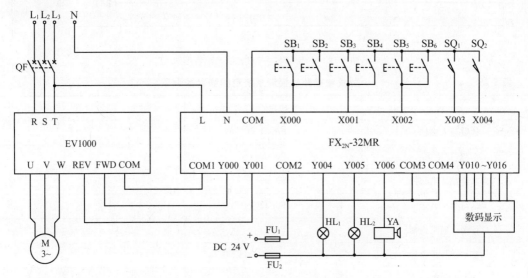

图 5-11 小型货物提升机控制系统电路

2. 编写 PLC 控制程序

根据控制要求设计出控制系统梯形图,如图 5-12 所示。电磁抱闸采用断电抱闸的方式。当提升机处于上升或下降过程中时,Y006 得电,制动电磁铁通电,闸瓦离开闸轮,闸轮和被制动轴可以自由转动。当提升机停止时,Y006 失电,制动电磁铁断电,在弹簧作用下,制动杠杆带动闸瓦向里运动,使闸瓦紧紧抱住闸轮完成制动。

3. 变频器参数设置

根据控制要求,本任务选择艾默生 EV1000 系列变频器进行模拟调试,相关的参数见表 5-15。

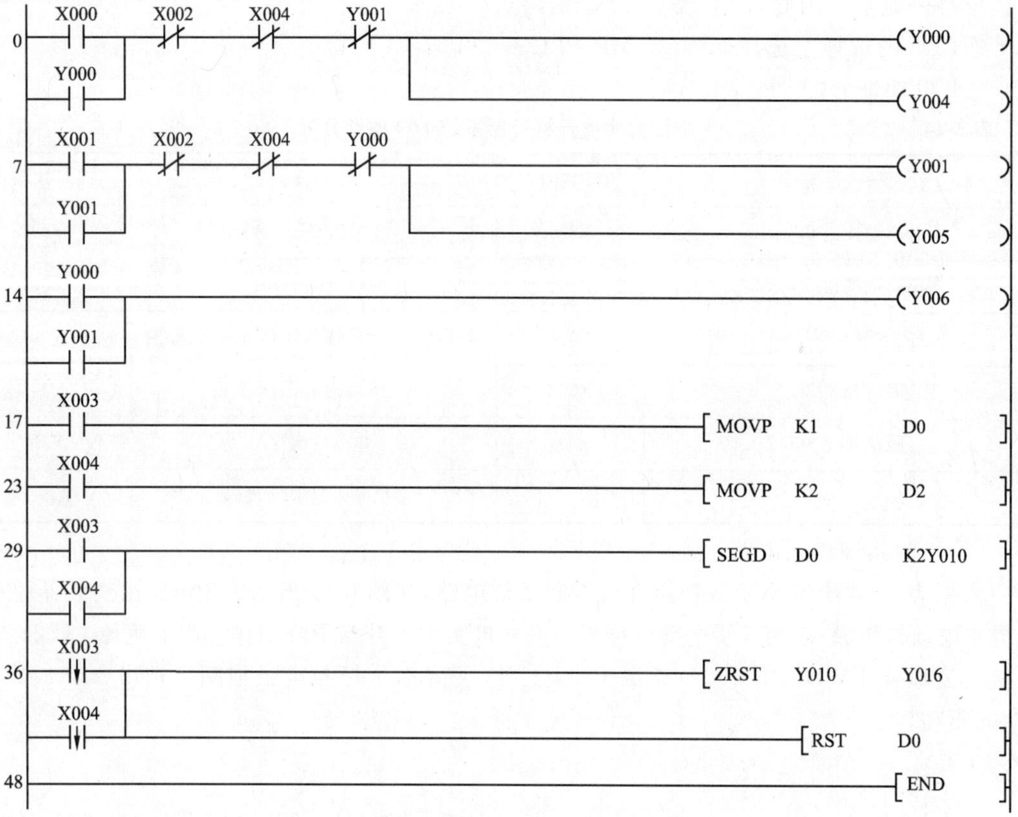

```
0  X000  X002  X004  Y001                    (Y000)
   ┤├   ┤/├  ┤/├  ┤/├
   Y000                                       (Y004)
   ┤├

7  X001  X002  X004  Y000                    (Y001)
   ┤├   ┤/├  ┤/├  ┤/├
   Y001                                       (Y005)
   ┤├

14 Y000                                       (Y006)
   ┤├
   Y001
   ┤├

17 X003                              [MOVP  K1    D0 ]
   ┤├

23 X004                              [MOVP  K2    D2 ]
   ┤├

29 X003                              [SEGD  D0   K2Y010]
   ┤├
   X004
   ┤├

36 X003                              [ZRST  Y010  Y016]
   ┤↓├
   X004                              [RST   D0 ]
   ┤↓├

48                                   [END ]
```

图 5-12　小型货物提升机控制系统梯形图

表 5-15　　　　　　　　　　　小型货物提升机控制系统变频器参数设置

名　称	功能码	设定值
参数写入保护	FP.01	0
参数初始化	FP.02	2
频率给定通道选择	F0.00	0
运行频率设定	F0.02	30
运行命令通道选择	F0.03	1
基本运行频率	F0.06	50
加速时间 1	F0.10	10
减速时间 1	F0.11	10
参数写入保护	FP.01	12

4. 安装接线

（1）工具、设备及材料

本任务所需工具、设备及材料见表 5-16。

表 5-16　　　　　　　　　　　　　　　　工具、设备及材料

序号	分类	名　称	型号规格	数量	单位	备注
1	工具	常用电工工具	尖嘴钳、试电笔、剥线钳、螺钉旋具	1	套	
2		万用表	MF47	1	块	
3	设备	PLC	FX_{2N}-32MR	1	个	
4		断路器	DZ47LE C16/3P、DZ47LE C10/2P	各1	只	
5		熔断器(熔体)	15A/3P、5A/2P	各1	个	
6		按钮	LA39-E11D	6	个	带指示灯
7		变频器	EV1000-2S0004G	1	个	
8		电磁铁	MZD1-100	1	个	
9		限位开关	JW2A-11Z/3	2	个	
10		网孔板	600 mm×700 mm	1	块	
11		接线端子	TD1515	1	组	
12	材料	走线槽	TC3025	若干	m	
13		导线	ϕ2.5 mm	若干	个	
14		冷压端子	SV1-3、SV1-4	若干	只	
15		导线	BVR 1.5 mm^2/BVR 1.0 mm^2	若干	m	

（2）安装步骤

①检查元器件　按表 5-16 将元器件配齐,并检查元器件的规格是否符合要求,质量是否完好。

②固定元器件　按照安装接线图固定元器件。

③安装接线　根据配线原则及工艺要求,按照如图 5-11 所示进行安装接线。

④变频器接线注意事项:

● 严禁将 TA、TB、TC 以外的控制端子接入 AC 220 V 信号,否则会损坏变频器。

● 输入电源必须接到端子 R、S、T 上,输出电源必须接到端子 U、V、W 上,若接错,会损坏变频器。

● 接完线后,要再次检查接线是否正确,有无漏接现象,端子和导线间是否短接或接地。

● 通电后,需要改接线时,即使已经关闭电源,也应等充电指示灯熄灭后,用万用表确认直流电压降到安全电压(DC 25 V)以下后再操作。

5. 输入程序

通过装有 GX Works 2 软件的计算机传送 PLC 程序。其主要步骤如下:

（1）PLC 在断电状态下,连接好 PC/PPI 电缆。

（2）打开 PLC 的前盖,将运行模式选择开关拨到“STOP”位置,此时 PLC 处于停止状态,可以进行程序编写。

（3）在用作编程器的计算机上,运行 GX Works 2 软件。

（4）选择"工程"→"创建新工程"选项，生成一个新项目；或者选择"工程"→"打开工程"选项，打开已有的项目。可以选择"工程"→"另存工程为"选项，修改工程的名称。

（5）将图5-12所示梯形图输入计算机，并进行转换。

（6）闭合电源开关，给PLC通电。

（7）单击GX Works 2软件导航窗口底部的"连接目标"按钮，设置通信参数。

（8）选择"在线"→"PLC写入"选项，下载程序文件到PLC中。

（9）选择"在线"→"远程操作"选项，调整PLC为RUN状态。

（10）选择"在线"→"监视"→"监视模式"选项，进入监视模式。

（11）如果在实时监控中，发现PLC程序有错误需要修改，则必须关闭监视模式，在写入模式下才能修改程序。修改好的PLC程序必须重新写入PLC，重新运行。

6. 变频器参数调整

按表5-15设置变频器参数。

7. 通电调试

经自检、教师检查确认电路正常且无安全隐患后，在教师的监护下通电调试。

（1）闭合开关QF，给PLC和变频器通电。

（2）调整PLC为RUN状态。

（5）按上升启动按钮SB_1（SB_2）或下降启动按钮SB_3（SB_4），按照控制要求逐步调试，观察系统的运行情况是否符合控制要求。

（6）如果出现故障，应独立检修。电路检修完毕且梯形图修改完毕后应重新调试，直到系统能够正常工作。

任务2 PLC与变频器实现电动机多段速度运行

任务描述

变频器的多段速度控制有着广泛的应用，如车床主轴变速、龙门刨床主运行、高炉加料斗提升等，因此变频器都具有多段速度功能。利用变频器的这一功能，很容易实现电动机多段速度调速控制。某电力拖动系统要求电动机运行速度（频率）按照如图5-13所示规律循环运行。即启动后，电动机以20 Hz正转12 s→40 Hz正转10 s→60 Hz正转8 s→30 Hz正转13 s→10 Hz反转14 s→35 Hz反转9 s→50 Hz反转8 s→25 Hz反转10 s，如此循环。设各阶段的加/减速时间分别为t_0、t_1、t_2、t_3、t_4、t_5、t_6、t_7，其中，$t_0 = t_1 = 1$ s，$t_2 = t_3 = 3$ s，$t_4 = t_5 = 4$ s，$t_6 = t_7 = 3$ s。按下停止按钮，电动机立即停止；再次按启动按钮，电动机重新启动运行。

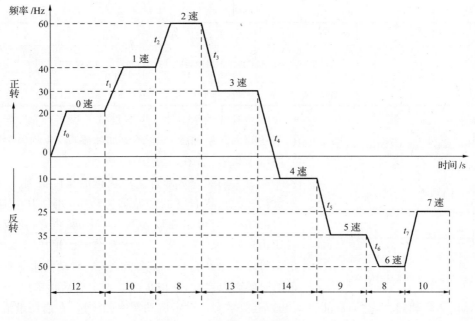

图 5-13　电动机多段速度运行

 相关知识

一、变频器启动制动及辅助运行参数

1. 启动制动参数(F2)功能码组

F2 功能码组参数见表 5-17。

表 5-17　　　　　　　　　　　F2 功能码组参数

功能码号	名　称	参数范围
F2.00	启动方式	0、1【0】
F2.01	启动频率	0.20～60.00 Hz【0.50 Hz】
F2.02	启动频率保持时间	0.0～10.0 s【0.0 s】
F2.03	启动直流制动电流	机型确定【0.0%】
F2.04	启动直流制动时间	机型确定【0.0 s】
F2.08	停机方式	0、1、2【0】
F2.09	停机直流制动起始频率	0.00～60.00 Hz【0.00 Hz】
F2.10	停机直流制动等待时间	0.0～10.0 s【0.0 s】
F2.11	停机直流制动电流	机型确定【0.0%】
F2.12	停机直流制动时间	机型确定【0.0 s】

(1)F2.01 和 F2.02

启动方式有两种,见表 5-18。

表 5-18	启动方式
设定值	功能说明
0	从启动频率启动。按照设定的启动频率(F2.01)和启动频率保持时间(F2.02)启动
1	先制动再启动。先直流制动(参见 F2.03、F2.04),然后按照方式 0 启动

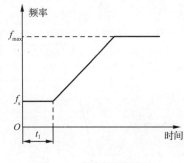

图 5-14　频率与时间关系

电动机开始启动时,并不是从 0 开始加速,而是直接从某一频率开始加速。在开始加速瞬间,变频器的输出频率即启动频率,如图 5-14 中 f_s 所示。

设定启动频率是部分生产机械的实际需要。例如,有些负载在静止状态下的静摩擦力较大,难以从 0 启动,设定启动频率后,可以在启动瞬间有一点冲力,使拖动系统启动比较容易。在由若干台水泵组成的恒压供水系统中,由于管路内已经存在一定的水压,后启动的水泵在频率很低的时候难以启动,所以也需要设定启动频率。

设定了启动频率,电动机的启动电流也会增大。设定启动频率的原则:在启动电流不超过允许值的前提下,以拖动系统能够顺利启动为宜。

启动频率保持时间是指变频器在启动过程中,以启动频率运行的时间,如图 5-14 中 t_1 所示。在下列情况下,可以考虑设定启动频率保持时间:

①对于惯性较大的负载,启动后先在较低频率下持续一段启动频率保持时间,然后加速。

②齿轮箱的齿轮之间总是存在间隙的,启动时齿轮间容易发生撞击,如在较低频率下持续一段启动频率保持时间,可以减缓齿轮间的撞击。

③起重机械在起吊重物前,吊钩的钢丝绳通常处于松弛状态,设定启动频率保持时间后,可以使钢丝绳拉紧后再上升。

④对于附有机械制动装置的电动机,在电磁抱闸松开过程中,为了减小闸皮和闸辊之间的摩擦,设定启动频率保持时间,可以使电磁抱闸完全松开后再加速。

(2)F2.03 和 F2.04

启动前,先在电动机的定子绕组内通入直流电流,以保证电动机在零速的状态下开始启动。如果电动机在启动前,拖动系统的转速不为 0,而变频器的输出频率从 0 开始上升,则在启动瞬间,将引起电动机过流。例如,拖动系统以自由停机的方式停机,在尚未停住前又重新启动;风机在停机状态下,叶片由于自然通风而自行转动(通常是反转)。

F2.03、F2.04 仅在启动方式选择先制动再启动方式(F2.00=1)时有效。启动直流制动电流的设定是相对于变频器额定电流的百分比,指输出最大电流的一相。启动直流制动时间为 0.0 s 时,无直流制动过程。

(3)F2.08~F2.12

在减速的过程中,当频率降至很低时,电动机的制动转矩也随之减小。对于惯性较大的拖动系统,由于制动转矩不足,常在低速时出现停不住的爬行现象。针对这种情况,当频率降到一定程度时,向电动机绕组中通入直流电,以使电动机迅速停止,这种方法称直流制动。F2.08 参数功能说明见表 5-19。

表 5-19   F2.08 参数功能说明

设定值	功能说明
0	减速停机:变频器接到停机命令后,按照减速时间逐渐降低输出频率,频率降为 0 后停机
1	自由停机:变频器接到停机命令后,立即终止输出,负载按照机械惯性自由停止
2	减速停机＋直流制动:变频器接到停机命令后,按照减速时间降低输出频率,当到达停机制动起始频率时,开始直流制动,如图 5-15 所示

停机直流制动等待时间指在减速停机过程中,运行频率到达停机直流制动起始频率(F2.09)时刻起,到开始施加直流制动量为止的时间间隔。停机直流制动等待期间变频器无输出,对于大功率电动机,该时间设置能够防止直流制动起始时刻的电流过冲。

停机直流制动电流的设定是相对于变频器额定电流的百分比,指输出最大电流一相。停机直流制动时间为 0.0 s 时,无直流制动过程。

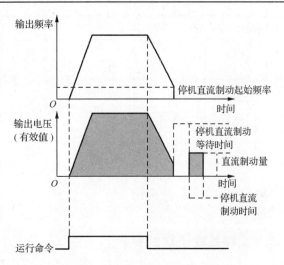

图 5-15 减速停机＋直流制动

2. 辅助运行参数(F3)功能码组

F3 功能码组参数见表 5-20。

表 5-20   F3 功能码组参数

功能码号	名称	参数范围
F3.00	防反转选择	0、1【0】
F3.13	点动运行频率	0.10～50.00 Hz【5.00 Hz】
F3.14	点动间隔时间	0.0～100.0s【0.0 s】
F3.15	点动加速时间	0.1～60.0s【6.0 s】
F3.16	点动减速时间	0.1～60.0s【6.0 s】
F3.17	加速时间 2	0.1～3 600.0s【6.0 s】
F3.18	减速时间 2	0.1～3 600.0s【6.0 s】
F3.19	加速时间 3	0.1～3 600.0s【6.0 s】
F3.20	减速时间 3	0.1～3 600.0s【6.0 s】
F3.21	加速时间 4	0.1～3 600.0s【6.0 s】
F3.22	减速时间 4	0.1～3 600.0s【6.0 s】
F3.23	多段频率 1	下限频率～上限频率【5.00 Hz】
F3.24	多段频率 2	下限频率～上限频率【10.00 Hz】
F3.25	多段频率 3	下限频率～上限频率【20.00 Hz】
F3.26	多段频率 4	下限频率～上限频率【30.00 Hz】
F3.27	多段频率 5	下限频率～上限频率【40.00 Hz】
F3.28	多段频率 6	下限频率～上限频率【45.00 Hz】
F3.29	多段频率 7	下限频率～上限频率【50.00 Hz】

(1) F3.00

F3.00 参数功能说明见表 5-21。

表 5-21　　　　　　　　　　　　　F3.00 参数功能说明

设定值	功能说明
0	允许反转
1	禁止反转

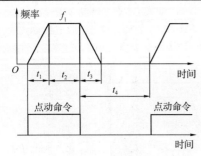

图 5-16　点动参数说明

(2) F3.13~F3.16

如图 5-16 所示，t_1、t_3 为实际运行的点动加速、点动减速时间；t_2 为点动时间；t_4 为点动间隔时间（F3.14）；f_1 为点动运行频率（F3.13）。t_1、t_3 计算公式为

$$t_1 = \frac{F3.13 \times F3.15}{F0.05}$$

$$t_3 = \frac{F3.13 \times F3.16}{F0.05}$$

二、变频器端子功能参数

1. 多功能端子设定

F7.00~F7.04 及 F7.09 参数见表 5-22。

表 5-22　　　　　　　　　　　　F7.00~F7.04 及 F7.09 参数

功能码号	名　称	参数范围
F7.00	多功能输入端子 X001 功能选择	0~43【0】
F7.01	多功能输入端子 X002 功能选择	0~43【0】
F7.02	多功能输入端子 X003 功能选择	0~43【0】
F7.03	多功能输入端子 X004 功能选择	0~47【0】
F7.04	多功能输入端子 X005 功能选择	0~48【0】
F7.09	UP/DN 速度	0.01~99.99 Hz/s【1.00 Hz/s】

多功能输入端子 X001~X005 的功能丰富，可根据需要选择，即通过设定 F7.00~F7.04 可以分别定义 X001~X005 的功能，设定值与功能见表 5-23。以下介绍以 X001、X002 和 X003 为例。

表 5-23　　　　　　　　　　　　多功能输入选择功能

设定值	对应功能	设定值	对应功能
0	无功能	6	外部故障常开输入
1	多段频率端子 1	7	外部故障常闭输入
2	多段频率端子 2	8	外部复位输入（RESET）
3	多段频率端子 3	9	外部正转点动运行控制输入（JOGF）
4	加/减速时间端子 1	10	外部反转点动运行控制输入（JOGR）
5	加/减速时间端子 2	11	自由停机输入（FRS）

设定值	对应功能	设定值	对应功能
12	频率递增指令(UP)	31	多段闭环端子2
13	频率递减指令(DN)	32	多段闭环端子3
14	简易PLC暂停运行指令	33	摆频投入
15	加/减速禁止指令	34	摆频状态复位
16	三线式运转控制	85	外部停机指令
17	外部中断常开触点输入	36	保留
18	外部中断常闭触点输入	37	变频器运行禁止
19	停机直流制动输入指令(DB)	38	保留
20	闭环失效	39	长度清零
21	PLC失效	40	辅助给定频率清零
22	频率给定通道选择1	41	PLC停机状态复位
23	频率给定通道选择2	42	计数器清零信号输入
24	频率给定通道选择3	43	计数器触发信号输入
25	频率切换至CC1	44	长度计数输入
26	保留	45	脉冲频率输入
27	命令切换至端子	46	单相测速输入
28	运行命令通道选择1	47	测速输入SM1(仅对X004设定)
29	运行命令通道选择2	48	测速输入SM2(仅对X005设定)
30	多段闭环端子1		

对表5-23中所列的常用功能介绍如下:

(1)设定值为1~3

多段频率端子,通过选择X001~X003端子的ON/OFF组合,最多可以定义8段速度运行曲线,见表5-24。

表 5-24　　　　　　　　　　　　　多段速度运行选择

X003	X002	X001	频率设定
OFF	OFF	OFF	普通运行频率
OFF	OFF	ON	多段频率1
OFF	ON	OFF	多段频率2
OFF	ON	ON	多段频率3
ON	OFF	OFF	多段频率4
ON	OFF	ON	多段频率5
ON	ON	OFF	多段频率6
ON	ON	ON	多段频率7

这些频率将在多段速度运行和简易PLC运行中用到。以多段速度运行为例进行说明:当F7.00=1,F7.01=2,F7.02=3时,如果X001、X002、X003用于实现多段速度运行,如图5-17所示。

如图5-18所示,以端子运行命令通道为例,K_4、K_5可以控制运行方向。通过X001、X002、X003的不同逻辑组合,可以按表5-24选择普通运行频率和1~7段频率进行多段速度运行。

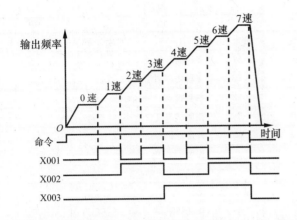

图 5-17 多段速度运行

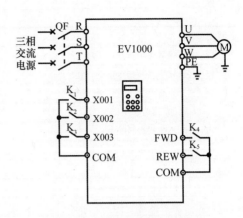

图 5-18 多段速度运行变频器接线

（2）设定值为 4、5

加/减速时间端子，通过选择 X001、X002 的 ON/OFF 组合，可以实现加/减速时间 1～4 的选择，见表 5-25。

表 5-25 加/减速时间选择

X002	X001	加/减速时间选择
OFF	OFF	加速时间 1/减速时间 1
OFF	ON	加速时间 2/减速时间 2
ON	OFF	加速时间 3/减速时间 3
ON	ON	加速时间 4/减速时间 4

（3）设定值为 8

外部复位输入，当变频器发生故障报警后，通过该端子可以对故障复位。其作用与 LED 键盘显示单元的 RESET 键功能一致。

（4）设定值为 9、10

外部点动运行控制输入（JOGF/JOGR），用于端子控制方式下的点动运行控制，JOGF 表示点动正转运行命令，JOGR 表示点动反转运行命令，点动运行频率、间隔时间及点动加/减速时间在 F3.13～F3.16 中定义。

（5）设定值为 12、13

频率递增指令（UP）/频率递减指令（DN），通过控制端子来实现频率的递增或递减，代替 LED 键盘显示单元进行远程控制。普通运行 F0.00＝1 时或作为辅助频率 F9.01＝2 时有效。UP/DN 速度由 F7.09 设定。

（6）设定值为 16

三线式运转控制，参照 F7.08 运转模式 2、3。

（7）设定值为 28、29

运行命令通道选择，设 F7.00＝28，F7.01＝29，见表 5-26。

表 5-26 运行命令通道选择

X002	X001	运行命令通道
OFF	OFF	运行命令通道保持
OFF	ON	LED 键盘显示单元运行命令通道
ON	OFF	端子运行命令通道
ON	ON	串行口运行命令通道

2. 运转模式设定

F7.08 参数见表 5-27。

表 5-27 F7.08 参数

功能码号	名　称	参数范围
F7.08	FWD/REV 运转模式设定	0～3【0】

该参数定义了通过外部端子控制变频器运行的四种不同方式,具体功能说明见表 5-28。

表 5-28 F7.08 参数功能说明

设定值	功能说明
0	两线式运转模式 1,如图 5-19 所示
1	两线式运转模式 2,如图 5-20 所示
2	三线式运转模式 1,如图 5-21 所示。其中,SB₁ 为停止按钮,SB₂ 为正转按钮,SB₃ 为反转按钮,Xi 为 X001～X005 多功能输入端子,此时应将其对应的端子定义为 16 号功能"三线式运转控制"
3	三线式运转模式 2,如图 5-22 所示。其中,SB₁ 为停止按钮,SB₂ 为正转按钮,K 为方向选择开关。Xi 为 X001～X005 多功能输入端子,此时应将其对应的端子功能定义为 16 号功能"三线式运转控制"

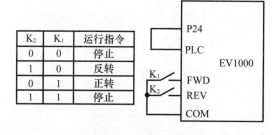

图 5-19 两线式运转模式 1　　　　　　　图 5-20 两线式运转模式 2

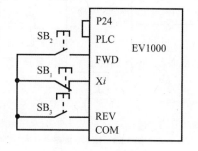

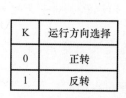

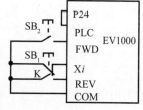

图 5-21 三线式运转模式 1　　　　　　　图 5-22 三线式运转模式 2

端子控制模式下,对于两线式运转模式 1、2,尽管为端子电平有效,但是当停机命令由其他来源产生而使变频器停机时,即使控制端子 FWD、REV 仍然为有效状态,也不会产生运行命令。如果要使变频器再次运行,需再次触发 FWD、REV 的有效状态,如端子功能 11 和 35(见 F7.00和 F7.04)、PLC 单循环停机、定长停机、端子运行命令通道下的有效 STOP 键停机(见 F9.07)。故障报警停机的情况则不同,当端子 FWD、REV 处于有效状态时复位故障,则变频器立即启动。

　　【例 5-3】　如图 5-23 所示,三线式运转模式 1 控制,正/反转运行,SB_1 为停止按钮,SB_2 为正转按钮,SB_3 为反转按钮。频率采用按钮调节,其中,SB_4 为加速按钮,SB_5 为减速按钮,频率上升或下降的速度为 4 Hz/s。设变频器初始运行频率为 25 Hz,最低频率为 5 Hz,最高频率为 45 Hz。

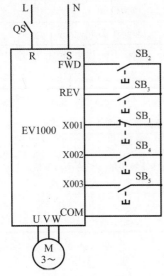

图 5-23　例 5-3 电路

操作步骤如下:

(1)按图 5-23 所示电路接线。

(2)打开电源开关 QS,给变频器通电,完成如下参数设置:

①FP.02＝2(变频器参数初始化);

②F0.02＝25(初始运行频率为 25 Hz);

③F0.03＝1(用外部端子 FWD、REV 控制启停);

④F0.12＝45(上限频率为 45 Hz);

⑤F0.13＝5(下限频率为 5 Hz);

⑥F7.00＝16(设 X001 为三线式运转控制端子);

⑦F7.01＝12(设 X002 为频率递增 UP 端子);

⑧F7.02＝13(设 X003 为频率递减 DN 端子);

⑨F7.08＝2(三线式运转模式 1);

⑩F7.09＝4(UP/DN 速度为 4 Hz/ s);

⑪其他设置使用变频器的默认值。

(3)按 SB_2,电动机正转,变频器显示运行频率。按 SB_4,频率上升,按 SB_5,频率下降,上升或下降的速度为 4 Hz/ s,频率的变化范围为 5～45 Hz。按 SB_1,电动机停转。按 SB_3,电动机反转。

　　【例 5-4】　如图 5-24 所示,三线式运转模式 1 控制,正/反转运行,SB_1 为停止按钮,SB_2 为正转按钮,SB_3 为反转按钮。频率采用 LED 键盘显示单元电位计调节。最低频率为 0,最高频率为 50 Hz。当频率达到 25 Hz 以上时,信号灯 HL_1 亮;当频率达到 45 Hz以上时,信号灯 HL_2 亮。信号灯的电压为 DC 24 V。

　　操作步骤如下:

　　(1)按图 5-24 所示电路接线,P24 端子为变频器内置的 DC 24 V 电源端子。

　　(2)打开电源开关 QS,给变频器通电,完成如下参数设置:

　　①FP.02＝2(变频器参数初始化);

　　②F0.00＝6(频率由 LED 键盘显示单元电位计

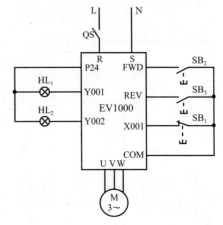

图 5-24　例 5-4 电路

给定);

③F0.03＝1(用外部端子 FWD、REV 控制启停);

④F7.00＝16(设 X001 为三线式运转控制端子);

⑤F7.08＝2(三线式运转模式1);

⑥F7.10＝2(设输出端子 Y001 为频率水平检测信号1);

⑦F7.11＝3(设输出端子 Y002 为频率水平检测信号2);

⑧F7.14＝25(频率水平检测信号1的频率为25 Hz);

⑨F7.15＝0;

⑩F7.16＝25(频率水平检测信号2的频率为45 Hz);

⑪F7.17＝0;

⑫其他设置使用变频器的默认值。

(3)按 SB₂,电动机正转,变频器显示运行频率。按 SB₁,电动机停转。按 SB₃,电动机反转。调节 LED 键盘显示单元电位器,频率变化,变化范围为0～50 Hz。当频率达到25 Hz 以上时,信号灯 HL₁亮;当频率达到45 Hz 以上时,信号灯 HL₂亮。

 任务实施

一、实施内容

根据电动机多段速度运行的工作过程及控制要求,用 FX₂ₙ系列 PLC 和艾默生变频器实现电动机多段速度运行的控制。具体内容如下:

(1)分析控制要求,设计电动机多段速度运行控制系统电路。

(2)设置变频器功能参数。

(3)编写电动机多段速度运行 PLC 控制程序并进行仿真。

(4)安装并调试运行电动机多段速度控制系统。

(5)编制控制系统技术文件及说明书。

二、实施步骤

1.系统控制电路设计

(1)PLC 的 I/O 地址分配

分析电动机多段速度运行控制要求可知:系统需要的输入设备为2个,输出设备为7个,具体的 I/O 地址分配见表5-29。

表 5-29　　　　　　　　　　　电动机多段速度运行 I/O 地址分配

输入设备	PLC 输入点	输出设备	PLC 输出点
启动按钮 SB₁	X001	变频器(多段速度端子1)X001	Y000
停止按钮 SB₂	X002	变频器(多段速度端子2)X002	Y001
		变频器(多段速度端子3)X003	Y002
		变频器(加/减速时间端子1)X004	Y003
		变频器(加/减速时间端子2)X005	Y004
		变频器 FWD 端子	Y005
		变频器 REV 端子	Y006

（2）绘制系统控制电路

根据表 5-29 绘制电动机多段速度运行控制电路如图 5-25 所示。

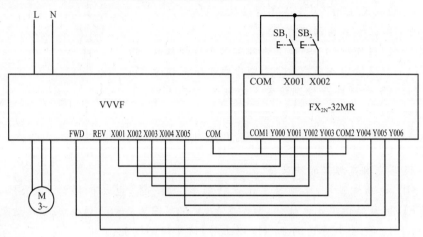

图 5-25　电动机多段速度运行控制电路

2. PLC 控制程序设计

按照表 5-29，可将各速度与 PLC 输出端子 Y000～Y007 对应的状态列于表 5-30。为方便 PLC 编程书写，可将 Y007～Y000 所形成的 8 位二进制数转换成对应的十六进制数，见表 5-30 最后一列。

表 5-30　　　　　　　　　　　各速度与 Y000～Y007 状态对应

	Y007	Y006	Y005	Y004	Y003	Y002	Y001	Y000	对应的十六进制数
	未用	反转	正转	加/减速时间选择	多段速度选择				
0 速	0	0	1	0	0	0	0	0	H20
1 速	0	0	1	0	0	0	0	1	H21
2 速	0	0	1	0	1	0	1	0	H2A
3 速	0	0	1	0	1	0	1	1	H2B
4 速	0	1	0	1	0	1	0	0	H54
5 速	0	1	0	1	0	1	0	1	H55
6 速	0	1	0	1	1	1	1	0	H5E
7 速	0	1	0	1	1	1	1	1	H5F

本任务是一个典型的顺序控制，可用步进顺控法结合 PLC 功能指令编写 PLC 程序。其 SFC 如图 5-26 所示，可利用 PLC 步进顺控指令或编程软件的 SFC 编程将其转换成梯形图（梯形图请读者自行绘制）。

3. 变频器参数设置

根据控制要求，本任务选择艾默生 EV1000 系列变频器进行模拟调试，相关的参数见表 5-31。

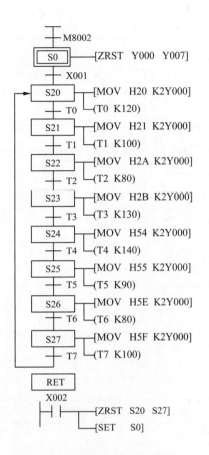

图 5-26 电动机多段速度运行 SFC

表 5-31	电动机多段速度运行变频器参数设置	
名　称	功能码	设定值
参数写入保护	FP.01	0
参数初始化	FP.02	2
频率给定通道选择	F0.00	0
运行频率设定	F0.02	20 Hz(速度 0)
运行命令通道选择	F0.03	1
最高输出频率	F0.05	60 Hz
基本运行频率	F0.06	50 Hz
加速时间 1	F0.10	1 s
减速时间 1	F0.11	1 s
上限频率	F0.12	60 Hz
加速时间 2	F3.17	2 s
减速时间 2	F3.18	2 s
加速时间 3	F3.19	4 s

名　称	功能码	设定值
减速时间 3	F3.20	4 s
加速时间 4	F3.21	3 s
减速时间 4	F3.22	3 s
多段频率 1	F3.23	40 Hz(速度 1)
多段频率 2	F3.24	60 Hz(速度 2)
多段频率 3	F3.25	30 Hz(速度 3)
多段频率 4	F3.26	10 Hz(速度 4)
多段频率 5	F3.27	35 Hz(速度 5)
多段频率 6	F3.28	50 Hz(速度 6)
多段频率 7	F3.29	25 Hz(速度 7)
多功能输入端子 X001 功能选择	F7.00	1(多段频率端子 1)
多功能输入端子 X002 功能选择	F7.01	2(多段频率端子 2)
多功能输入端子 X003 功能选择	F7.02	3(多段频率端子 3)
多功能输入端子 X004 功能选择	F7.03	4(加/减速时间端子 1)
多功能输入端子 X005 功能选择	F7.04	5(加/减速时间端子 2)
参数写入保护	FP.01	2

4. 安装接线

（1）工具、设备及材料

本任务所需工具、设备及材料见表 5-32。

表 5-32　　　　　　　　　　工具、设备及材料

序号	分类	名称	型号规格	数量	单位	备注
1	工具	常用电工工具	尖嘴钳、试电笔、剥线钳、螺钉旋具	1	套	
2		万用表	MF47	1	块	
3	设备	PLC	FX$_{2N}$-32MR	1	个	
4		三相电动机	200 W	1	个	
5		断路器	DZ47LE C16/3P、DZ47LE C10/2P	各 1	只	
6		按钮	LA39-E11D	2	个	
7		变频器	EV1000-2S0004G	1	个	
8		网孔板	600 mm×700 mm	1	块	
9		接线端子	TD1515	1	组	
10	材料	走线槽	TC3025	若干	m	
11		导线	ϕ2.5 mm	若干	个	
12		冷压端子	SV1-3、SV1-4	若干	只	
13		导线	BVR 1.5 mm² / BVR 1.0 mm²	若干	m	

(2)安装步骤

①检查元器件　根据表 5-32 将元器件配齐,并检查元器件的规格是否符合要求,质量是否完好。

②固定元器件　按照安装接线图固定元器件。

③安装接线　根据配线原则及工艺要求,按照如图 5-25 所示进行安装接线。

④变频器接线注意事项:

● 严禁将 TA、TB、TC 以外的控制端子接入 AC 220 V 信号,否则会损坏变频器。

● 输入电源必须接到端子 R、S、T 上,输出电源必须接到端子 U、V、W 上,若接错,会损坏变频器。

● 接完线后,要再次检查接线是否正确,有无漏接现象,端子和导线间是否短接或接地。

● 通电后,需要改接线时,即使已经关闭电源,也应等充电指示灯熄灭后,用万用表确认直流电压降到安全电压(DC 25 V)以下后再操作。

5. 输入程序

通过装有 GX Works 2 软件的计算机传送 PLC 程序。其主要步骤如下:

(1)PLC 在断电状态下,连接好 PC/PPI 电缆。

(2)打开 PLC 的前盖,将运行模式选择开关拨到"STOP"位置,此时 PLC 处于停止状态,可以进行程序编写。

(3)在用作编程器的计算机上,运行 GX Works 2 软件。

(4)选择"工程"→"创建新工程"选项,生成一个新项目;或者选择"工程"→"打开工程"选项,打开已有的项目。可以选择"工程"→"另存工程为"选项,修改工程的名称。

(5)将图 5-26 所示 SFC 输入计算机,并进行转换。

(6)闭合电源开关,给 PLC 通电。

(7)单击 GX Works 2 软件导航窗口底部的"连接目标"按钮,设置通信参数。

(8)选择"在线"→"PLC 写入"选项,下载程序文件到 PLC 中。

(9)选择"在线"→"远程操作"选项,调整 PLC 为 RUN 状态。

(10)选择"在线"→"监视"→"监视模式"选项,进入监视模式。

(11)如果在实时监控中,发现 PLC 程序有错误需要修改,则必须关闭监视模式,在写入模式下才能修改程序。修改好的 PLC 程序必须重新写入 PLC,重新运行。

6. 变频器参数调整

按表 5-31 设置变频器参数。

7. 通电调试

经自检、教师检查确认电路正常且无安全隐患后,在教师的监护下通电调试。

(1)给 PLC 和变频器通电。

(2)调整 PLC 为 RUN 状态。

(3)按启动按钮 SB₁,按照控制要求逐步调试,观察系统的运行情况是否符合控制要求。

(4)如果出现故障,应独立检修。电路检修完毕且梯形图修改完毕后应重新调试,直到系统能够正常工作。

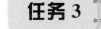

任务3　工业洗衣机控制系统设计与调试

任务描述

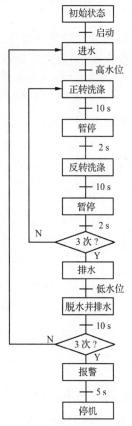

图 5-27　工业洗衣机的控制流程

工业洗衣机是指用于宾馆、饭店、洗衣店或工厂进行大批量衣物清洗用的洗衣机，它具有洗涤容量大、效果好、成本低、效率高、污染小等特点。其洗涤工艺一般由洗涤、漂洗、排水和脱水等几个部分组成。整个洗涤控制的关键在于低速洗涤时有很平滑的力矩以及脱水时有很大的旋转速度。工业洗衣机的传动系统相当复杂，在洗涤和脱水时电动机转速相差很大，一般为多台笼型电动机采用离合器切换运转或者使用变极电动机加上离合器、皮带轮及正/反转开关等机械装置实现速度调节。而且由于负载很大，为了获得大的启动转矩，要采用大电阻电动机，减速时还另需制动装置。随着大功率开关器件制造技术及计算机控制技术的发展，采用变频调速控制电动机已渗透到各种电力传动系统中。

工业洗衣机的控制流程如图 5-27 所示。系统处在初始状态时，按启动按钮，开始进水。到达高水位（液位传感器检测）时，停止进水并开始正转洗涤。正转洗涤 10 s，暂停 2 s，开始反转洗涤。反转洗涤 10 s，暂停 2 s，若正/反转洗涤次数未满 3 次，则返回正转洗涤；若正/反转洗涤次数满 3 次，则开始排水。水位下降到低水位时，开始脱水并继续排水，脱水 10 s，即完成一次从进水到脱水的工作循环过程。若未满 3 次大循环，则返回从进水开始的全部动作，进行下一次大循环；若完成了 3 次大循环，洗涤过程结束，并进行报警，报警 5 s 后结束全部过程，自动停机。按下停止按钮，洗衣机停止运行。正转洗涤与反转洗涤变频器输出 30 Hz，脱水时变频器输出 50 Hz。现用 PLC、变频器设计工业洗衣机电气控制系统。

相关知识

一、变频器程序(PLC)运行参数

为了满足生产工艺的多段速度控制要求，现代变频器均设有内置的 PLC 功能。它是一个多段速度发生器，能根据运行时间自动变换运行频率和方向，以满足工艺要求。如图 5-28 所示，$a_1 \sim a_7$、$d_1 \sim d_7$ 为各阶段的加速和减速时间，$f_1 \sim f_7$、$t_1 \sim t_7$ 为各阶段的频率和运行时间。艾默生 EV1000 系列变频器的程序运行由 F4 功能码组参数设置。

PLC 阶段和循环完成指示可以通过开路集电极输出端子 Y001、Y002 或输出继电器 500 ms

的脉冲信号指示,参见 F7.10～F7.12 定义。

F4 功能码组参数见表 5-33。

表 5-33　　　　　　　　　　　　　　F4 功能码组参数

功能码号	名　　称	参数范围
F4.00	简易 PLC 运行方式选择	0000～1 123【0000】
F4.01	阶段 1 设置	000～323【000】
F4.02	阶段 1 运行时间	0.0～6 500.0 s(min)【20.0 s】
F4.03	阶段 2 设置	000～323【000】
F4.04	阶段 2 运行时间	0.0～6 500.0 s(min)【20.0 s】
F4.05	阶段 3 设置	000～323【000】
F4.06	阶段 3 运行时间	0.0～6 500.0 s(min)【20.0 s】
F4.07	阶段 4 设置	000～323【000】
F4.08	阶段 4 运行时间	0.0～6 500.0 s(min)【20.0 s】
F4.09	阶段 5 设置	000～323【000】
F4.10	阶段 5 运行时间	0.0～6 500.0 s(min)【20.0 s】
F4.11	阶段 6 设置	000～323【000】
F4.12	阶段 6 运行时间	0.0～6 500.0 s(min)【20.0 s】
F4.13	阶段 7 设置	000～323【000】
F4.14	阶段 7 运行时间	0.0～6 500.0 s(min)【20.0 s】

1. F4.00

F4.00 各位参数的含义如图 5-29 所示。

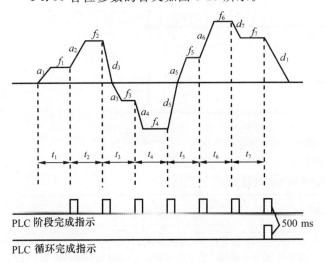

图 5-28　简易 PLC 运行状态　　　　　　　　图 5-29　简易 PLC 运行方式选择

(1)F4.00 的个位

F4.00 的个位用于 PLC 运行方式选择,其功能说明见表 5-34。

表 5-34   **F4.00 的个位功能说明**

设定值	功能说明
0	不动作,PLC 运行方式无效
1	单循环后停机,如图 5-30 所示,变频器完成一个循环后自动停机,需要再次给出运行命令才能启动
2	单循环后保持,如图 5-31 所示,变频器完成一个循环后自动保持最后一段的运行频率、方向
3	连续循环,如图 5-32 所示,变频器完成一个循环后自动开始下一个循环,直到有停机命令

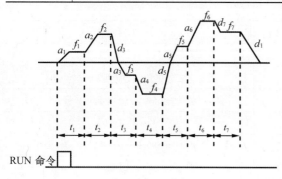

图 5-30　单循环后停机

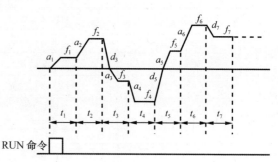

图 5-31　单循环后保持

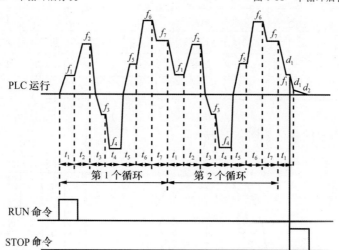

图 5-32　连续循环

(2)F4.00 的十位

F4.00 的十位用于 PLC 中断运行再启动方式选择,其功能说明见表 5-35。

表 5-35   **F4.00 的十位功能说明**

设定值	功能说明
0	从阶段 1 开始重新运行。运行中停机(由停机命令、故障或停电引起),再启动后从阶段 1 开始运行
1	从中断时刻的阶段频率继续运行。运行中停机(由停机命令或故障引起),变频器自动记录当前阶段已运行时间。再启动后自动进入该阶段,以该阶段定义的频率继续运行,持续时间为该频率下的运行时间减去停机前记录的运行时间,如图 5-33 所示
2	从中断时刻的运行频率继续运行。运行中停机(由停机命令或故障引起),变频器不仅自动记录当前阶段已运行的时间,而且还记录停机时刻的运行频率。再启动后先恢复到停机时刻的运行频率,按照该阶段余下的时间继续运行,如图 5-34 所示

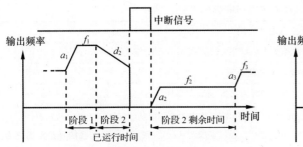

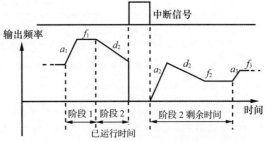

图 5-33 从中断时刻的阶段频率继续运行   图 5-34 从中断时刻的运行频率继续运行

方式 1、2 的区别在于方式 2 比方式 1 多记忆一个停机时刻的运行频率,而且再启动后从该频率继续运行。

(3)F4.00 的百位

F4.00 的百位用于停电时 PLC 状态参数存储选择,其功能说明见表 5-36。

停电时记忆 PLC 运行状态,包括停电时刻阶段、运行频率和已运行时间。上电后按照 F4.00 的十位定义的 PLC 中断运行再启动方式运行。

(4)F4.00 的千位

F4.00 的千位用于阶段时间单位选择,其功能说明见表 5-37。

表 5-36　　F4.00 的百位功能说明

设定值	功能说明
0	不存储
1	存储

表 5-37　　F4.00 的千位功能说明

设定值	功能说明
0	秒
1	分

该单位设置只对 PLC 运行阶段时间定义有效,PLC 运行期间的加/减速时间单位选择由 F9.09 确定。

2. F4.01～F4.14

F4.01、F4.03、F4.05、F4.07、F4.09、F4.11 和 F4.13 用于配置 PLC 各阶段的频率、方向和加/减速时间,均按位进行选择,如图 5-35 所示。其个位功能说明见表 5-38。

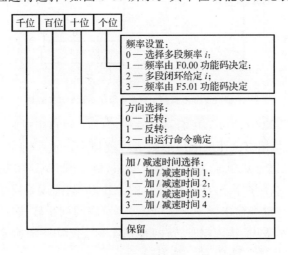

图 5-35　阶段 i 的设置($i=1～7$)

表 5-38　　　　　　　　　　　阶段 i 设置的个位功能说明

设定值	功能说明
0	选择多段频率 i，例如 $i=3$ 时阶段频率 3 的频率为多段频率 3，有关多段频率的定义见 F3.23～F3.29
1	频率由 F0.00 决定，即由 F0.00 所设定的频率给定通道决定
2	多段闭环给定 i，例如 $i=2$ 时阶段 2 的频率为多段闭环给定 2，有关多段闭环给定的定义见 F5.20～F5.26
3	频率由 F5.01 决定，PLC 可以实现在某阶段以闭环方式运行，闭环给定通道可以是：多段闭环给定或由 F5.01 决定；反馈通道由 F5.02 确定。当给定通道由 F5.01 决定时，通过多段闭环给定选择端子，可切换闭环给定通道为多段闭环给定值。参见 F7.00～F7.04、F5.20～F5.26

F4.02、F4.04、F4.06、F4.08、F4.10、F4.12 和 F4.14 用于配置 PLC 各阶段的运行时间。某一段运行时间设置为零时，该段无效。

通过端子定义可以对 PLC 运行过程进行暂停、失效和记忆状态清零等控制，请参见 F7 功能码组端子功能定义。

二、艾默生变频器过程闭环控制参数

艾默生变频器端子功能参数被定义在 F5 功能码组，下面介绍其参数的含义及用法。

1. 闭环控制系统的分类

闭环控制系统根据反馈量的不同可以分为模拟闭环和脉冲闭环两种形式。如图 5-36 和图 5-37 所示分别为 EV1000 系列变频器模拟闭环和脉冲闭环控制系统电路。

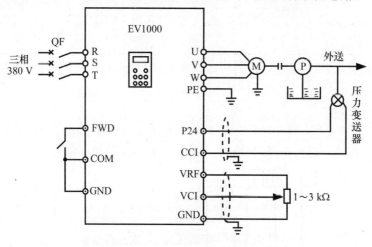

图 5-36　EV1000 系列变频器模拟闭环控制系统电路

采用外接控制端子 X004、X005，配合脉冲编码器（PG）可以组成脉冲闭环控制系统。如图 5-37 所示，闭环的给定量用电位计以电压形式通过模拟量通道 VCI 设定，而 PG 闭环的反馈量用 PG 以脉冲形式通过外部端子 X004、X005 输入，由端子 FWD 实现闭环运动的启停。A、B 分别为 PG 的双相正交脉冲输出；P24 接 PG 的工作电源；速度给定采用模拟电压 0～10 V 信号，它线性对应于 0～最高输出频率 f_{max}（F0.05）对应的同步转速 n_0，$n_0=120f_{max}/P$（电动机极数 FH.00）。X004、X005 输入端子特性参见 F7.00～F7.04 测速输入功能。

2. EV1000 系列变频器内置 PI 的工作原理

EV1000 系列变频器内置 PI 的工作原理框图如图 5-38 所示。

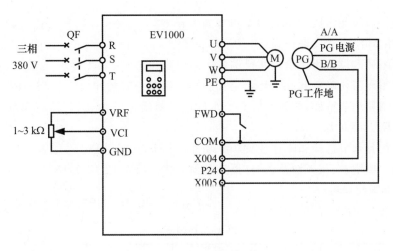

图 5-37 EV1000 系列变频器脉冲闭环控制系统电路

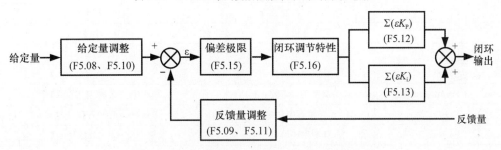

图 5-38 EV1000 系列变频器内置 PI 的工作原理框图

图 5-38 中，K_p 为比例增益，K_i 为积分增益，给定量、反馈量、偏差极限和比例积分参数的定义与普通的 PI 调节意义相同，分别见 F5.01～F5.15 定义。

3. EV1000 系列变频器内置 PI 的特点

通过 F5.08～F5.11 定义给定量和期望的反馈量之间的关系。例如，给定量为模拟量信号 0～10 V，期望的反馈量为 0～1 MPa，对应的压力传感器信号为 4～20 mA，给定量和期望的反馈量的关系如图 5-39 所示。其中，给定量以 10 V 为基准；反馈量以 20 mA 为基准。即图 5-39 中的给定量调整和反馈量调整含义为给定量和反馈量关系的确定和归一化。

通过 F5.16 选择闭环调节特性，满足不同的应用场合。在实际控制系统中，为了达到控制要求，当给定量增大时，要求电动机的转速加快，这种闭环特性为正作用特性；与此相反，当给定量增大时，要求电动机的转速减小，这种闭环特性为反作用特性，如 5-40 所示。

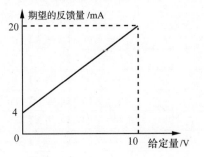

图 5-39 给定量和期望的反馈量的关系

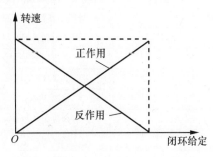

图 5-40 闭环调节特性

系统确定后,闭环参数设定的基本步骤如下:

(1)确定闭环给定和反馈通道(F5.01、F5.02)。

(2)模拟闭环需设定闭环给定和反馈的关系(F5.08~F5.11)。

(3)脉冲闭环需要确定脉冲闭环给定和脉冲编码器每转脉冲数(F5.06~F5.07)。

(4)确定闭环调节特性,如果给定和要求的电动机转速的关系相反,将闭环调节特性设为反作用特性(F5.16=1)。

(5)设定积分调节选择和闭环预置频率功能(F5.17~F5.19)。

(6)调整比例增益、积分增益、采样周期和偏差极限(F5.12~F5.15)。

4. F5 功能码组参数

F5 功能码组参数见表 5-39。

表 5-39   F5 功能码组参数

功能码号	名　称	参数范围
F5.00	闭环运行控制选择	0、1【0】
F5.01	给定通道选择	0~4【1】
F5.02	反馈通道选择	0、6【1】
F5.03	给定通道滤波	0.01~50.00 s【0.50 s】
F5.04	反馈通道滤波	0.01~50.00 s【0.50 s】
F5.05	给定量数字设定	0.00~6.00 V【0.00】
F5.06	脉冲闭环给定	0~39 000 rpm【0 rpm】
F5.07	脉冲编码器每转脉冲数	1~9 999【1 024】
F5.08	最小给定量	0.0%~F5.10【0.0%】
F5.09	最小给定量对应的反馈量	0.0%~100.0%【20.0%】
F5.10	最大给定量	F5.08~0.0%【100.0%】
F5.11	最大给定量对应的反馈量	0.0%~100.0%【100.0%】
F5.12	比例增益 K_p	0.000~9.999【0.050】
F5.13	积分增益 K_i	0.000~9.999【0.050】
F5.14	采样周期 T	0.01~50.00s【0.50 s】
F5.15	偏差极限	0.0%--20%【2.0%】
F5.16	闭环调节特性	0、1【0】
F5.17	积分调节选择	0、1【0】
F5.18	闭环预置频率	0.00~650.00 Hz【0.00 Hz】
F5.19	闭环预置频率保持时间	0.00~3 600.00s【0.00 s】
F5.20	多段闭环给定 1	0.00~6.00 V【0.00 V】
F5.21	多段闭环给定 2	0.00~6.00 V【0.00 V】
F5.22	多段闭环给定 3	0.00~6.00 V【0.00 V】
F5.23	多段闭环给定 4	0.00~6.00 V【0.00 V】
F5.24	多段闭环给定 5	0.00~6.00 V【0.00 V】
F5.25	多段闭环给定 6	0.00~6.00 V【0.00 V】
F5.26	多段闭环给定 7	0.00~6.00 V【0.00 V】

(1)F5.00

F5.00 参数功能说明见表 5-40。

表 5-40 　　　　　　　　　　　　　　F5.00 参数功能说明

设定值	功能说明
0	闭环运行控制无效
1	闭环运行控制有效

(2)F5.01

F5.01 参数功能说明见表 5-41。

表 5-41 　　　　　　　　　　　　　　F5.01 参数功能说明

设定值	功能说明
0	数字量给定:取 F5.05 的值(设置为模拟闭环时,F5.02=0~5); 取 F5.06 的值(设置为脉冲闭环时,F5.02=6)
1	由 VCI 模拟电压量给定(0~10 V)
2	由 CCI 模拟量给定。给定输入范围:0~10 V(CN10 跳线选择 V 侧)、0~20 mA(CN10 跳线选择 I 侧)
3	LED 键盘显示单元模拟量给定
4	PULSE 给定

(3)F5.02

F5.02 参数功能说明见表 5-42。

表 5-42 　　　　　　　　　　　　　　F5.02 参数功能说明

设定值	功能说明
0	由 VCI 模拟电压量输入 0~10 V
1	由 CCI 模拟量输入
2	VCI+CCI
3	VCI−CCI
4	Min{VCI,CCI}
5	Max{VCI,CCI},CCI 的跳线选择同上。当选择电流输入时,内部转化为电压量,其关系为 电压值(V)=电流值(mA)/2
6	脉冲,既可以作为 PG 闭环单相反馈,也可以作为双相反馈。参见多功能输入端子 X004、X005 的定义(F7.03~F7.04 端子功能)

(4)F5.03 和 F5.04

外部给定信号和反馈信号往往叠加了一定的干扰,通过设置 F5.03、F5.04 滤波时间常数对通道进行滤波。滤波时间越长,抗干扰能力越强,但响应变慢;滤波时间越短,响应时间越快,但抗干扰能力变弱。

(5)F5.05

采用模拟反馈(F5.02＝0～5)时,F5.05 实现从 LED 键盘显示单元或串行口设定参数值。

(6)F5.06

采用 PG 脉冲反馈(F5.02＝6)时,F5.06 实现通过 LED 键盘显示单元或串行口通信进行转速设置。

(7)F5.07

根据脉冲编码器的特性参数决定 F5.07 参数值。

(8)F5.08～F5.11

F5.08～F5.11 定义了模拟闭环给定与期望的反馈量的关系,如图 5-41 所示。其设定值为给定量和反馈量的实际值相对于基准值(10 V 或 20 mA 或 F1.03)的百分比。

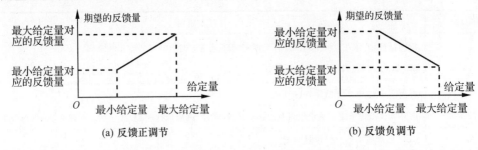

图 5-41　模拟闭环给定量与期望的反馈量的关系

(9)F5.12～F5.14

比例增益 K_p 越大,则响应越快,但过大容量易产生振荡。

仅用比例增益 K_p 调节,不能完全消除偏差。为了消除残留偏差,可采用积分增益 K_i 构成 PI 控制。积分增益 K_i 越大,对变化的偏差响应越快,但过大容量易产生振荡。

采样周期 T 是对反馈量的采样周期。在每个采样周期,PI 调节器运算一次。采样周期 T 越大,响应越慢。

(10)F5.15

偏差极限指系统反馈量相对于给定量的最大允许偏差量,如图 5-42 所示。当反馈量在偏差极限范围内时,PI 调节器停止调节。适当设置偏差极限有助于兼顾系统输出的精度和稳定性。

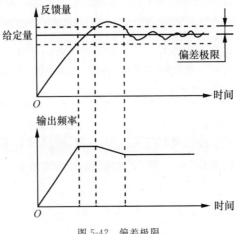

图 5-42　偏差极限

(11)F5.16

F5.16参数功能说明见表5-43。

表 5-43　F5.16 参数功能说明

设定值	功能说明
0	正作用,当给定量增大时,要求电动机转速增大时选用
1	反作用,当给定量增大时,要求电动机转速减小时选用

(12)F5.17

F5.17参数功能说明见表5-44。

表 5-44　F5.17 参数功能说明

设定值	功能说明
0	频率到上、下限时,停止积分调节
1	频率到上、下限时,继续积分调节

对于需要快速响应的系统,建议使用停止积分调节。

(13)F5.18 和 F5.19

F5.18 和 F5.19 可使闭环调节快速进入稳定阶段,如图5-43所示。

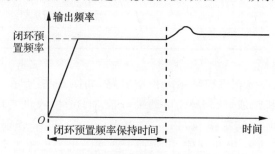

图 5-43　闭环预置频率运行状态

闭环运行启动后,频率首先按照加速时间加速至闭环预置频率 F5.18,并且在该频率上持续运行一段时间 F5.19 后,才按照闭环特性运行。

(14)F5.20～F5.26

在闭环给定中,除了 F5.01 定义的几种通道外,也可以选择 F5.20～F5.26 定义的多段闭环给定。

多段闭环给定 1～7 可以通过外部端子实现灵活切换,参见 F7.00～F7.04 功能说明;也可以和简易 PLC 闭环段配合使用,参见 F4 功能码组说明。多段闭环给定控制优先级高于 F5.01 定义的给定通道。

 任务实施

一、实施内容

根据工业洗衣机的工作过程,用 FX$_{2N}$ 系列 PLC＋艾默生变频器实现工业洗衣机的控制。具体内容如下:

(1)分析控制要求,设计工业洗衣机控制系统电路。

(2)设置变频器功能参数。

(3)编写工业洗衣机控制系统 PLC 控制程序并进行仿真。

(4)安装并调试运行工业洗衣机控制系统。

(5)编制控制系统技术文件及说明书。

二、实施步骤

1. 系统控制电路设计

(1)PLC 的 I/O 地址分配

工业洗衣机控制系统 I/O 地址分配见表 5-45。

表 5-45　　　　　　　　　工业洗衣机控制系统 I/O 地址分配

输入设备	PLC 输入点	输出设备	PLC 输出点
启动按钮 SB_1	X000	变频器端子 FWD	Y000
停止按钮 SB_1	X001	变频器端子 X001	Y001
低水位检测 SQ_1	X002	进水电磁阀 YV_1	Y004
高水位检测 SQ_2	X003	排水电磁阀 YV_2	Y005
		脱水电磁阀 YV_3	Y006
		报警蜂鸣器 HA	Y007

(2)绘制系统控制电路

根据表 5-45 绘制工业洗衣机控制系统控制电路,如图 5-44 所示。其主电路由艾默生变频器驱动三相异步电动机组成,三相异步电动机可带动工业洗衣机实现正转与反转动作。控制电路由 PLC、按钮和电磁阀等组成,PLC 输出点 Y000、Y001 分别控制变频器控制端子 FWD、X001,通过变频器内置 PLC 功能,可实现工业洗衣机的正转洗涤、暂停、反转洗涤动作。为了避免 DC 24 V 电压接到变频器 FWD、X001 和 COM 端子上,进水、排水、脱水电磁阀和报警蜂鸣器分别由 Y004、Y005、Y006 和 Y007 来驱动。

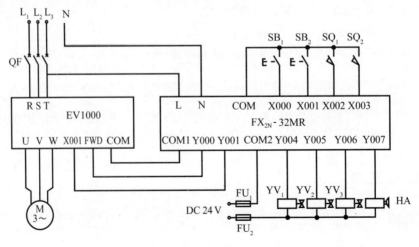

图 5-44　工业洗衣机控制系统控制电路

2. PLC 控制程序设计

根据控制要求，设计出工业洗衣机控制系统 SFC，如图 5-45 所示。洗衣机正转洗涤 10 s，暂停 2 s，开始反转洗涤。反转洗涤 10 s，暂停 2 s，若正/反转洗涤次数未满 3 次，则返回正转洗涤；若正/反转洗涤次数满 3 次，则开始排水。这部分功能利用变频器内置 PLC 功能来实现，由于 1 次循环需要 24 s，3 次则需要 72 s，故 T0 定时器设定 K720。当工业洗衣机进行脱水时，变频器内置 PLC 功能失效。

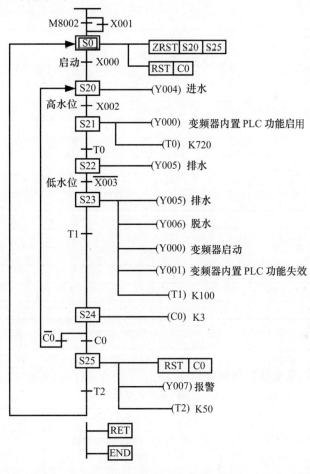

图 5-45　工业洗衣机控制系统 SFC

3. 变频器参数设置

根据控制要求，本任务选择艾默生 EV1000 系列变频器进行模拟调试，相关的参数见表 5-46。

表 5-46　　　　　　　　　工业洗衣机控制系统变频器参数设置

名　称	功能码	设定值
参数写入保护	FP.01	0
参数初始化	FP.02	2
频率给定通道选择	F0.00	0
运行频率设定	F0.02	50.00 Hz

名　　称	功能码	设定值
运行命令通道选择	F0.03	1
基本运行频率	F0.06	50.00 Hz
加速时间	F0.10	1 s
减速时间	F0.11	1 s
简易 PLC 运行方式选择	F4.00	0003
阶段 1 设置	F4.01	000
阶段 1 运行时间	F4.02	10 s
阶段 2 设置	F4.03	000
阶段 2 运行时间	F4.04	2 s
阶段 3 设置	F4.05	010
阶段 3 运行时间	F4.06	10 s
阶段 4 设置	F4.07	000
阶段 4 运行时间	F4.08	2 s
阶段 5 运行时间	F4.10	0 s
阶段 6 运行时间	F4.12	0 s
阶段 7 运行时间	F4.14	0 s
多段频率 1 设定	F3.23	30 Hz
多段频率 2 设定	F3.24	0 Hz
多段频率 3 设定	F3.25	30 Hz
多段频率 4 设定	F3.26	0 Hz
多功能输入端子 X001 功能选择	F7.00	21
参数写入保护	FP.01	2

4. 安装接线

（1）工具、设备及材料

本任务所需工具、设备及材料见表 5-47。

表 5-47　　　　　　　　　　工具、设备及材料

序号	分类	名称	型号规格	数量	单位	备注
1	工具	常用电工工具	尖嘴钳、试电笔、剥线钳、螺钉旋具	1	套	
2		万用表	MF47	1	块	
3	设备	PLC	FX$_{2N}$-32MR	1	个	
4		断路器	DZ47LE C16/3P、DZ47LE C10/2P	各 1	只	
5		熔断器（熔体）	15A/3P、5A/2P	各 1	个	
6		按钮	LA39-E11D	2	个	
7		变频器	EV1000-2S0004G	1	个	
8		电磁铁	MZD1-100	3	个	
9		水位传感器	LLE 系列	2	个	
10		网孔板	600 mm×700 mm	1	块	
11		接线端子	TD1515	1	组	
12	材料	走线槽	TC3025	若干	m	
13		导线	BVR 1.5 mm²/BVR 1.0 mm²	若干	m	

（2）安装步骤

①检查元器件　根据表 5-47 将元器件配齐，并检查元器件的规格是否符合要求，质量是否完好。

②固定元器件　按照安装接线图固定元器件。

③安装接线　根据配线原则及工艺要求，按照如图 5-44 所示电路进行安装接线。

④变频器接线注意事项：

● 严禁将 TA、TB、TC 以外的控制端子接入 AC 220 V 信号，否则会损坏变频器。

● 输入电源必须接到端子 R、S、T 上，输出电源必须接到端子 U、V、W 上，若接错，会损坏变频器。

● 接完线后，要再次检查接线是否正确，有无漏接现象，端子和导线间是否短接或接地。

● 通电后，需要改接线时，即使已经关闭电源，也应等充电指示灯熄灭后，用万用表确认直流电压降到安全电压（DC 25 V）以下后再操作。

5. 输入程序

通过装有 GX Works 2 软件的计算机传送 PLC 程序。其主要步骤如下：

（1）PLC 在断电状态下，连接好 PC/PPI 电缆。

（2）打开 PLC 的前盖，将运行模式选择开关拨到"STOP"位置，此时 PLC 处于停止状态，可以进行程序编写。

（3）在用作编程器的计算机上，运行 GX Works 2 软件。

（4）选择"工程"→"创建新工程"选项，生成一个新项目；或者选择"工程"→"打开工程"选项，打开已有的项目。可以选择"工程"→"另存工程为"选项，修改工程的名称。

（5）将图 5-45 所示 SFC 输入计算机，并进行转换。

（6）闭合电源开关，给 PLC 通电。

（7）单击 GX Works 2 软件导航窗口底部的"连接目标"按钮，设置通信参数。

（8）选择"在线"→"PLC 写入"选项，下载程序文件到 PLC 中。

（9）选择"在线"→"远程操作"选项，调整 PLC 为 RUN 状态。

（10）选择"在线"→"监视"→"监视模式"选项，进入监视模式。

（11）如果在实时监控中，发现 PLC 程序有错误需要修改，则必须关闭监视模式，在写入模式下才能修改程序。修改好的 PLC 程序必须重新写入 PLC，重新运行。

6. 变频器参数调整

按表 5-46 设置变频器参数。

7. 通电调试

经自检、教师检查确认电路正常且无安全隐患后，在教师的监护下通电调试。

（1）闭合开关 QF，给 PLC 和变频器通电。

（2）调整 PLC 为 RUN 状态。

（3）按启动按钮 SB₁，按照控制要求逐步调试，观察系统的运行情况是否符合控制要求。

(4)如果出现故障,应独立检修。电路检修完毕且梯形图修改完毕后应重新调试,直到系统能够正常工作。

思考与练习

1. 填空题

(1)变频器具有多种不同的类型:按变换环节可分为_____变频器和_____变频器;按改变变频器输出电压的方法可分为_____变频器和_____变频器。

(2)变频调速时,基频以下的调速属于_____调速,基频以上的调速属于_____调速。

(3)变频器是把电压、频率固定的工频交流电变为_____和_____的交流电的变换器。

(4)变频器的加速时间是指_____的时间;减速时间是指_____的时间。设定加/减速时间的原则是_____。

2. 判断题

(1)异步电动机的变频调速装置的功能是将电网的恒压频交流电变换为变压变频交流电,对交流电动机供电,实现交流无级调速。   (   )

(2)变频调速时,若保持电动机定子供电电压不变,仅改变器频率进行变频调速,将引起磁通的变化,出现励磁不足或励磁过强的现象。   (   )

(3)变频调速的基本控制方式是在额定频率以下的恒磁通变频调速,而额定频率以上为弱磁调速。   (   )

(4)交-交变频是把工频交流电整流为直流电,然后由直流电逆变为所需频率的交流电。
                                                                              (   )

(5)交-直-交变频器将工频交流电经整流器变换为直流电,经中间滤波环节后,再经逆变器变换为变频变压的交流电,故称为间接变频器。   (   )

3. 选择题

(1)正弦波脉冲宽度调制的英文缩写是(   )。

A. PWM   B. PAM   C. SPWM   D. SPAM

(2)变频电动机如果旋向不对,可交换(   )中任意两相接线。

A. U、V、W   B. R、S、T   C. L_1、L_2、L_3 D. 三种均可

(3)三相异步电动机的转速除了与电源频率、转差率有关,还与(   )有关系。

A. 磁极数   B. 磁极对数   C. 磁感应强度   D. 磁场强度

(4)在 U/f 控制方式下,当输出频率比较低时,会出现输出转矩不足的情况。为了避免这种情况,要求变频器具有(   )功能。

A. 频率偏置   B. 转差补偿   C. 转矩补偿   D. 段速控制

(5)三相交流输入电源 L_1、L_2、L_3 应分别接变频器（　　）端子。

A. U、V、W　　　　B. R、S、T　　　　C. P_1、P_B、N　　　　D. FWD、REV、PE

(6)变频器容量越大，需要制动时的外接制动电阻＿＿＿＿＿＿＿。

A. 阻值大，功率大　　B. 阻值小，功率大　　C. 阻值小，功率小　　D. 阻值大，功率小

(7)变频器主滤波电容器一般＿＿＿＿＿＿＿年应予更换，以维持变频器性能。

A. 1　　　　　　B. 8　　　　　　C. 3～5　　　　　　D. 10

(8)变频控制电动机出现转速不增大现象，可能原因是＿＿＿＿＿＿＿。

A. 下限频率设置过低　　　　　　　　B. 上限频率设置过高

C. 上限频率设置过低　　　　　　　　D. 负载变轻

(9)变频器减速时间设置过小，会引起＿＿＿＿＿＿＿。

A. 过压　　　　　　　　　　　　　B. 过流

C. 过压或过流　　　　　　　　　　D. 过热

4. 简述题

(1)简述变频器程序运行参数 F4.00 各位的含义。

(2)变频器程序运行参数 F4.00 阶段运行时间如果设定为零，说明什么？

(3)如何对变频器内置 PLC 功能进行暂停、失效和记忆等控制？

5. 设计题

(1)画出 PLC 控制艾默生 EV1000 系列变频器实现正/反转控制电路，并设定相关功能参数。变频器功能参数设定的具体要求如下：

①加速时间与减速时间为 5 s。

②上限频率为 45 Hz，下限频率为 15 Hz。

③运行频率为 35 Hz。

(2)画出继电器控制艾默生 EV1000 系列变频器实现正/反转控制电路(采用三线式运转模式1)，并设定相关功能参数。变频器功能参数设定的具体要求如下：

①0～25 Hz 的加/减速时间为 2 s。

②上限频率为 45 Hz，下限频率为 10 Hz。

③运行频率为 40 Hz。

(3)画出 PLC 控制艾默生 EV1000 系列变频器实现 7 段速度控制电路，并设定相关功能参数。控制要求：按下启动按钮，变频器开始运行，第一段正转运行 10 s，频率为 10 Hz；第二段反转运行 15 s，频率为 15 Hz；第三段正转运行 10 s，频率为 20 Hz；第四段正转运行 15 s，频率为 30 Hz；第五段反转运行 10 s，频率为 35 Hz；第六段正转运行 20 s，频率为 10 Hz；第七段正转运行 15 s，频率为 40 Hz。反复循环。按下停止按钮，停止运行。

(4)用艾默生 EV1000 系列变频器内置 PLC 功能实现以下速度控制要求。按下启动按钮 SB_1，电动机以 45 Hz 正转运行，15 s 后，停 10 s，再以 35 Hz 反转运行，10 s 后，停 15 s，反复循环，直到按下停止按钮 SB_2。停止后再次启动，要求从第一段开始运行。试画出控制电路及设

定主要功能参数。

(5)某机床工作台由三相异步电动机通过丝杠机构驱动,电动机正转时工作台右移,电动机反转时工作台左移。工作台的运动轨迹如图 5-46 所示,各段的速度分别为 15 Hz、25 Hz、50 Hz、35 Hz、30 Hz、45 Hz,各段加速和减速时间均为 5 s。按下启动按钮,工作台从原点 A 处开始自动循环往复运动。若按停止按钮,工作台在本次循环结束后到达 A 处时才能停止。试设计系统 PLC 控制电路,编制 PLC 程序,设定变频器参数。

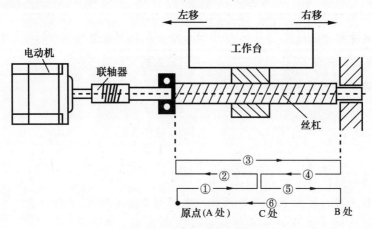

图 5-46 工作台的运动轨迹

项目 6

PLC模拟量控制技术及应用

学习目标

(1)熟悉 GT Designer 3 软件的操作方法。

(2)会使用 GT Designer 3 软件制作简单监控系统。

(3)掌握 PLC 特殊功能模块读写指令及其使用方法。

(4)掌握 PLC PID 运算指令及其使用方法。

(5)掌握特殊功能模块 FX_{2N}-2AD、FX_{2N}-2DA 和 FX_{0N}-3A 的用法。

(6)会设计和调试简单的过程控制系统。

 项目综述

人机界面是操作人员与控制系统之间进行对话和信息交换的专门设备,在现代自动化领域及设备控制中应用非常广泛。本项目通过电动机运行的人机界面监控和纺织空调风机控制系统设计与调试两个工作任务,学习 GT Designer 3 软件的使用方法,PLC 特殊功能模块读写指令,PID 运算指令,特殊功能模块 FX_{2N}-2AD、FX_{2N}-2DA 和 FX_{0N}-3A 的用法。这两个任务要求采用人机界面+PLC+变频器+特殊功能模块来实现。通过学习,读者应对人机界面及 PLC 模拟量控制技术有初步的了解,并能设计制作简单的过程控制系统,提高自己的综合能力。

任务1　电动机运行的人机界面监控

任务描述

某电力拖动系统要求用人机界面监控电动机运行情况,并能在上位机(PC或触摸屏)和现场进行两地控制。其具体的运行过程:启动后,电动机做正/反转间歇运行,正转10 s→间歇4 s→反转8 s→间歇5 s→正转……往复循环。控制要求:电动机运行状态及控制在上位机(PC或触摸屏)能实时监控,且其运行时间、间歇时间以及运行速度(频率)都能在上位机上监控和调节。设电动机初始运行速度(频率)为25 Hz,速度(频率)调节范围为5~50 Hz。

相关知识

要实现本任务控制要求,控制系统需要人机界面和PLC特殊功能模块等新设备。本任务人机界面拟采用GT Designer 3软件,下面先来介绍GT Designer 3软件的使用方法。

一、GT Designer 3软件的使用

目前,市场上比较常见的三菱人机界面产品有GOT900系列和GOT1000系列,其中GOT900系列包括A900系列和F900系列,GOT1000系列包括GT10系列、GT11系列、GT12系列、GT15系列和GT16系列。三菱触摸屏编程软件GT Designer 3是用于三菱GOT1000系列人机界面产品的设计软件,它集成了GT Simulator 3软件,具有仿真模拟的功能。GT Designer 3软件可以进行工程和画面创建、图形绘制、对象配置和设置、公共设置以及数据传输等。下面介绍该软件的操作界面及基本操作方法。

1. 新建工程

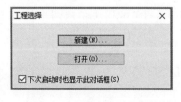

图6-1　"工程选择"对话框

(1)启动GT Designer 3软件,显示如图6-1所示对话框,单击"新建"按钮。

(2)出现"工程的新建向导"对话框,单击"下一步"按钮,进入如图6-2所示窗口,在此选择使用的GOT的型号名及颜色数。

(3)单击"下一步"按钮,出现系统设置确定窗口。再单击"下一步"按钮,进入如图6-3所

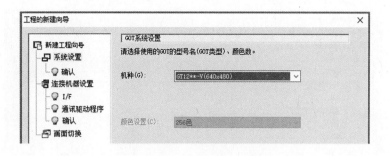

图 6-2　GOT 系统设置

示窗口,在这里选择与 GOT 连接的机器的制造商和机种。

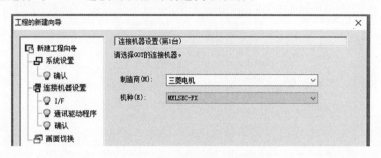

图 6-3　连接机器制造商和机种设置

(4)单击"下一步"按钮,进入如图 6-4 所示窗口,在这里选择 GOT 与机器的连接接口(I/F)。

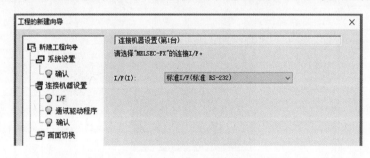

图 6-4　连接机器 I/F 设置

(5)单击"下一步"按钮,出现如图 6-5 所示窗口,在这里选择与 GOT 连接的机器的通信驱动程序。

(6)单击"下一步"按钮,出现连接机器设置确定窗口。再单击"下一步",进入如图 6-6 所示窗口,在这里进行画面切换软元件的设置,一般采用默认值。

(7)单击"下一步"按钮,显示系统环境设置确定画面。

(8)单击"结束"按钮,显示画面设计界面。从这里开始具体制作画面内容。

2. 画面设计界面

画面设计界面如图 6-7 所示。

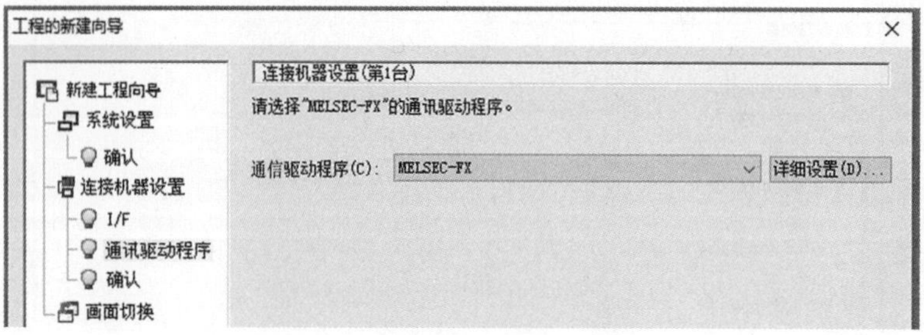

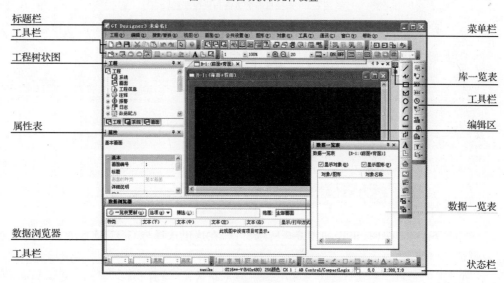

图 6-5　连接机器通信驱动程序设置

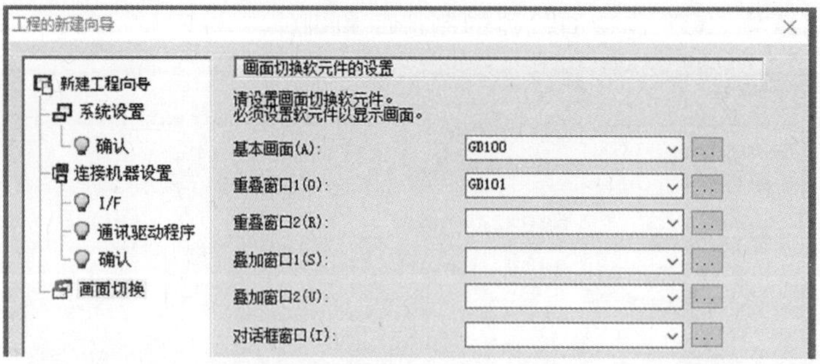

图 6-6　画面切换软元件设置

图 6-7　画面设计界面

（左侧标注从上到下）标题栏、工具栏、工程树状图、属性表、数据浏览器、工具栏

（右侧标注从上到下）菜单栏、库一览表、工具栏、编辑区、数据一览表、状态栏

3. 画面制作

本任务人机界面应具有如下功能：启动和停止电动机；实时监视电动机正转、反转运行状态；调整和显示变频器的输出频率；调整和显示电动机运行时间；显示当前日期和时间。按照上述功能，可绘制出如图 6-8 所示人机界面画面。下面介绍该画面的制作过程。人机界面用到的 PLC 软元件见表 6-1。

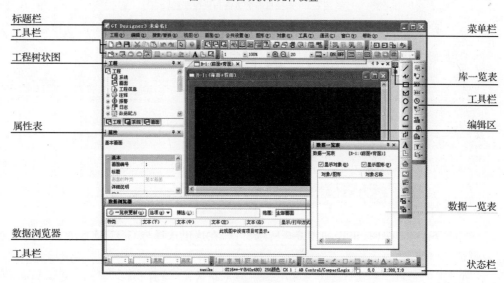

表 6-1　　　　　　　　　　　　人机界面用到的 PLC 软元件

序 号	软元件	功　能	范　围	序 号	软元件	功　能	范　围
1	X0000	启动		8	T3	反转间歇时间显示	
2	X0001	停止		9	D0	正转运行时间调节	5～120 s
3	Y0000	正转		10	D2	正转间歇时间调节	2～30 s
4	Y0001	反转		11	D4	反转运行时间调节	5～120 s
5	T0	正转运行时间显示		12	D6	反转间歇时间调节	2～30 s
6	T1	正转间歇时间显示		13	D100	频率调节	5～50 Hz
7	T2	反转运行时间显示					

在新建工程后,系统会创建一个基本画面,可在此基本画面的编辑区进行画面设计。

(1)标题文字的设置

①单击工具栏中 **A** 按钮,再单击编辑区顶部中间适当位置,出现"文本"对话框,如图 6-9 所示。

②在"字符串"文本框中输入"电动机运行监控系统","字体""文本尺寸""文本颜色""背景色"等按图 6-9 所示进行设置。

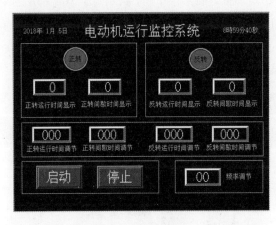

图 6-8　人机界面画面

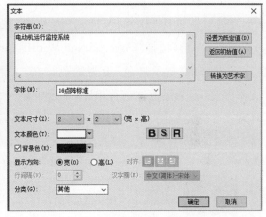

图 6-9　标题文字设置

(2)日期和时间显示的设置

①日期显示的设置　单击工具栏中 🕐▾ 按钮的下拉箭头,选择"日期显示",在编辑区顶部左侧适当位置单击,即可生成日期显示框。双击日期显示框,在出现的对话框中可对日期显示的显示方式、图形等进行设置,如图 6-10 所示。

②时间显示的设置　单击工具栏中 🕐▾ 按钮的下拉箭头,选择"时刻显示",在编辑区顶部右侧适当位置单击,即可生成时间显示框。双击时间显示框,在出现的对话框中可对时间显示的显示方式、图形等进行设置,如图 6-11 所示。

图 6-10　日期显示设置　　　　　　　　　图 6-11　时间显示设置

（3）正/反转指示灯的设置

①正转指示灯的设置　选择菜单栏中"对象"→"指示灯"→"位指示灯"选项，此时光标变成十字状。在编辑区适当位置单击并拖出一个小矩形框，可绘制出一个指示灯。双击指示灯，在出现的对话框的"软元件/样式"卡片中，按图 6-12 所示进行设置。其中，"软元件"选择"Y0000"；"图形"选择"Circle_Fixed Width：Circle_6"；指示灯 OFF 状态的"指示灯色"设为灰色，ON 状态的"指示灯色"设为绿色。在"文本"卡片中，按如图 6-13 所示进行设置。其中，"文本颜色"设为黑色；"字符串"文本框中输入"正转"；其他采用默认设置。

图 6-12　指示灯软元件/样式设置　　　　　　图 6-13　指示灯文本设置

②反转指示灯的设置　复制刚刚设置完的正转指示灯，双击新指示灯，将"软元件"改为"Y0001"，将"字符串"改为"反转"，其他设置不改动，反转指示灯即制作完毕。

（4）时间（数值）显示的设置

①正转运行时间显示的设置　单击工具栏中 123 ▾ 按钮的下拉箭头，选择"数值显示"，在编辑区适当位置单击，即可生成数值显示框。双击数值显示框，在出现的对话框的"软元件/样式"卡片中，按图 6-14 所示进行设置。其中，"种类"选择"数值显示"；"软元件"选择"T0"。在

"显示范围"卡片中,按图 6-15 所示进行设置。其中,"范围指定"设置为"＄V＜999"。在"运算"卡片中,按图 6-16 所示进行设置。其中,"运算式"设置为"＄＄/10"。

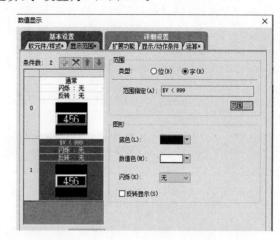

图 6-14 数值显示软元件/样式设置　　　　　　　　　　图 6-15 数值显示范围设置

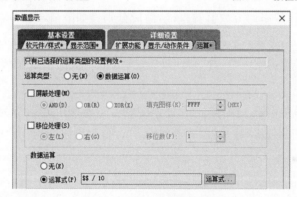

图 6-16 数值显示运算设置

②其他时间显示的设置 其他时间显示的设置采用复制再修改的方法。将制作完成的正转运行时间显示数值显示框再复制三个,依次作为正转间歇时间显示、反转运行时间显示和反转间歇时间显示数值显示框。然后分别将正转间歇时间显示数值显示框的"软元件"改为"T1",反转运行时间显示数值显示框的"软元件"改为"T2",反转间歇时间显示数值显示框的"软元件"改为"T3"。其他设置无须更改。

(5)时间/频率(数值)输入的设置

①正转运行时间调节的设置 单击工具栏中 123 按钮的下拉箭头,选择"数值输入",在编辑区适当位置单击,即可生成数值输入框。双击数值输入框,在出现的对话框的"软元件/样式"卡片中,按图 6-17 所示进行设置。其中,"种类"选择"数值输入";"软元件"选择"D0"。在"输入范围"卡片中,按图 6-18 所示进行设置。其中,"范围指定"设置为"5＜＝ ＄W ＜＝ 120"。

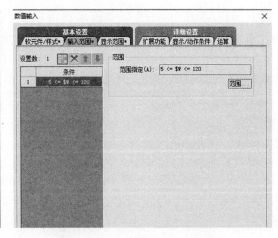

图 6-17 数值输入软元件/样式设置　　　　　图 6-18 数值输入范围设置

②其他时间/频率输入的设置　其他时间/频率输入设置采用复制再修改的方法。复制四个制作完成的正转运行时间调节数值输入框,分别作为正转间歇时间调节、反转运行时间调节、反转间歇时间调节、频率调节数值输入框,然后分别做如下修改:

正转间歇时间调节数值输入框:将"软元件"改为"D2","范围指定"设置为"2<= $W<=30"。

反转运行时间调节数值输入框:将"软元件"改为"D4","范围指定"设置为"5<= $W<=120"。

反转间歇时间调节数值输入框:将"软元件"改为"D6","范围指定"设置为"2<= $W<=30"。

频率调节数值输入框:将"软元件"改为"D100","范围指定"设置为"5<= $W<=50"。

(6)按钮的设置

①启动按钮的设置　选择菜单栏中"对象"→"开关"→"位开关"选项,此时光标变成十字状。在编辑区适当位置单击并拖出一个小矩形框,可绘制出一个按钮。双击按钮,在出现的对话框的"软元件"卡片中,按图 6-19 所示进行设置。其中,"开关功能"中"软元件"选择"X0000";"动作设置"选择"点动";"指示灯功能"选择"位的 ON/OFF";"指示灯功能"中"软元件"选择"X0000"。在"文本"卡片中,按如图 6-20 所示进行设置。其中,"文本颜色"设为黄色;"字符串"文本框中输入"启动";其他采用默认设置。

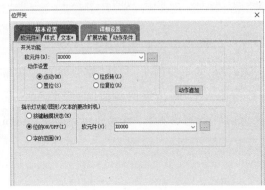

图 6-19 按钮软元件设置　　　　　　　图 6-20 按钮文本设置

②停止按钮的设置　复制正转按钮，双击新按钮，将"开关功能"和"指示灯功能"中"软元件"都改为"X0001"，将"字符串"改为"停止"，停止按钮即制作完毕。

(7)注释文字的设置

单击工具栏中 A 按钮，在各数值显示、数值输入元件下方分别输入注释文字，即"正转运行时间显示""正转间歇时间显示""反转运行时间显示""反转间歇时间显示""正转运行时间调节""正转间歇时间调节""反转运行时间调节""反转间歇时间调节""频率调节"，字体的大小均为"1×1"，颜色均为白色，然后将它们排列整齐。

至此，人机界面画面制作完毕。

4. 工程文件的保存

单击菜单栏中"工程"→"另存为"选项，在出现的"工程另存为"对话框中，选择合适的保存路径，然后在"工程区名"中输入"三菱人机界面"，在"工程名"中输入"电动机运行的人机界面监控"，单击"保存"按钮。

5. 人机界面与 PLC 的联机调试

制作好的人机界面可先与 PLC 程序进行仿真，如果没有问题，再下载到触摸屏中运行调试。仿真的具体方法和步骤如下：

(1)用 PLC 编程软件编制 PLC 控制程序，然后将其下载到 PLC 中。将 PLC 设置为 RUN 状态，并将 PLC 设置为监控模式。

(2)打开 GT Simulator 3 软件，出现如图 6-21 所示 GT Simulator 3 主菜单，单击"启动"按钮，出现如图 6-22 所示仿真界面。

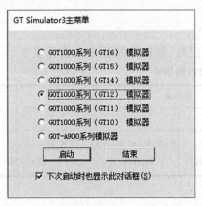

图 6-21　GT Simulator 3 主菜单

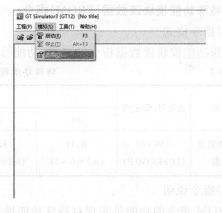

图 6-22　仿真界面

(3)如图 6-22 所示，选择"模拟"→"选项"选项，出现如图 6-23 所示"选项"对话框。在"选项"对话框的"通信设置"卡片中，"连接方法"选择"CPU"(如果将用 GX Works 2 软件编写的 PLC 程序直接仿真的话，选择"GX Simulator 2"；如果将用 GX Developer 软件编写的 PLC 程序直接仿真的话，选择"GX Simulator")，设置好"通信端口"(按实际 PLC 连接的端口设置)和"波特率"。

(4)在仿真界面单击"打开工程" 按钮，选择事先用 GT Designer 3 软件设计好的需要仿真的人机界面工程文件，如图 6-24 所示。单击"打开"按钮，出现人机界面仿真画面(注意：要事先将 PLC 连接好并使 PLC 处于 RUN 状态和监控模式)。按照控制要求进行模拟操作,观察能否达到控制要求。若不满足控制要求,则关闭仿真,修改相关设计,重新仿真,直到所有工程设计满足控制要求。

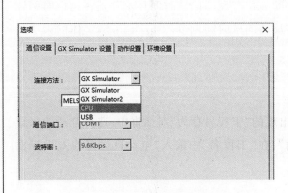

图 6-23　连接方法及通信端口设置

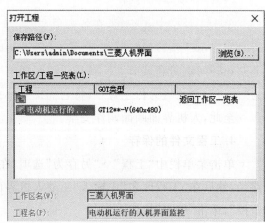

图 6-24　打开仿真工程

二、PLC 特殊功能模块读写指令

为了拓展 PLC 的功能及应用领域,三菱 PLC 除了前面我们经常用到的基本单元外,还有许多应用于特殊场合、具有特殊用途的功能模块。为了实现 PLC 基本单元与这些特殊功能模块之间的信息通信,三菱 PLC 设计了两条专门指令实现对特殊功能模块缓冲寄存器 BFM 的读写,即 FROM 指令和 TO 指令。下面学习这两种指令的使用方法。

1. 特殊功能模块读数据(FROM)指令

(1)指令格式

特殊功能模块读数据指令的名称、功能号、助记符、操作数及程序步数见表 6-2。

表 6-2　　　　　　　　　　　特殊功能模块读数据指令

名　称	功能号/助记符	操作数				程序步数
		m1	m2	[D·]	n	
特殊功能模块读数据	FNC78/ (D)FROM(P)	K、H (m1＝0～7)	K、H (m2＝0～31)	KnY、KnM、KnS、 T、C、D、V、Z	K、H (n＝0～31)	16 位:9 32 位:17

(2)指令说明

FROM 指令的功能是实现对特殊功能模块缓冲寄存器 BFM 指定位的读取操作。

FROM 指令的使用如图 6-25 所示。当 X000 OFF→ON,FROM 指令开始执行,将特殊功能模块缓冲寄存器 BFM 编号 m2 开始的 n 个数据读入 PLC 基本单元,并存入[D·]指定元件的 n 个寄存器中。

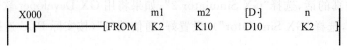

图 6-25　FORM 指令的使用

FROM 指令中各操作数的意义如下：

m1：指定模块安装地址，用 K(十进制)或 H(十六进制)常数表示。在 FX 系列 PLC 中，特殊功能模块的安装地址取决于模块的安装位置，从基本单元开始向右的第 1、2、3……个特殊功能模块(不包括 I/O 扩展模块)对应的地址依次为 K0、K1、K2……如图 6-26 所示。

PLC基本单元 FX₂ₙ-32MR	特殊功能模块 FX₂ₙ-4AD	输出扩展模块 FX₂ₙ-8EYT	特殊功能模块 FX₂ₙ-1HC	特殊功能模块 FX₂ₙ-4DA
#0		#1		#2

图 6-26　特殊功能模块连接编号

m2：要读取的缓冲寄存器 BFM 的地址，用 K(十进制)或 H(十六进制)常数表示。此地址只与模块有关，与模块在基板中的位置无关。

[D·]：读取的数据在 PLC 中的存储单元首地址(目标地址)。

n：待传送数据的字数。

2. 特殊功能模块写数据(TO)指令

(1)指令格式

特殊功能模块写数据指令的名称、功能号、助记符、操作数及程序步数见表 6-3。

表 6-3　　　　　　　　　　特殊功能模块数据写数据指令

名　称	功能号/助记符	操作数				程序步数
		m1	m2	[S·]	n	
特殊功能模块写数据	FNC79/ (D)TO(P)	K、H (m1=0~7)	K、H (m2=0~31)	KnY、KnM、KnS、 T、C、D、V、Z	K、H (n=0~31)	16 位：9 32 位：17

(2)指令说明

TO 指令的功能是将 PLC 中的数据写入特殊功能模块缓冲寄存器 BFM 内。

TO 指令的使用如图 6-27 所示。当 X000 为 ON 时，将 PLC 的 D1、D0 两个单元的数据传送到 1 号特殊功能模块的缓冲寄存器 BFM♯13、♯12 中。

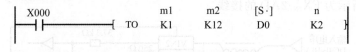

图 6-27　TO 指令的使用

TO 指令中各操作数的意义如下：

m1：指定模块安装地址，用 K(十进制)或 H(十六进制)常数表示。在 FX 系列 PLC 中，特殊功能模块的安装地址取决于模块的安装位置，从基本单元开始向右的第 1、2、3……个特殊功能模块(不包括 I/O 扩展模块)对应的地址依次为 K0、K1、K2……

m2：要写的缓冲寄存器 BFM 的地址，用 K(十进制)或 H(十六进制)常数表示。此地址只和模块有关，和模块在基板中的位置无关。

[S·]：写入的数据在 PLC 中的存储单元首地址(源数据地址)。

n：待传送数据的字数，允许的值为 K1~K32767。

三、FX$_{2N}$-2AD 模拟量输入模块

FX$_{2N}$-2AD 是模拟量输入模块,有 2 个输出通道,分别为通道 1(CH1)、通道 2(CH2)。每一个通道都可以进行 A/D 转换,即将模拟量信号转换成数字量信号,其分辨率为 12 位。输入的模拟电压量范围为 DC 0~10 V,DC 0~5 V,分辨率为 2.5 mV、1.25 mV。输入的模拟电流量范围为 DC 4~20 mA,分辨率为 4 μA。FX$_{2N}$-2DA 通过内部缓冲寄存器 BFM 与 FX$_{2N}$系列 PLC 进行数据交换,每个 BFM 的位数是 16 位。

1. FX$_{2N}$-2AD 的性能

FX$_{2N}$-2AD 的性能见表 6-4。

表 6-4   FX$_{2N}$-2AD 的性能

项　目	输入电压	输入电流
模拟量输入范围	DC 0~10 V,DC 0~5 V(输入电阻为 200 kΩ); 绝对最大量程:DC -0.5~15 V	4~20 mA(输入电阻为 250 Ω); 绝对最大量程:-2~60 mA
数字量输出	12 位	
分辨率	2.5 mV(10 V/4 000)、1.25 mV(5 V/4 000)	4 μA(16 mA/4 000)
总体精度	±1%(满量程为 0~10 V)	±1%(满量程为 4~20 mA)
转换速度	2.5 ms/通道(顺控程序和同步)	
隔离	在模拟和数字电路之间光电隔离;直流/直流变压器隔离主单元电源;在模拟通道之间没有隔离	
电源规格	DC 5 V,20 mA(主单元提供的内部电源); DC 24 V(1±10%),50 mA(主单元提供的内部电源)	
占用的 I/O 点数	占用 8 个输入或输出点(输入或输出均可)	
适用的控制器	FX$_{1N}$/FX$_{2N}$/FX$_{2NC}$(需要 FX$_{2NC}$-CNV-1F)	
尺寸(宽×厚×高)	43 mm×87 mm×90 mm	
质量	0.2 kg	

2. FX$_{2N}$-2AD 的电路接线

如图 6-28 所示为 FX$_{2N}$-2AD 的接线。

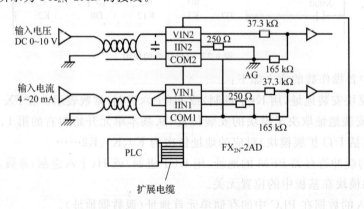

图 6-28   FX$_{2N}$-2AD 的接线

(1)FX$_{2N}$-2AD 的任一通道不能既作为模拟电压量输入,又作为模拟电流量输入,因为所有通道都采用同样的偏移值和增益值。对于模拟电流量输入,必须将 VIN 和 IIN 端子短接。

（2）如果输入有电压波动或在外部接线中有电气干扰，可以在 * 处接一个滤波电容器（0.1～0.47 μF，DC 25 V）。

3. FX$_{2N}$-2AD 的 A/D 转换关系

FX$_{2N}$-2AD 的 A/D 转换关系如图 6-29 所示。A/D 转换结果输出为 12 位无符号数据（0～4 095），但在实际使用时为了方便计算，一般将最大输入（DC 10 V/5 V 或 20 mA）所对应的数字量设为 4 000。

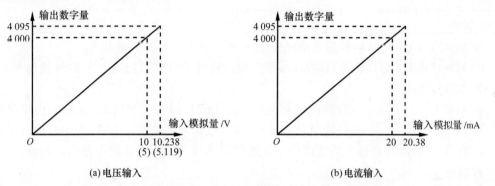

图 6-29　FX$_{2N}$-2AD 的 A/D 转换关系

FX$_{2N}$-2AD 的 A/D 转换关系可通过增益（GAIN）与偏移（OFFSET）的调整改变，调整可直接通过安装于模块上的电位计实现，如图 6-30 所示，电位计的调整值对通道 1 与通道 2 同时有效。

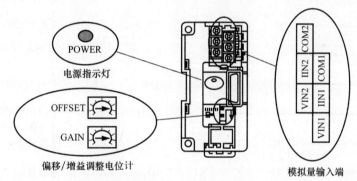

图 6-30　FX$_{2N}$-2AD 的增益与偏移调整

调整增益可改变输出特性的"斜率"，即改变单位输入所对应的 A/D 转换输出，例如，可将 5 V 模拟量输入的转换结果调整到 4 000 等。调整偏移可改变输出特性的"截距"，即改变 A/D 转换结果输出 0 所对应的模拟量输入值，例如，可将 4 mA 电流输入时的 A/D 转换结果调整为 0 等。

4. FX$_{2N}$-2AD 的缓冲寄存器

FX$_{2N}$-2AD 的缓冲存储器参数较少，使用与编程非常方便。使用时只需要通过 TO 指令向模块的缓冲存储器参数 BFM♯17 写入 A/D 转换命令，即可启动 A/D 转换功能。FX$_{2N}$-2AD 的 BFM 分配见表 6-5。

表 6-5 FX_{2N}-2AD 的 BFM 分配

BFM 编号	bit15～bit8	bit7～bit4	bit3	bit2	bit1	bit0
♯0	没使用	当前输入值的低 8 位				
♯1	没使用		当前输入值的高 4 位			
♯2～♯16	没使用					
♯17	没使用				A/D 转换开始	A/D 转换通道选择
♯18 及其他	没使用					

BFM♯17 bit0:A/D 转换通道选择命令,0 表示通道 1,1 表示通道 2。

BFM♯17 bit1:A/D 转换启动命令,所选定的通道开始模数转换。A/D 转换结果存储于缓冲器 BFM♯0 中。

BFM♯0 bit7～bit0:A/D 转换结果的低 8 位,BFM♯0 高字节(bit15～bit8)内容保留。

BFM♯1 bit3～bit0:A/D 转换结果的高 4 位,BFM♯1 高字节(bit15～bit4)内容保留。

一次 A/D 转换启动命令只能进行一个通道的 A/D 转换,完成两个通道的转换需要编写两组控制命令。

5. FX_{2N}-2AD 的应用

【例 6-1】 某系统的控制要求:当输入 X000、X001 为 1 时,分别控制 FX_{2N}-2AD 通道 1、2 的模拟量输入,进行 A/D 转换,转换结果存储到数据寄存器 D100 与 D102 中。

假设 FX_{2N}-2AD 紧临基本单元安装,即模块地址为 K0,根据控制要求编制 PLC 梯形图,如图 6-31 所示。

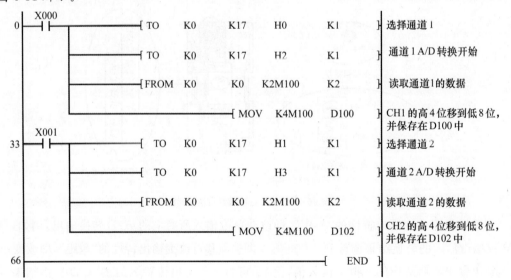

图 6-31 例 6-1 梯形图

由于 FX_{2N}-2AD 的 12 位 A/D 转换结果分别存储于 BFM♯0 的低字节与 BFM♯1 的低 4 位上,因此,FROM 指令的目标存储器应以复合操作数 K2M100 的形式指定为字节,并将读出数据的长度指定为 2 字。执行 FROM K0 K0 K2M100 K2 后,缓冲存储器参数中的高字节内容将被自动忽略,目标存储器得到的结果如下:

M107～M100：读出BFM#0的低字节数据，BFM#0的高字节被忽略。

M115～M108：读出BFM#1的低字节数据，BFM#1的高字节被忽略。

读出的M115～M100状态直接与12位A/D转换结果对应，故可以通过MOV指令以字为单位写入数据寄存器D100中（低12位为有效数据）。

四、FX$_{2N}$-2DA 模拟量输出模块

FX$_{2N}$-2DA 是模拟量输出模块，有 2 个输出通道，分别为通道 1（CH1）、通道 2（CH2）。每一个通道都可以进行 D/A 转换，即将数字量转换成模拟量信号，其分辨率为 12 位。输出的模拟电压量范围为 DC 0～10 V，DC 0～5 V，分辨率为 2.5 mV、1.25 mV。输出的模拟电流量范围为 DC 4～20 mA，分辨率为 4 μA。FX$_{2N}$-2DA 通过内部缓冲寄存器 BFM 与 FX$_{2N}$系列 PLC 进行数据交换，每个 BFM 的位数是 16 位。

1. FX$_{2N}$-2DA 的性能

FX$_{2N}$-2DA 的性能见表 6-6。

表 6-6 　　　　　　　　　　　　　FX$_{2N}$-2DA 的性能

项 目	输出电压	输出电流
模拟量输出范围	DC 0～10 V，DC 0～5 V（外部负载电阻为 2 kΩ～1 MΩ）	4～20 mA（外部负载电阻不超过 500 Ω）
数字量输出	12 位	
分辨率	2.5 mV（10 V/4 000），1.25 mV（5 V/4 000）	4 μA（16 mA/4 000）
总体精度	±1%（满量程为 0～10 V）	±1%（满量程为 4～20 mA）
转换速度	4 ms/通道（顺控程序和同步）	
隔离	在模拟和数字电路之间光电隔离；直流/直流变压器隔离主单元电源；在模拟通道之间没有隔离	
电源规格	DC 5 V，30 mA（主单元提供的内部电源）；DC 24 V（±1%），85 mA（主单元提供的内部电源）	
占用的 I/O 点数	占用 8 个输入或输出点（输入或输出均可）	
适用的控制器	FX$_{1N}$/FX$_{2N}$/FX$_{2NC}$（需要 FX$_{2NC}$-CNV-1F）	
尺寸（宽×厚×高）	43 mm×87 mm×90 mm	
质量	0.2 kg	

2. FX$_{2N}$-2DA 的电路接线

如图 6-32 所示为 FX$_{2N}$-2DA 的接线。

（1）如果输入由电压波动，或在外部接线中有电气干扰，可以在 *2 接一个滤波电容器（0.1～0.47 μF，DC 25 V）。

（2）对于电压输入，必须将 IOUT 和 COM 端子短接。

3. FX$_{2N}$-2DA 的 D/A 转换关系

FX$_{2N}$-2 的 D/A 转换关系如图 6-33 所示。FX$_{2N}$-2DA 可进行 12 位 D/A 转换，D/A 转换数字量输入的最大值为 4 095，为了计算方便，通常将最大模拟量输出（DC 10/5 V 或 20 mA）所对应的数字量输入设为 4 000。

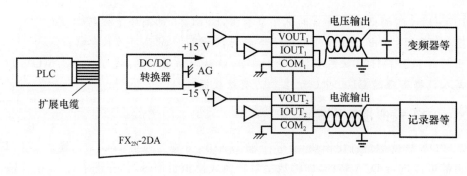

图 6-32　FX$_{2N}$-2DA 的接线

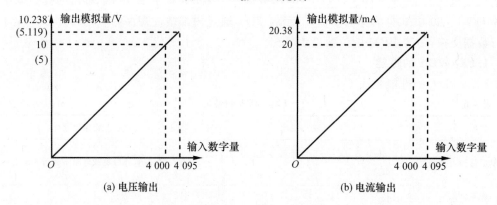

(a) 电压输出　　　　　　　　　　　　(b) 电流输出

图 6-33　FX$_{2N}$-2DA 的 D/A 转换关系

　　FX$_{2N}$-2DA 的 D/A 转换关系可通过增益与偏移的调整改变,调整可直接通过安装于模块上的电位计实现,如图 6-34 所示,通道 1(CH1)与通道(CH2)可独立调整。

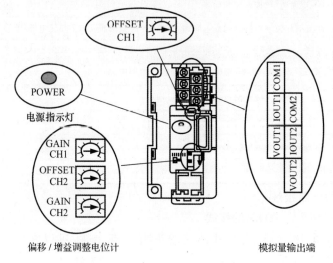

偏移/增益调整电位计　　　　　　　　　模拟量输出端

图 6-34　FX$_{2N}$-2DA 的增益/偏移调整

　　FX$_{2N}$-2DA 的模拟电压量或电流量输出需要通过外部连接选择,D/A 转换值总是同时在模拟电压量输出端子与电流量输出端子上输出。

4. FX₂N-2DA 的缓冲寄存器

FX₂N-2DA 的 BFM 分配见表 6-7。

表 6-7   FX₂N-2DA 的 BFM 分配

BFM 编号	bit15~bit8	bit7~bit3	bit2	bit1	bit0
♯0~♯15	没使用				
♯16	没使用	输出的数字量资源(8 位)			
♯17	没使用		低 8 位数据保持位	通道 1 的 D/A 转换开始	通道 2 的 D/A 转换开始
♯18 及其他	没使用				

BFM♯16：写入由 BFM♯17 通道指定标注位指定的通道输出的 D/A 转换数据值。数据值按二进制形式保存，这样可以有利于保存低 8 位和高 4 位数据，分两部分保存。

BFM♯17：当 bit0＝1→0 时，通道 2 D/A 转换开始。当 bit1＝1→0 时，通道 1 D/A 转换开始。当 bit2＝1→0 时，D/A 转换的低 8 位数据保持。

5. FX₂N-2DA 的应用

【例 6-2】 在输入 X000 为 1 时，将 D110 中的 12 位数字量转换为模拟量，并在通道 1 中进行输出。编制 PLC 梯形图，如图 6-35 所示（假设 FX₂N-2AD 的模块地址为 K0）。

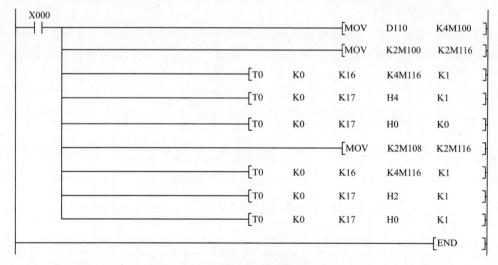

图 6-35 例 6-2 梯形图

 任务实施

一、实施内容

根据控制要求，利用人机界面＋PLC＋变频器实现电动机运行的人机界面监控。具体内容如下：

(1)分析控制要求,设计系统电路。

(2)编制 PLC 梯形图。

(3)制作电动机运行监控人机界面。

(4)设置变频器功能参数。

(5)安装并调试电动机运行人机界面监控系统。

(6)编制系统技术文件及说明书。

二、实施步骤

1. 系统控制电路设计

(1)PLC 的 I/O 地址分配

选用 FX$_{2N}$-32MR PLC,其 I/O 地址分配见表 6-8。

表 6-8 　　　　　　　　　电动机运行的人机界面监控 I/O 地址分配

输入设备	PLC 输入点	输出设备	PLC 输出点
启动按钮 SB$_1$	X000	变频器端子 FWD	Y000
停止按钮 SB$_2$	X001	变频器端子 REV	Y001

(2)绘制系统控制电路

根据表 6-8 绘制 PLC 与变频器控制电路,如图 6-36 所示。FX$_{2N}$-2AD 用来将人机界面输入的频率调节数字量转换成模拟量,然后送入变频器 VCI 端子,从而调节变频器的输出频率。

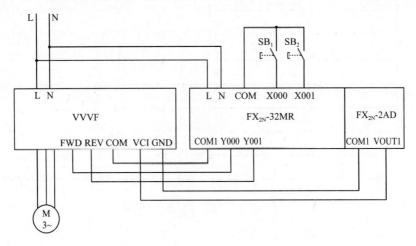

图 6-36 电动机运行的人机界面监控控制电路

2. PLC 控制程序设计

根据控制要求,设计出电动机运行的人机界面监控梯形图,如图 6-37 所示。设 FX$_{2N}$-2AD 紧挨着 FX$_{2N}$-32MR 安装,且电压从 FX$_{2N}$-2AD 的 VOUT1 端子输出,输出电压值范围选择 DC 0~10 V。

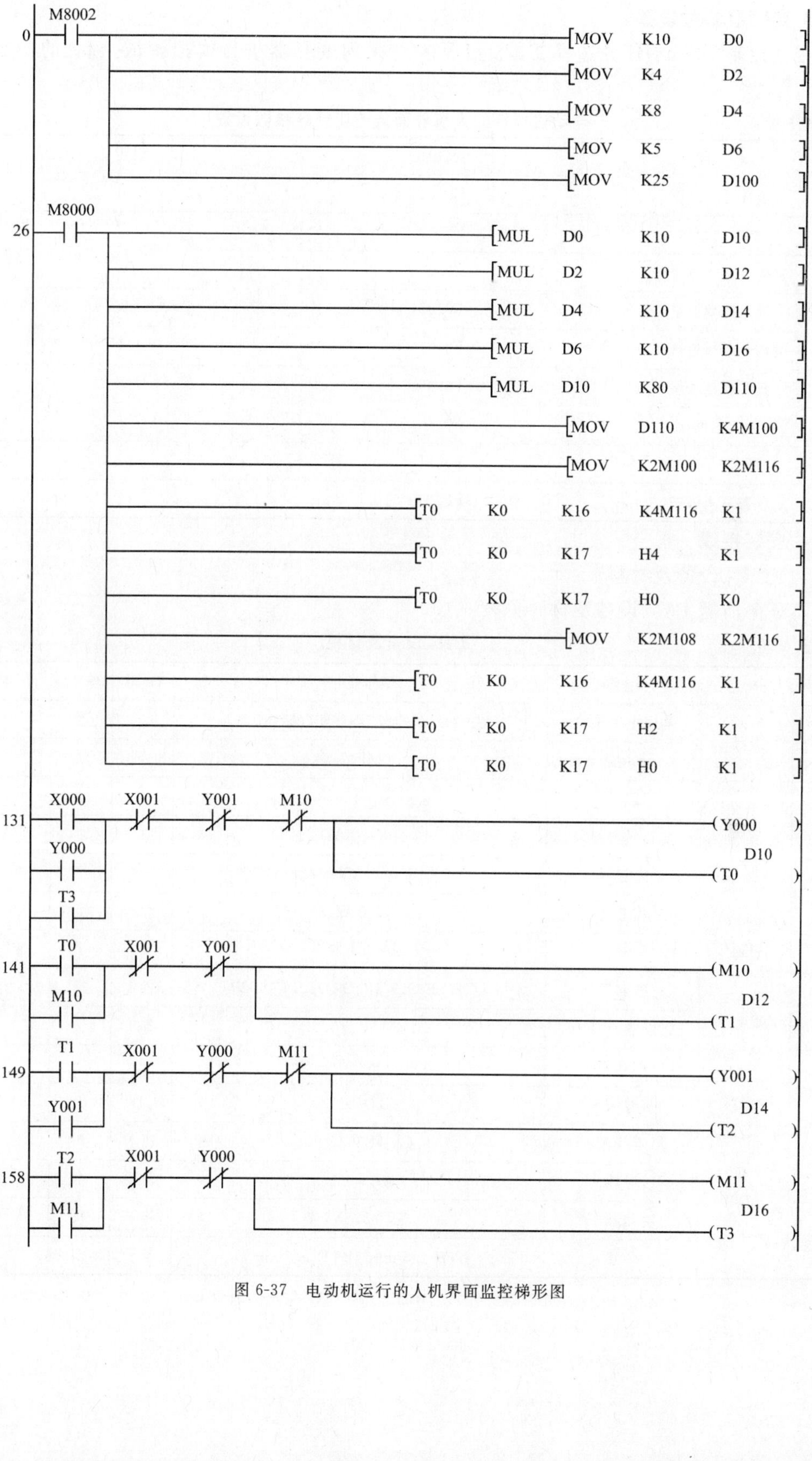

```
   M8002
0 ──┤├──────────────────────────────────────[MOV  K10   D0  ]
   │                                          [MOV  K4    D2  ]
   │                                          [MOV  K8    D4  ]
   │                                          [MOV  K5    D6  ]
   │                                          [MOV  K25   D100]

   M8000
26 ─┤├──────────────────────────────────[MUL  D0    K10   D10 ]
   │                                     [MUL  D2    K10   D12 ]
   │                                     [MUL  D4    K10   D14 ]
   │                                     [MUL  D6    K10   D16 ]
   │                                     [MUL  D10   K80   D110]
   │                                          [MOV  D110  K4M100 ]
   │                                          [MOV  K2M100  K2M116]
   │                                  [T0  K0   K16  K4M116  K1]
   │                                  [T0  K0   K17  H4      K1]
   │                                  [T0  K0   K17  H0      K0]
   │                                          [MOV  K2M108  K2M116]
   │                                  [T0  K0   K16  K4M116  K1]
   │                                  [T0  K0   K17  H2      K1]
   │                                  [T0  K0   K17  H0      K1]

    X000  X001  Y001  M10
131 ─┤├──┤/├──┤/├──┤/├──────────────────────────────(Y000 )
    Y000  │                                            D10
   ─┤├────┤                                          (T0   )
    T3
   ─┤├────┘

    T0   X001  Y001
141 ─┤├──┤/├──┤/├────────────────────────────────────(M10  )
    M10  │                                             D12
   ─┤├───┤                                           (T1   )

    T1   X001  Y000  M11
149 ─┤├──┤/├──┤/├──┤/├────────────────────────────────(Y001 )
    Y001 │                                             D14
   ─┤├───┤                                           (T2   )

    T2   X001  Y000
158 ─┤├──┤/├──┤/├─────────────────────────────────────(M11  )
    M11  │                                             D16
   ─┤├───┘                                           (T3   )
```

图 6-37 电动机运行的人机界面监控梯形图

3. 变频器参数设置

根据控制要求,本任务选择艾默生 EV1000 系列变频器进行模拟调试,相关的参数见表 6-9。

表 6-9　　　　　　　　电动机运行的人机界面监控变频器参数设置

名　称	功能码	设定值
参数写入保护	FP. 01	0
参数初始化	FP. 02	2
频率给定通道选择	F0. 00	3
运行频率设定	F0. 02	25
运行命令通道选择	F0. 03	1
基本运行频率	F0. 06	50
加速时间 1	F0. 10	2
减速时间 1	F0. 11	2
参数写入保护	FP. 01	2

4. 安装接线

(1)工具、设备及材料

本任务所需工具、设备及材料见表 6-10。

表 6-10　　　　　　　　　　　　工具、设备及材料

序号	分类	名　称	型号规格	数量	单位	备注
1	工具	常用电工工具	火嘴钳、试电笔、剥线钳、螺钉旋具	1	套	
2		万用表	MF47	1	块	
3	设备	PLC	FX$_{2N}$-32MR	1	个	
4		A/D 转换模块	FX$_{2N}$-2AD	1	个	
5		变频器	EV1000-2S0004G	1	个	
6		三相电动机	200 W	1	个	
7		按钮	LA39-E11D	2	个	带指示灯
8		断路器	DZ47LE C16/3P、DZ47LE C10/2P	各 1	只	
9		熔断器(熔体)	15A/3P、5A/2P	各 1	个	
10		网孔板	600 mm×700 mm	1	块	
11		接线端子	TD1515	1	组	
12	材料	走线槽	TC3025	若干	m	
13		导线	ϕ2.5 mm	若干	个	
14		冷压端子	SV1-3、SV1-4	若干	只	
15		导线	BVR 1.5 mm^2/BVR 1.0 mm^2	若干	m	

（2）安装步骤

①检查元器件　根据表 6-10 将元器件配齐，并检查元器件的规格是否符合要求，质量是否完好。

②固定元器件　按照安装接线图固定元器件。

③安装接线　根据配线原则及工艺要求，按照如图 6-36 所示进行安装接线。

5. 输入程序

通过装有 GX Works 2 软件的计算机传送 PLC 程序。其主要步骤如下：

（1）PLC 在断电状态下，连接好 PC/PPI 电缆。

（2）打开 PLC 的前盖，将运行模式选择开关拨到"STOP"位置，此时 PLC 处于停止状态，可以进行程序编写。

（3）在用作编程器的计算机上，运行 GX Works 2 软件。

（4）选择"工程"→"创建新工程"选项，生成一个新项目；或者选择"工程"→"打开工程"选项，打开已有的项目。可以选择"工程"→"另存工程为"选项，修改工程的名称。

（5）将图 6-37 所示梯形图输入计算机，并进行转换。

（6）闭合电源开关，给 PLC 通电。

（7）单击 GX Works 2 软件导航窗口底部的"连接目标"按钮，设置通信参数。

（8）选择"在线"→"PLC 写入"选项，下载程序文件到 PLC 中。

（9）选择"在线"→"远程操作"选项，调整 PLC 为 RUN 状态。

（10）选择"在线"→"监视"→"监视模式"选项，进入监视模式。

（11）如果在实时监控中，发现 PLC 程序有错误需要修改，则必须关闭监视模式，在写入模式下才能修改程序。修改好的 PLC 程序必须重新写入 PLC，重新运行。

6. 变频器参数调整

按表 6-9 设置变频器参数。

7. 通电调试

经自检、教师检查确认电路正常且无安全隐患后，在教师的监护下通电调试。

（1）给 PLC 和变频器通电。

（2）调整 PLC 为 RUN 状态。

（3）用 GT Simulator 3 软件打开设计好的人机界面画面。按人机界面画面中的启动按钮，按照控制要求逐步调试，观察系统的运行情况是否符合控制要求。

（4）如果出现故障，应独立检修。故障检修完毕后应重新调试，直到系统能够正常工作。

任务 2　纺织空调风机温度控制系统设计与调试

任务描述

纺织车间的温度和湿度严重影响产品的产量和质量,因此空调系统是纺织生产过程中不可缺少的设施之一。目前,纺织空调大都采用人工调节,由于是手动控制,忽略了温度和湿度的相关性,对环境温度和湿度的控制不尽人意,且能耗大,工作效率低,节能潜力得不到充分发挥。采用 PLC 与变频器对纺织空调进行温度和湿度自动控制,不仅提高了温度和湿度的控制精度,同时减少了能量损耗。纺织空调自动调节在纺织行业的应用已成为一种趋势。

纺织空调风机温度控制系统依据温度传感器检测室内外温度,经 A/D 转换模块转换成对应的数字量信号,供 PLC 采集,采样值与设定值相比较,比较结果通过 D/A 转换模块、PI 调节器控制变频器来调节风机的转速,以维持室内温度的稳定性。其主要组成有温度传感器、控制器、变频器、风机及各种执行器,如图 6-38 所示。

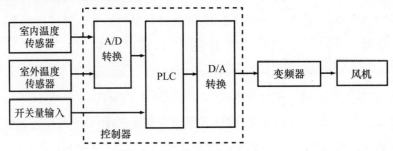

图 6-38　纺织空调风机温度控制系统

相关知识

一、PID 运算指令

1. 指令格式

PID 运算指令的名称、功能号、助记符、操作数及程序步数见表 6-11。

表 6-11　　　　　　　　　　　　　　　　PID 运算指令

名　称	功能号/助记符	操作数				程序步数
		[S1·]	[S2·]	[S3·]	[D·]	
PID 运算	FNC88/PID	D				16 位:9 (连续执行型)

2. 指令说明

PID 运算指令用于进行 PID 控制, 达到采样时间的 PID 运算指令在其后扫描时进行 PID 运算, 如图 6-39 所示。

图 6-39　PID 运算指令的使用

[S1·] 为目标值(SV); [S2·] 为测定值(PV); [S3·]~[S3·]+6 为设定控制参数。执行程序时, 运算结果即输出值(MV)被存入 [D·] 中。

PID 运算指令占用自 [S3·] 起的 25 个数据寄存器, 图 6-39 中占用 D100~D124。但是当控制参数 ACT 的 bit1、bit2、bit5 均为 0 时, 只占用 [S3·] 开始的 20 个数据寄存器。

3. 参数设定

控制参数的目标值在 PID 运算之前必须预先通过 MOV 等指令写入。

[S3·]: 采样时间 (T_s), 1~32 767(ms)。

[S3·]+1: 动作方向(ACT), bit0 为 0 时正动作, bit0 为 1 时为逆动作。

[S3·]+2: 输入滤波常数, 0~99(%), 0 时没有输入滤波。

[S3·]+3: 比例增益 (K_p), 1~32 767(%)。

[S3·]+4: 积分时间 (T_i), 0~32 767(×100 ms), 0 时没有积分处理。

[S3·]+5: 微分增益 (K_d), 0~100(%), 0 时没有微分增益。

[S3·]+6: 微分时间 (T_d), 0~32 767(×10 ms), 0 时没有微分处理。

[S3·]+7~[S3·]+19: 被 PID 运算的内部处理占用。

[S3·]+20~[S3·]+24: 在 [S3·]+1(ACT) 的 bit1=1 或 bit5=1 时被占用。

二、FX_{0N}-3A 模拟量特殊功能模块

FX_{0N}-3A 是模拟量特殊功能块, 有 2 个输入通道和 1 个输出通道。输入通道接收模拟量并将模拟量转换成数字量。输出通道采用数字量并输出等量模拟量。

FX_{0N}-3A 的最大分辨率为 8 位。在输入/输出基础上选择的电压或电流由用户接线方式决定。FX_{0N}-3A 可以连接到 FX_{0N}、FX_{1N}、FX_{2N} 和 FX_{2NC} 系列 PLC 上。所有数据传输和参数设置都是通过应用到 PLC 中的 TO、FROM 指令, 通过 FX_{0N}-3A 的软件控制调节的。PLC 和 FX_{0N}-3A 的通信由光电耦合器保护。

FX_{0N}-3A 在 PLC 扩展母线上占用 8 个 I/O 点。

1. FX_{0N}-3A 的性能

FX_{0N}-3A 的性能见表 6-12。

表 6-12   FX$_{0N}$-3A 的性能

	项 目	输入电压	输入电流
输入	模拟量输入范围	默认为 0～250 如果把 FX$_{0N}$-3A 用于电流输入或区分 DC 0～10 V 之外的电压输入,则需要重新调整偏置和增益 不允许两个通道有不同的输入特性	
		DC 0～10 V,DC 0～5 V,电阻为 200 kΩ 输入电压超过 −0.5 V 或 +15 V,有可能损坏模块	4～20 mA,电阻为 250 Ω 输入电流超过 −2 mA 或 +60 mA,有可能损坏模块
	数字量输入	8 位	
	最小输入量分辨率	40 mV:0～10 V/0～250,依据输入特性而变	64 μA:4～20 mA/0～250,依据输入特性而变
	总体精度	±0.1 V	±0.16 mA
	处理时间	TO 指令处理时间×2+FROM 指令处理时间	
	输入特性		
输出	模拟量输出范围	默认为 DC 0～10 V,输出选择 0～250 如果把 FX$_{0N}$-3A 用于电流输出或区分 DC 0～10 V 之外的电压输出,则需要重新调整偏差和增益	
		DC 0～10 V,0～5 V(外部负载:1 kΩ～1 MΩ)	4～20 mA(外部负载:500 Ω 或更小)
	数字量输出	8 位	
	最小输出量分辨率	40 mV:0～10 V/0～250,依据输入特点而变	64 μA:4～20 mA/0～250,依据输入特点而变
	总体精度	±0.1 V	±0.16 mA
	处理时间	TO 指令处理时间×3	
	输出特性		
		如果使用 8 位的数字量源数据,则只有低 8 位的数据有效,附加(高)位将被忽略	

2. FX₀ₙ-3A 的端子布局

FX₀ₙ-3A 的端子布局如图 6-40 所示。

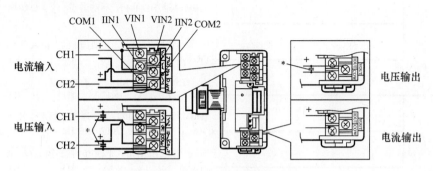

图 6-40　FX₀ₙ-3A 的端子布局

(1)当使用电流输入时,应确保 VIN1 和 IIN1 端子连接了。当使用电流输出时,不要连接 VOUT 和 IOUT 端子。

(2)如果电压输入/输出方面出现任何电压波动或者有过多的电噪声,则要在位置 * 连接一个额定值为 25 V、0.1~0.47 μF 的电容器。

(3)与 PLC 连接时,最多 4 个 FX₀ₙ-3A 可以连接到 FX₀ₙ 系列 PLC,最多 5 个可以连接到 FX₁ₙ 系列 PLC,最多 8 个可以连接到 FX₂ₙ 系列 PLC,最多 4 个可以连接到 FX₂ₙC 系列 PLC,全部需和带有电源的扩展单元配套使用。

3. FX₀ₙ-3A 的缓冲存储器

FX₀ₙ-3A 的 BFM 分配见表 6-13。如果 RD3A(FNC176)和 WR3A(FNC177)指令与 FX₁ₙ、FX₂ₙ 系列 PLC 一起使用,则不需要考虑 BFM 的分配。

表 6-13　　　　　　　　　　　　FX₀ₙ-3A 的 BFM 分配

BFM 编号	bit15~bit8	bit7	bit6	bit5	bit4	bit3	bit2	bit1	bit0
♯0	保留	通过 BFM♯17 的 bit0 选择的 A/D 通道的当前值输入数据(以 8 位存储)							
♯16		在 D/A 通道上的当前值输出数据(以 8 位存储)							
♯17	保留					D/A 转换开始	A/D 转换开始	A/D 转换通道选择	
♯1~♯5,♯18~♯31	保留								

BFM♯17:当 bit0=0 时,选择通道 1;当 bit0=1 时,选择通道 2。当 bit1=0→1,启动 A/D 转换;当 bit2=0→1,启动 D/A 转换。

4. FX₀ₙ-3A 的应用

【例 6-3】　模拟量输入的应用程序。

FX₀ₙ-3A 的 BFM 是通过上位机 PLC 写入或读取的。如图 6-41 所示,当 M0 为 ON 时,从 FX₀ₙ-3A 的通道 1 读取输入模拟量;当 M1 为 ON 时,读取通道 2 的输入模拟量。

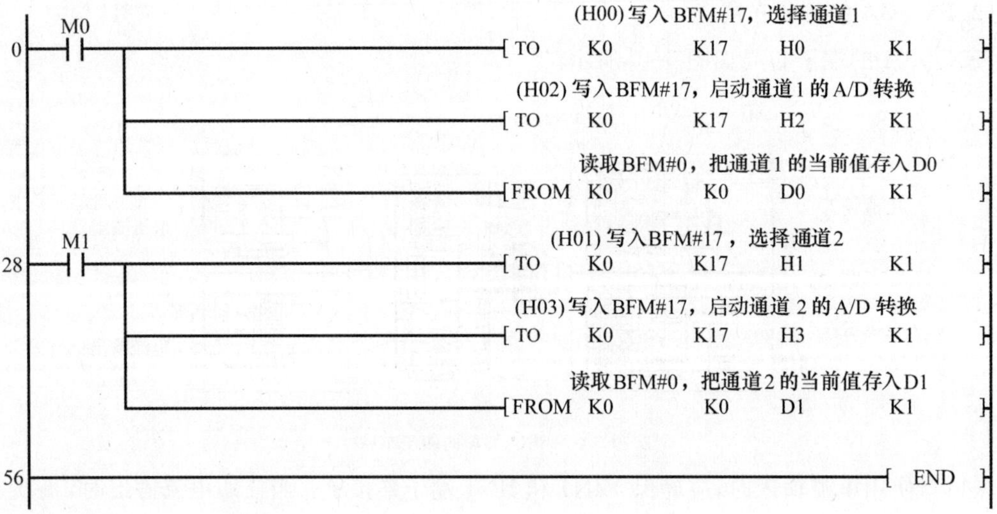

```
              (H00)写入BFM#17，选择通道1
0  M0
   ──┤├───────────────────────┤TO    K0      K17     H0      K1 ├
              (H02)写入BFM#17，启动通道1的A/D转换
         ├──────────────────────┤TO    K0      K17     H2      K1 ├
              读取BFM#0，把通道1的当前值存入D0
         ├──────────────────────┤FROM  K0      K0      D0      K1 ├

28  M1        (H01)写入BFM#17，选择通道2
   ──┤├───────────────────────┤TO    K0      K17     H1      K1 ├
              (H03)写入BFM#17，启动通道2的A/D转换
         ├──────────────────────┤TO    K0      K17     H3      K1 ├
              读取BFM#0，把通道2的当前值存入D1
         ├──────────────────────┤FROM  K0      K0      D1      K1 ├

56  ─────────────────────────────────────────────────┤ END ├
```

图 6-41 例 6-3 梯形图

【例 6-4】 模拟量输出的应用程序。

如图 6-42 所示，当 M0 为 ON 时，执行 D/A 转换，存储的相当于数字量的模拟量输出到寄存器 D2 中。

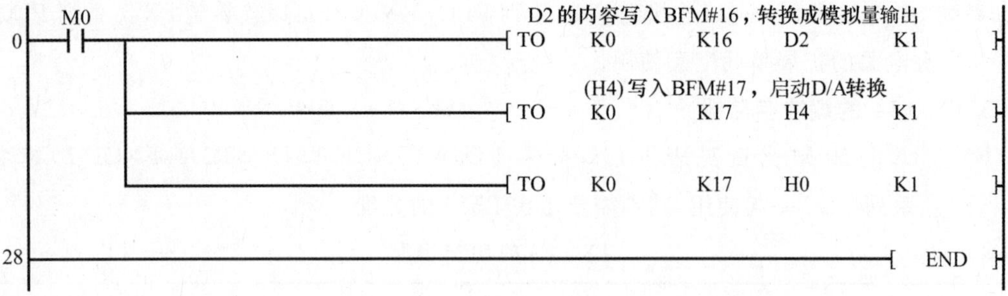

```
              D2的内容写入BFM#16，转换成模拟输出
0  M0
   ──┤├───────────────────────┤TO    K0      K16     D2      K1 ├
              (H4)写入BFM#17，启动D/A转换
         ├──────────────────────┤TO    K0      K17     H4      K1 ├

         ├──────────────────────┤TO    K0      K17     H0      K1 ├

28  ─────────────────────────────────────────────────┤ END ├
```

图 6-42 例 6-4 梯形图

任务实施

一、实施内容

根据控制要求，用触摸屏＋PLC＋艾默生变频器实现纺织空调风机温度控制。具体内容如下：

（1）分析控制要求，设计系统电路。

（2）设置变频器功能参数。

（3）制作纺织空调风机温度控制的人机界面。

（4）设计系统 PLC 控制程序。

（5）安装并调试纺织空调风机温度控制系统。

（6）编制控制系统技术文件及说明书。

二、实施步骤

1. 系统控制电路设计

（1）PLC 的 I/O 地址分配

纺织空调风机温度控制系统 I/O 地址分配见表 6-14。

表 6-14　　　　　　　纺织空调风机温度控制系统 I/O 地址分配

输入设备	PLC 输入点	输出设备	PLC 输出点
启动按钮 SB_1	X000	变频器 FWD	Y000
停止按钮 SB_2	X001	水泵 KM_1	Y004
加热按钮 SB_3	X002	加热器 KM_2	Y005
水泵启动按钮 SB_4	X003	运行指示灯 HL_1	Y006
手动/自动选择按钮 SB_5	X004	加热指示灯 HL_2	Y007
温度检测开关 SB_6	X005	水泵运行指示灯 HL_3	Y010
急停按钮 SB_7	X006	报警指示灯 HL_4	Y011
风机启动按钮 SB_8	X007	风机运行指示灯 HL_5	Y012

（2）绘制系统控制电路

纺织空调风机温度控制系统电路如图 6-43 和图 6-44 所示。

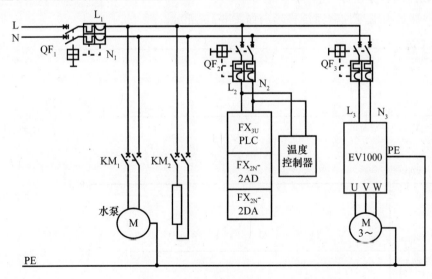

图 6-43　纺织空调风机温度控制系统主电路

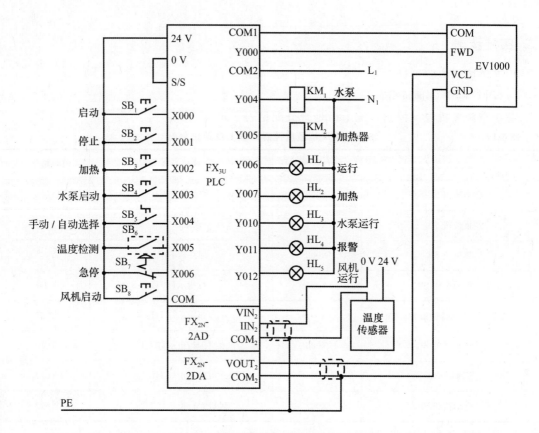

图 6-44　纺织空调风机温度控制系统控制电路

2. PLC 控制程序设计

纺织空调风机温度控制系统梯形图如图 6-45 所示。

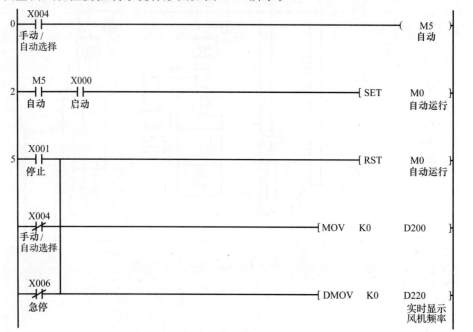

图 6-45　纺织空调风机温度控制系统梯形图

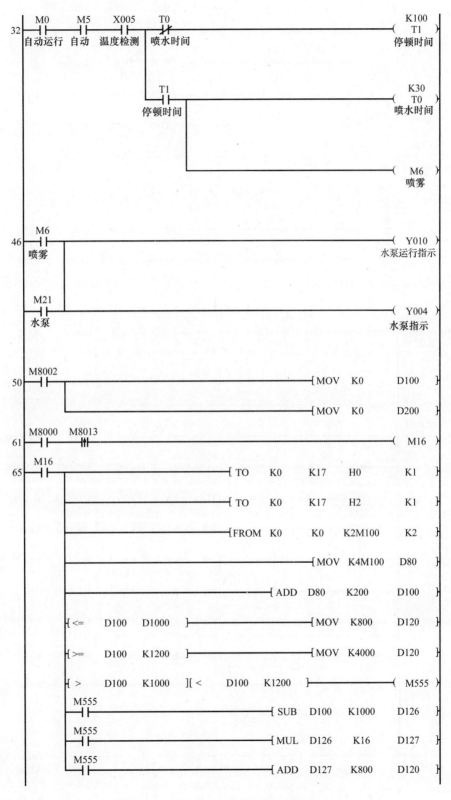

图 6-45　纺织空调风机温度控制系统梯形图(续 1)

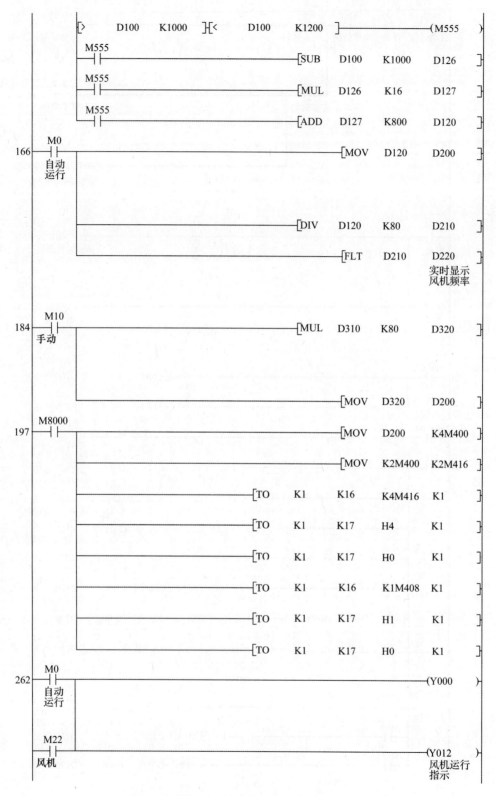

图 6-45　纺织空调风机温度控制系统梯形图(续 2)

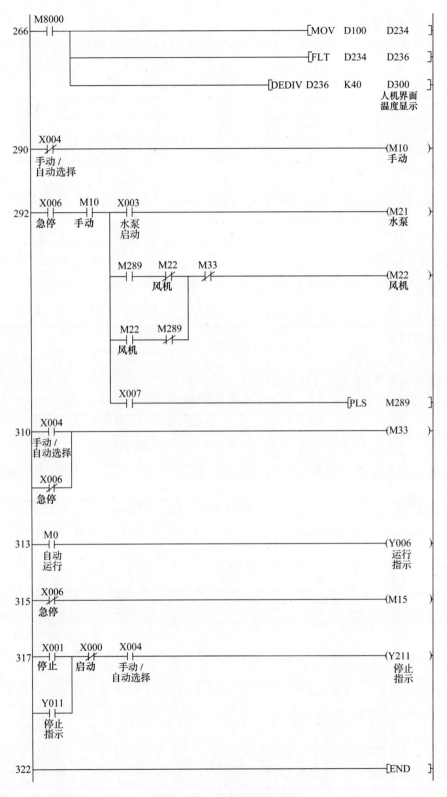

图 6-45　纺织空调风机温度控制系统梯形图(续 3)

3. 变频器参数设置

根据控制要求,本任务选择艾默生 EV1000 系列变频器进行模拟调试,其主要功能参数设定见表 6-15。

表 6-15   纺织空调风机温度控制系统变频器参数设置

名　　称	功能码	设定值
参数写入保护	FP. 01	0
参数初始化	FP. 02	2
运行命令通道选择	F0.03	1
基本运行频率	F0.06	50 Hz
加速时间	F0.10	10 s
减速时间	F0.11	10 s
上限频率	F0.12	50 Hz
下限频率	F0.13	10 Hz
频率给定通道选择	F0.00	3
参数写入保护	FP. 01	2

4. 安装与调试

（1）工具、设备及材料

本任务所需工具、设备及材料见表 6-16。

表 6-16   工具、设备及材料

序　号	分　类	名　称	型号规格	数量	单位	备　注
1	工具	常用电工工具	尖嘴钳、试电笔、剥线钳、螺钉旋具	1	套	
2		万用表	MF47	1	块	
3		PLC	FX$_{3U}$-32MR	1	个	
4		断路器	DZ47LE C16/3P、DZ47LE C10/2P	各 1	只	
5		熔断器（熔体）	15A/3P、5A/2P	各 1	个	
6		按钮	LA39-E11D	6	个	带指示灯
7	设备	变频器	EV1000 2S0004G	1	个	
8		A/D 转换模块	FX$_{2N}$-2AD	1	个	
9		D/A 转换模块	FX$_{2N}$-2DA	1	个	
10		网孔板	600 mm×700 mm	1	块	
11		模拟试验装置	自制	1	套	风机等
12		接线端子	TD1515	1	组	
13		走线槽	TC3025	若干	m	
14	材料	导线	ϕ2.5 mm	若干	个	
15		冷压端子	SV1-3、SV1-4	若干	只	
16		导线	BVR 1.5 mm² /BVR 1.0 mm²	若干	m	

（2）安装接线及调试

请参考项目 6 中任务 1 的系统安装、检查及通电调试方法。

思考与练习

1. FX 系列 PLC 特殊功能模块有哪些？列举出 5 种特殊功能模块。

2. FX_{2N}-4AD 和 FX_{2N}-4DA 各自的识别码是什么？

3. 在特殊功能模块中经常用到 PLC 功能指令 FROM 和 TO 指令，解释这两条指令的含义。

4. 用 FX_{2N}-4AD 测量 2 路温度，要求通道 1 为 $-10\sim10$ V 输入，通道 2 为 $4\sim20$ mA 输入，通道 3、4 关闭，试写出初始化程序。

5. 有一温度传感器，测量温度范围为 $0\sim100$ ℃，输出电压为 $0\sim10$ V。利用此传感器测量某水温，当水温低于 30 ℃时，PLC 的 Y000 灯亮，表示温度过低；当水温为 $30\sim40$ ℃时，PLC 的 Y001 灯亮，表示温度正常；当水温高于 40 ℃时，PLC 的 Y002 灯亮，表示温度过高。用 FX_{2N}-2AD 进行 A/D 转换，试写出 PLC 控制程序。

6. 某控制系统采用 FX_{2N}-2AD(♯0)通道 1 作为测量值 PV 的输入，采用 FX_{2N}-2DA(♯2)通道 1 作为 PID 控制输出值 MV 的模拟量输出。PID 相关寄存器分配见表 6-17。试分别写出 PID 初始化程序、FX_{2N}-2AD 模块程序和 FX_{2N}-2DA 模块程序。

表 6-17　　　　　　　　　　　　　　PID 相关寄存器分配

寄存器	内　容	设定值	寄存器	内　容	设定值
D200	设定值 SV	3 500	D102	滤波系数	50％
D202	测量值 PV		D103	比例增益	50
D180	输出值 MV		D104	积分时间	30 s
D100	采样时间	0.5 s	D105	微分增益	0
D101	动作方向	逆动作	D106	微分时间	0

参 考 文 献

[1]郁汉琪.电气控制与可编程序控制器应用技术[M].2 版.南京:东南大学出版社,2009.

[2]阮友德.电气控制与 PLC 实训教程[M].2 版.北京:人民邮电出版社,2012.

[3]郭艳萍.变频器应用技术[M].北京:北京师范大学出版社,2009.

[4]张燕宾.常用变频器功能手册[M].北京:机械工业出版社,2004.

[5]王延才.变频器原理及应用[M].3 版.北京:机械工业出版社,2015.